新工科大学物理实验

主 编 吴庆州
副主编 王 涛 李 雷

中国矿业大学出版社

·徐州·

内 容 简 介

为了适应新工科建设的要求,应对新一轮科技革命和产业变革所面临的新机遇、新挑战,主动适应新技术、新产业、新经济发展,我们依据《理工科类大学物理实验课程教学基本要求》编写了本书。编写时特别注重培养学生的基本实验技能、科学实验能力、严谨的治学态度和活跃的创新意识,提高学生的科学素养,促进学生养成良好的作风。以立德树人为根本,积极探索将思政元素通过拓展阅读有机融入实验教材。

全书内容包括:绪论,测量、误差、不确定度和数据处理,常用实验仪器、量具和器件,常用物理实验方法,基础性实验和综合性实验,设计性实验和研究性实验等。

本书具有一定特色,既可作为高等学校理工科非物理类专业教材,也可供实验技术人员和其他相关人员参考。

图书在版编目(CIP)数据

新工科大学物理实验 / 吴庆州主编. —徐州:中国矿业大学出版社,2020.7(2021.12 重印)

ISBN 978 - 7 - 5646 - 4601 - 1

Ⅰ. ①新… Ⅱ. ①吴… Ⅲ. ①物理学—实验—高等学校—教材 Ⅳ. ①O4—33

中国版本图书馆 CIP 数据核字(2020)第 083674 号

书　　名　新工科大学物理实验
主　　编　吴庆州
责任编辑　王美柱
出版发行　中国矿业大学出版社有限责任公司
　　　　　(江苏省徐州市解放南路　邮编 221008)
营销热线　(0516)83884103　83885105
出版服务　(0516)83995789　83884920
网　　址　http://www.cumtp.com　E-mail:cumtpvip@cumtp.com
印　　刷　江苏淮阴新华印务有限公司
开　　本　787 mm×1092 mm　1/16　印张 16.5　字数 412 千字
版次印次　2020 年 7 月第 1 版　2021 年 12 月第 2 次印刷
定　　价　35.00 元

(图书出现印装质量问题,本社负责调换)

前　言

为主动应对新一轮科技革命与产业变革,支撑服务创新驱动发展、"中国制造2025"等一系列国家战略,2017年2月以来,教育部积极推进"新工科"建设,并连续下发通知,全力探索形成领跑全球工程教育的中国模式、中国经验。新工科专业特点是以互联网和工业智能为核心,以新型信息、能源、控制等领域为主干。作为基础实验课程的新工科大学物理实验,通过对物理实验的全新设计和延展,可拓宽学生对新工科的理解。新工科大学物理实验着重培养学生良好的逻辑思维能力、学习钻研能力和动手能力,可促进学生喜欢科学实验和动手实践,能激发学生深入探究新事物的好奇心等。

2018年8月,教育部印发了《关于狠抓新时代全国高等学校本科教育工作会议精神落实的通知》,提出"各高校要全面梳理各门课程的教学内容,淘汰'水课'、打造'金课',合理提升学业挑战度、增加课程难度、拓展课程深度、切实提高课程教学质量"。本书在实验思考题上加深了难度,并通过实验中心微信公众号更新问题,以期提高课程的高阶性、创新性和挑战度。大学物理实验课程覆盖面广,有丰富的实验思想、方法、手段,能提供综合性很强的基本技能训练,是培养学生科学实验能力、提高其科学素养的重要基础。在培养学生严谨的治学态度、活跃的创新意识、理论联系实际和适应科技发展的综合应用能力等方面具有其他实践类课程不可替代的作用。对于应用型人才来说,实验训练尤为重要。

全书内容包括:绪论,测量、误差、不确定度和数据处理,常用实验仪器、量具和器件,常用物理实验方法,基础性实验和综合性实验,设计性实验和研究性实验等。从入门实验开始便注重安全教育,明确安全合格准入制度;实验项目设计中既有经典的物理实验项目,也编入了一些与新能源、新科技应用相关的实验内容,如太阳能电池特性的测量、燃料电池综合特性的测定、半导体制冷效率的测量等。在编写本书过程中充分考虑了实验教学信息化,从而以教材为载体连接线上线下教学。学生可以通过手机扫描书中的二维码轻松实现预习、签到、签退、预约、选课、报修等,可大大节省时间。

实验教学多为集体事业,本书即许多教师辛勤劳动的结晶。在此,谨向南京理工大学紫金学院大学物理实验中心的全体同仁致谢。特别要感谢南京理工大学陆建、李相银、蒋立勇等老师,南京邮电大学陈陶、王丽霞、关建飞等老师,南京理工大学紫金学院李新民、马跃勇、陈仁平、谌卉珺、杨波涛等同仁,为本书的编写和出版所做的大量工作和给予的支持。感谢南京理工大学紫金学院教育教学改革与研究项目(20190102003)、江苏省教育科学"十三五"规划2016年度课题(D/2016/01/06)对本书出版给予的资助。

由于编者水平所限,书中难免存在不足之处,敬请广大读者批评指正。

编　者

2019年12月

目　次

绪　　论

本章要点：
① 了解本课程的地位、作用和任务及教学要求。
② 明确学习本课程的基本程序和有关规定。

科学实验是科学理论的源泉，是自然科学的根本，是工程技术的基础。为培养全面发展的复合型应用人才，高等理工科院校不仅需要使学生掌握比较深广的理论知识，还必须使学生具有较强的从事科学实验的能力。这样，才能适应科技进步和社会发展的需要。

物理学是研究物质的基本结构、基本运动形式、相互作用及其转化规律的自然科学。它的基本理论渗透在自然科学的各个领域，应用于生产技术的许多部门，是其他自然科学和工程技术的基础。

在人类追求真理、探索未知世界的过程中，物理学展现了一系列科学的世界观和方法论，深刻影响着人类对物质世界的基本认识、人类的思维方式和社会生活，是人类文明的基石，在人才的科学素质培养中具有重要的地位。

物理学本质上是一门实验科学。物理实验是科学实验的先驱，体现了大多数科学实验的共性，在实验思想、实验方法以及实验手段等方面是各学科科学实验的基础。

一、本课程的地位、作用和任务

物理实验课具有非常重要的地位。它是高等理工科院校对学生进行科学实验基本训练的必修基础课程，是本科生接受系统实验方法和实验技能训练的开端。

物理实验课覆盖面广，具有丰富的实验思想、方法、手段，同时能提供综合性很强的基本实验技能训练，是培养学生科学实验能力、提高学生科学素质的重要基础。它在培养学生严谨的治学态度、活跃的创新意识、理论联系实际和适应科技发展的综合应用能力等方面具有其他实践类课程不可替代的作用。

本课程的具体任务是：

（1）培养学生的基本科学实验技能，提高学生的科学实验基本素质，使学生初步掌握实验科学的思想和方法。

（2）培养学生的科学思维和创新意识，使学生掌握实验研究的基本方法，提高学生的分析能力和创新能力。

（3）提高学生的科学素养；培养学生理论联系实际和实事求是的科学作风，认真严谨的科学态度，积极主动的探索精神，遵守纪律、团结协作、爱护公共财产的优良品德。

二、教学内容的基本要求

本课程具体的教学内容基本要求如下：

(1) 介绍测量误差的基本知识，以及实验数据处理方法。包括：

① 介绍测量误差与不确定度的基本概念，使学生逐步学会用不确定度对直接测量和间接测量的结果进行评估。

② 介绍处理实验数据的一些常用方法，包括列表法、作图法和最小二乘法等。随着计算机及其应用技术的普及，还应包括用计算机通用软件处理实验数据的基本方法。

(2) 介绍常用物理量及物性参数的测量方法。例如，长度、质量、时间、热量、温度、湿度、压强、压力、电流、电压、电阻、磁感应强度、发光强度、折射率、元电荷、普朗克常量、里德伯常量等常用物理量及物性参数的测量，注意加强数字化测量技术和计算技术在物理实验教学中的应用。

(3) 介绍常用的物理实验方法，并让学生逐步学会使用这些方法。例如，比较法、转换法、放大法、模拟法、补偿法、平衡法、干涉法、衍射法以及在近代科学研究和工程技术中广泛应用的其他方法。

(4) 介绍实验室常用仪器的性能，从而使学生能正确使用这些仪器。例如，长度测量仪器、计时仪器、测温仪器、变阻器、电工仪表、交/直流电桥、通用示波器、低频信号发生器、分光仪、光谱仪、电源和光源等常用仪器。

还应根据条件，在物理实验课中逐步引进在当代科学研究与工程技术中广泛应用的现代物理技术，如激光技术、传感器技术、微弱信号检测技术、光电子技术、结构分析波谱技术等。

(5) 介绍常用的实验操作技术。例如，零位调整、水平/铅直调整、光路的共轴调整、消视差调整、逐次逼近调整、根据给定的电路图正确接线、简单的电路故障检查与排除，以及在近代科学研究与工程技术中广泛应用的仪器的正确调节技术。

(6) 适当介绍物理实验史料和物理实验在现代科学技术中的应用知识。

三、能力培养的基本要求

(1) 独立实验的能力——能够通过阅读实验教材、查询有关资料和思考问题，掌握实验原理及方法，做好实验前的准备工作；正确使用仪器及辅助设备，独立完成实验内容，撰写合格的实验报告；培养自身独立实验的能力，逐步形成自主实验的基本能力。

(2) 分析与研究的能力——能够融合实验原理、设计思想、实验方法及相关的理论知识对实验结果进行分析、判断、归纳与综合。掌握通过实验进行物理现象和物理规律研究的基本方法，具有初步的分析与研究的能力。

(3) 理论联系实际的能力——能够在实验中发现问题、分析问题并学习解决问题的科学方法，逐步提高综合运用所学知识和技能解决实际问题的能力。

(4) 创新能力——能够完成符合规范要求的基础性、综合性内容的实验，进行初步的具有设计性或研究性内容的实验，激发自身的学习主动性，逐步培养创新能力。

四、物理实验课的基本程序和有关规定

物理实验课的基本程序大致可以分为以下三个阶段：

（1）课前预习

实验课课内的时间有限，所以必须预先了解实验内容，否则，要在短短的课内时间完成实验是有困难的。在实验之前，应对实验原理、待测物理量、预期获得的实验结果等充分了解，做到胸有成竹。若事先不了解，只是机械地按照教材中的实验步骤看一步做一步，虽然可得到实验数据，却不了解其物理意义，收获是不会大的。因此，必须做好预习。

预习时，要阅读教材的相应内容（可参考实验报告册封面的介绍），一般以理解教材所述实验原理为主，并大致了解实验具体步骤。预习后，要写好预习报告（预习报告可直接写在实验报告册上）。预习报告主要包括：

① 实验名称。

② 实验目的。

③ 仪器设备。

④ 基本原理，包括重要的计算公式、电路图、光路图及简要文字说明。

⑤ 为了使测量结果清晰明了，防止漏测数据，应按实验要求在实验报告册的"实验草表"页上画好数据草表。数据草表上要注明文字符号代表的物理量和单位，并确定测量次数。

（2）进行实验

每次实验前，要按照前述要求充分预习。必须准时到达实验室，并携带教材、实验报告册和必要文具。除此之外，还必须戴好鞋套后才能进入实验室。

就座后仔细检查仪器，确认无人为外观损坏后，在实验中心公众号上签到，签到表示你已领用并检查了该座位上的仪器。签到后原则上不允许更换座位，除非得到上课老师的允许。如检查仪器时发现仪器外观损坏请及时在公众号上报修。

为了督促同学们进行预习，实验指导教师在上课时还要检查预习报告，并对预习情况进行登记。

实验正式进行前，首先要熟悉将要使用的仪器设备的性能以及正确的操作规程，切忌盲目操作；其次要全面地想一想实验操作程序，不要急于动手，因为程序错一步或调错一次，都有可能使整个实验前功尽弃。

实验中要注意对现象的观察，尤其对所谓"反常"现象更要仔细观察分析，不要单纯地追求"顺利"；要学会对观察到的现象和测得的数据随时进行判断，以确定正在进行的实验过程是否正常合理；对实验过程中出现的故障，要学会及时排除。

每次测量后应立即将数据记录在数据草表中，并要注意正确确定数据的有效数字位数。当实验结果与实验条件有关时，还要记下相应的实验条件，如当时的室温、湿度、大气压强等。

实验结束前，要对测得的数据进行分析，如发现明显不合理的数据，必须重测。只有当确切认为数据合理后，再把数据交给指导教师检查签字。如指导教师发现实验结果不合理，则经分析后还要补做或重做。

离开实验室前，要整理好使用过的仪器，做好清洁工作；在公众号上上传数据草表，然后签退方可离开实验室。注意数据草表一定要请指导教师签字后再上传。

完成以上各项工作后，方能离开实验室。出了实验室后，再脱鞋套。

（3）书写实验报告

实验报告是实验完成后的全面总结，要简明扼要地将实验结果完整而又真实地表达出来。实验后要及时写好实验报告，写实验报告要使用统一规格的实验报告纸，要求文字通顺、字迹端正、图表规范、结果正确且对问题的讨论认真。

一份完整的实验报告通常包括下述内容：

① 实验名称。

② 实验目的。

③ 仪器设备。

④ 实验原理，包括重要的计算公式、电路图、光路图及简要的文字说明。

⑤ 实验步骤。

⑥ 数据记录与处理（包括计算和作图），这里用于记录数据的"数据表格"不同于预习报告中的"数据草表"，应该另行正规画出，并把数据草表记录的原始数据填入数据表格中。

⑦ 实验结果。

⑧ 问题讨论。

以上①—④部分内容，如无大的变动，可以使用预习报告中的相应内容代替，而不必重写。

应于实验后 1 周内把写好的实验报告主动交给班长或班级的负责同学。班长或负责同学应在实验后 1 周内将实验报告交至实验办公室。超过这一时间而未交的，即属于迟交。上交的实验报告一般可在下次上课时取回。

实验报告范例

学号 ×××××××× 　　姓名 ×××　　班级 ×××　　实验日期 ××××

一、实验名称

衍射光栅。

二、实验目的

测定光栅常数 d，用已知光栅常数的光栅测量未知谱线的波长。

三、实验仪器

JJY—1 型分光计（最小读数 $1'$）、衍射光栅、汞灯（$\lambda_{绿} = 546.07$ nm）。

四、实验原理

当平行光垂直光栅入射时，满足光栅方程 $d\sin\varphi = k\lambda(k = 0, \pm 1, \pm 2, \cdots)$ 的光形成明线。

由光栅方程知：如果已知波长 λ 和衍射级 k，就可根据测得的衍射角 φ 求出光栅常数 d；如果知道光栅常数 d 和衍射级 k，就可根据测得的衍射角 φ 求出相应光谱线的波长 λ。

为了保证以平行光入射与出射，并减小测量误差，在测量前必须将分光计调节到使用状态。分光计调好的标准为：平行光管能够发出平行光；望远镜能够接收平行光；平行光管光轴、望远镜光轴都要与仪器的旋转主轴垂直。

五、实验步骤

（1）调节分光计。

（2）将光栅放置在载物台上，并注意让它与平行光管垂直，使光栅条纹与旋转主轴平行。

（3）测出绿谱线（$\lambda_{绿} = 546.07$ nm）±1 级和 ±2 级的衍射角，由光栅公式求出光栅常数 d。

（4）测出蓝谱线 ±1 级和 ±2 级的衍射角，根据前面测得的 d 和光栅公式，求出蓝谱线的波长 $\lambda_{蓝}$。

六、数据记录与处理

（一）测定光栅常数

衍射级	读　数			衍射角		$\sin\bar{\varphi}_k$	已知光波波长 λ/nm	d/nm	$\bar{d}/\mathrm{nm}$
	θ	θ'	$\bar{\theta}$	φ_k	$\bar{\varphi}_k$				
$k=0$	$50°18'$	$230°17'$	$140°18'$						
$k=+1$	$30°5'$	$210°5'$	$120°5'$	$20°13'$	$19°13'$	0.3291	546.07	$1.659×10^3$	$1.662×10^3$
$k=-1$	$68°32'$	$248°32'$	$158°32'$	$18°13'$					
$k=+2$	$8°48'$	$188°46'$	$98°47'$	$41°30'$	$40°59'$	0.6558		$1.665×10^3$	
$k=-2$	$90°45'$	$270°46'$	$180°46'$	$40°28'$					

（二）测定光波波长

衍射级	读　数			衍射角		$\sin\bar{\varphi}_k$	已知光栅常数 d/nm	λ/nm	$\bar{\lambda}/\mathrm{nm}$
	θ	θ'	$\bar{\theta}$	φ_k	$\bar{\varphi}_k$				
$k=0$	$50°18'$	$230°17'$	$140°18'$						
$k=+1$	$34°23'$	$214°21'$	$124°22'$	$15°56'$	$15°13'$	0.2625	$1.662×10^3$	436.3	436.8
$k=-1$	$64°47'$	$244°48'$	$154°48'$	$14°30'$					
$k=+2$	$16°52'$	$196°54'$	$106°53'$	$33°25'$	$31°45'$	0.5262		437.3	
$k=-2$	$80°23'$	$260°22'$	$170°23'$	$30°5'$					

计算相对误差：

$$\lambda_0 = 435.8 \text{ nm}$$
$$E = \left| \frac{\bar{\lambda}-\lambda_0}{\lambda_0} \right| ×100\% = 0.2\%$$

七、问题讨论

（1）光栅光谱和棱镜光谱有哪些不同之处？在上述两种光谱中,哪种颜色的光偏转最大？

答:光栅光谱和棱镜光谱是利用不同的分光器件——衍射光栅和三棱镜得到的。前者依据光栅方程 $d\sin\varphi=k\lambda(k=0,\pm1,\pm2,\cdots)$,后者依据不同波长的光在玻璃中的折射率不同(色散)。在光栅光谱中,对同一衍射级 k,λ 越大,则 φ 越大,故红光偏转最大;在棱镜光谱中,λ 越大,折射率越小,偏向角也越小,故紫光偏转最大。

（2）当狭缝太宽或太窄时会出现什么现象？为什么？

答:狭缝太宽时谱线太亮、太宽,所以会造成较大的测量误差;狭缝太窄时谱线亮度不够,甚至会造成找不到谱线。因此应该使狭缝宽窄合适。

（3）入射光未垂直照射光栅会造成什么结果？

从本次实验数据来看,k 为正值时的衍射角均大于 k 为负值时的衍射角。通过分析可知,这是入射光未垂直照射光栅所造成的,由此给实验带来了系统误差。

当光线以 θ 角入射光栅时,光栅方程变为:

$$d(\sin\varphi+\sin\theta)=k\lambda \quad (k=0,\pm1,\pm2,\cdots)$$

对正、负 k 级而言,光不垂直入射造成两边衍射角不相等,如果只取一侧的衍射角,代入 $d\sin\varphi=k\lambda$ 计算,则误差较大。在本实验中,由于把正、负同级衍射角取了平均,从而部分地消除了由此造成的误差。在测波长时,由于入射角 θ 不变,所以进一步抵消了由此造成的误差。

但是从操作技能等方面考虑,今后应尽量避免类似情况发生。

附 原始数据草表(略)

点评:

这是一份比较好的实验报告。

(1) 在报告首页上方写明了班级、学号、姓名,可以避免与别人的报告相混,也便于教师登记成绩,发还报告。

(2) 写明了实验日期,可供今后查阅。如能进一步注明环境条件,如气温等,则会有更大的参考价值。

(3) 在实验仪器部分写明了仪器型号,往往可以由此知道仪器的误差限值以及使用方法。

(4) 用自己的语言对原理作了概述,有主要公式。如能画上光栅衍射示意图则更佳。

(5) 数据表格清晰。在记录及处理数据时,遵照了有效数字运算规则。例如:由于仪器误差约为 $1'$, φ 在 $15°\sim42°$ 范围内,故 $\sin\varphi$ 的末位在小数点后第 4 位;由于 $d=\dfrac{k\lambda}{\sin\varphi}$, λ 有 5 位有效数字, $\sin\varphi$ 有 4 位有效数字,故 d 取了 4 位有效数字;等等。

(6) 发现了实验数据中的问题,并进行了一定的分析。这是一种值得提倡的科学态度。千万不能看到数据中的问题后,采用篡改数据等自欺欺人的办法。如果能进一步作定量分析,收获可能会更大一些。

(7) 报告完整,并把原始数据草表附在报告最后一起交来,可方便核对数据。

五、实验室安全教育

安全是教育事业不断发展、学生成长成才的基本保障。教育部在 2017 年特别强调安全教育不合格者不得进入教学实验室;2019 年 6 月,教育部又印发了《关于加强高校实验室安全工作的意见》,高度重视实验室安全问题。我国著名的物理学家冯瑞院士说:"实验室是现代大学的心脏。"实验室是高等学校教学和研究的重要基地,是新时代培养高素质人才、出高水平成果、服务经济建设的重要场所。在实验室做实验须遵守实验室的相关规定。在实验中心公众号里回复"安全"两个字即可直达安全专题,包含安全考试、模拟试题、相关制度、应急预案等内容,请在课下仔细阅读。安全考试不及格的同学不得进入实验室做实验。

实验室的安全可确保师生员工人身安全和学校财产免受损失,它包括防火、防爆、防毒、防盗、防溢水以及安全使用各种仪器,还包括环境污染的避免与消除工作,更重要的是当出现一些事故时怎样处理和自我保护。在物理实验室,安全问题主要是防火和防触电。

(1) 防火

火灾对实验室构成的威胁最为严重,最为直接。一场严重的火灾,会对实验室的人员、财产和资料造成毁灭性的破坏。

引起火灾主要有三个因素:易燃物、助燃物、点火能源。

① 电气设备引起的火灾。主要包括空气开关失灵、仪器内部短路、加热装置失控等引起的火灾。同学们要注意一个常识:到实验室做实验,一定要清楚电源总开关、水源总开关的位置,有异常情况,要关闭相应的总开关。并要了解紧急喷淋水龙头、急救箱等的位置;出

现情况能做好相应的自我救护。

② 易燃易爆物品引起的火灾。

③ 生活用品(最常见的是火柴、打火机和香烟)引起的火灾。实验室内严禁吸烟,这是最起码的防范措施。

灭火的基本方法:① 隔离法;② 冷却法;③ 窒息法;④ 化学中断法。实验室常用的灭火方法:① 水灭火;② 灭火器灭火。火小时,用湿手巾覆盖上就可以使火焰熄灭。如果实验过程中出现火情,应立即停止实验并切断电源,移开可燃物。火大时用灭火器灭火,同时报警。如果灭火器扑灭不了,应赶快撤离,并随手将实验室门关上,以免火势蔓延。产生浓烟时应迅速离开;当浓烟已窜入室内时,要沿地面匍匐前进(因地面层新鲜空气较多,不易中毒而窒息,利于逃生),逃至门口,千万不要站立开门,以避免被大量浓烟熏倒。不能见火就跑,本来用一块湿手巾就能把小火苗熄灭的,自己跑了,那是要追查责任的。

(2) 防触电

① 使用新的电学仪器,要先看说明书,弄懂它的使用方法和注意事项,才能使用。

② 使用搁置的电器应预先检查,发现有损坏之处要及时报修。

③ 湿手不可接触带电体,不能在潮湿处使用电器。

触电急救:第一步是使触电者迅速脱离电源;第二步是现场救护。

发生触电事故,切不可惊慌失措,要立即使触电者脱离电源。

使触电者脱离低压电源应采取的方法:

① 就近拉开电源开关,拔出插销或保险,切断电源。要注意单极开关是否装在火线上,若错误地装在零线上不能认为已切断电源。

② 用带有绝缘柄的利器切断电源线。

③ 找不到开关或插头时,可用干燥的木棒、竹竿等绝缘体将电线拨开,使触电者脱离电源。

④ 可用干燥的木板垫在触电者的身体下面,使其与地绝缘。

如遇高压触电事故,应立即通知有关部门停电。要因地制宜,灵活运用各种方法,快速切断电源。

现场救护:

① 若触电者呼吸和心跳均未停止,此时应让触电者就地躺平,安静休息,不要让触电者走动,以减轻其心脏负担,并应严密观察其呼吸和心跳的变化。

② 若触电者心跳停止、呼吸尚存,则应对触电者做胸外按压。

③ 若触电者呼吸停止、心跳尚存,则应对触电者做人工呼吸。

④ 若触电者呼吸和心跳均停止,则应立即按心肺复苏方法进行抢救。

注意事项:

① 动作一定要快,尽量缩短触电者的带电时间。

② 切不可用手或金属和潮湿的导电物体直接触碰触电者的身体或与触电者接触的电线,以免引起自身触电。

③ 解脱电源的动作要用力适当,防止因用力过猛而导致带电电线击伤在场的其他人员。

④ 在帮助触电者脱离电源时,应防止触电者摔伤。

⑤ 进行人工呼吸或胸外按压抢救时,不得轻易中断。

第一章 测量、误差、不确定度和数据处理

本章要点：

① 掌握测量、误差、不确定度、有效数字等基本概念。

② 掌握简化的不确定度评定方法，会正确使用有效数字，会正确表示测量结果。

③ 了解一些常用的数据处理方法。

实验是在理论思想指导下，利用科学仪器设备，人为地控制或模拟自然现象，使它以比较纯粹和典型的形式表现出来，然后再通过观察与测量去探索自然界客观规律的过程。现代的物理实验离不开定量的测量和计算，因此数据处理是物理实验的一个重要组成部分。

有些初学者认为，数据处理无非是在做完实验以后算个数，作个图，计算一下不确定度，最后给出一个结果而已。这是一种片面的认识。实际上，数据处理问题贯穿物理实验的始终。在实验前，要根据对实验结果准确度的要求去选择实验方案和实验方法；去考虑实验的理论应近似到哪一级，对环境条件的要求应保证到什么程度；还有由此考虑选用或设计仪器。要考虑在这些设计条件下实验能否得出预期的结果，要分析每个因素对实验结果可能造成的影响以及是否需要作修正，要选择最佳的仪器配置和测量方案等。

在实验进行过程中，要考虑仪器的调节和实验条件的保证程度怎样才是恰当的，既不过于粗略以致影响实验结果，又不作不必要的苛求以至于影响操作的效率。例如，用单摆测量重力加速度这个实验中，究竟应该数多少个周期？测 PN 结正向电流-正向电压关系时，如何选取电压的间隔值？等等。

在实验操作结束后，首先要经过数据处理得出结果，然后还要从数据分析中去寻找、发现规律。

综上所述，数据处理能力对培养和提高实验能力的各个方面——如设计实验的能力、实验的动手和操作能力、处理和分析实验结果的能力、在实验中进行观察和思考的能力等都有着重要的作用。因此，在大学物理实验中，我们要加强数据处理方面的训练，不仅要掌握一些具体的数据处理的方法，还要着眼提高对整个实验的分析能力。

另外，由于大学物理实验是大学里学生接触到的第一门系统的实验课程，因此我们在比较全面地介绍有关知识的同时，又作了相当程度的简化处理。这一点希望学生给予注意。

第一节 测量与误差

一、测量

（一）测量的定义

测量是用实验方法获得待测量的量值的过程。实验离不开测量。例如：我们用游标卡

尺来测量某圆柱体的直径、高度,从而计算出它的体积;用天平测量某物体的质量;测量某导体的电阻、长度和截面积,以确定它的电阻率;等等。

(二)测量的分类

测量有很多种分类方法。按照测量方法的不同,可将测量分为以下两大类。

(1)直接测量

直接测量是将待测量与预先标定好的仪器、量具进行比较,直接从仪器或量具上读出量值的测量。例如,直接用长度测量工具测出长度、宽度、高度、半径、直径等,直接用电工仪表测量电压、电流,直接用秒表或数字毫秒计、电子钟等测量时间,直接用功率计或能量计测量激光输出的功率或能量等。

(2)间接测量

间接测量是指先由直接测量获得数据,然后利用已知的函数关系经过运算才能得到待测量的量值的测量。例如:要测量某矩形的面积,可以利用公式 $S = ab$,先测出它的长度 a 和宽度 b,再求出面积 S;利用激光测距方程 $L = \dfrac{1}{2}ct$,测出激光从发出到由目标反射回来的时间间隔 t,就可以计算得到 L。那么,面积 S 和距离 L 都是间接测量的量值,长度 a、宽度 b 和时间间隔 t 都是直接测量的量值。

要注意,直接测量和间接测量是按照测量方法来区分的,而不是按照测量对象来区分的。例如:同样是测量长度,如果用米尺直接测得某长度,那就是直接测量;如果采用上述激光测距的方法通过计算求得,那就是间接测量。

这两种方法的数据处理也不同,在下一节将对此详细介绍。所以,一般情况下,在数据处理之前,要先分清涉及的是哪一种测量。

二、误差

(一)真值与误差的定义

物理实验离不开对物理量的测量。由于测量仪器、实验条件以及种种因素的局限,测量是不可能无限精确的。测量结果与真值之间总是存在一定的差异,也就是说总是存在着测量误差。那么,什么是真值与误差呢?

所谓真值,是指当某量能被完善地确定并能排除所有测量上的缺陷时,通过测量所得到的量值。当对某量的测量不完善时,通常就不能获得真值。从测量的角度来讲,测量总是不能绝对完善的,因此真值不可能确切获知。一个量的真值,是在被观测时本身所具有的真实大小,它是一个理想的概念。当然,在一些情况下真值是通过定义获得的,如真空中的光速,那么真值就是确定的。

所谓误差,是指测量结果与被测量真值之差。如果用 Δx 代表误差,用 x 代表测量结果,用 $x_{真}$ 代表被测量的真值,则有:

$$\Delta x = x - x_{真} \tag{1-1-1}$$

由此式可知,误差是有正负的。当 $x > x_{真}$ 时,Δx 为正;当 $x < x_{真}$ 时,Δx 为负。

(二)误差的分类

误差产生的原因很多。按照误差产生的原因和不同性质,可将误差分为系统误差、随机误差和粗大误差三类。

（1）系统误差

系统误差是指在同一量的多次测量过程中,保持恒定或以可预知方式变化的测量误差的分量。

系统误差及其产生的原因可能已知,也可能未知。系统误差包括已定系统误差和未定系统误差。已定系统误差是指符号和绝对值已经确定的系统误差,未定系统误差是指符号或绝对值未经确定的系统误差。

系统误差的特征是确定性（恒定或以可预知的方式变化）。系统误差的来源主要有仪器的固有缺陷（如电工仪表的示值不准、零点未调好,等臂天平的两臂不相等）、环境因素（如温度、压强偏离标准条件）、实验方法的不完善或这种方法依据的理论本身具有近似性（如伏安法测电阻时没有考虑电工仪表内阻的影响、称质量时未考虑空气浮力的影响）、实验者个人的不良习惯或偏向（如有的人习惯侧坐、斜坐读数,从而使读得数值总是偏大或总是偏小）以及动态测量的滞后等。

由于系统误差在测量条件不变时有确定的大小和正负号,因此在同一测量条件下多次测量求平均并不能减小或消除它。

对于系统误差,必须找出它的产生原因,针对原因去消除或引入修正值对测量结果进行修正。系统误差的处理是一个比较复杂的问题,没有一个简单的公式可以遵循,需要根据具体情况作出具体处理。首先要对误差进行判别,然后要将误差尽可能地减小到可以忽略的程度。这需要实验者具有相应的经验、学识与技巧。一般可以从以下几个方面进行处理：

① 检验、判别系统误差的存在。

② 分析会造成系统误差的原因,并在测量前尽可能消除。

③ 测量过程中采取一定方法或技术措施,尽量消除或减小系统误差的影响。

④ 估计残余系统误差的数值范围,对于已定系统误差,可用修正值（包括修正公式和修正曲线）进行修正;对于未定系统误差,尽可能估计出其误差限值,以掌握它对测量结果的影响。

在今后的某些实验中,我们将针对具体情况对系统误差进行分析和讨论。

（2）随机误差

随机误差是指在同一量的多次测量过程中,以不可预知方式变化的测量误差的分量。

根据随机误差的特点可以知道,随机误差不可能修正。随机误差就个体而言是不确定的,但其总体（大量个体的总和）服从一定的统计规律,因此可以用统计方法估计其对测量结果的影响。

随机误差的特征是随机性。随机误差的主要来源有测量仪器、环境和测量人员。这些因素对测量会产生微小的影响,而这些影响往往是随机变化的。

大量的随机误差服从正态分布（参见附录A）,它的特点是：绝对值小的误差比绝对值大的误差出现的概率要大;绝对值相等的正误差和负误差出现的概率相等;绝对值很大的误差出现的概率趋于零,即实际上不出现。

随着测量次数的增加,随机误差的算术平均值趋于零。一般说来,适当增加测量次数并求平均可以减小随机误差。

（3）粗大误差

粗大误差又称粗差、疏失误差等,它是明显超出规定条件下预期的误差。引起粗大误差的原因有错误读取示值、使用有缺陷的计量器具、不正确使用计量器具或环境的干扰等。

在测量中,应该避免粗大误差的出现。在处理测量数据时,应首先检出含有粗大误差的测得值——异常值,并将它剔除。

（三）绝对误差与相对误差

式(1-1-1)所定义的误差称为绝对误差。测量的绝对误差与被测量真值之比称为相对误差。相对误差往往用百分数来表示,即

$$E = \frac{\Delta x}{x_{真}} \times 100\% \tag{1-1-2}$$

绝对误差反映误差本身的大小,而相对误差反映误差的严重程度。必须注意,绝对误差大的,相对误差不一定大。例如：

$$L_1 = 25.00 \text{ mm} \qquad \Delta L_1 = 0.05 \text{ mm}$$
$$L_2 = 2.50 \text{ mm} \qquad \Delta L_2 = 0.01 \text{ mm}$$
$$L_3 = 2.50 \text{ mm} \qquad \Delta L_3 = 0.1 \text{ mm}$$

根据式(1-1-2)可得：

$$E_1 = 0.2\%$$
$$E_2 = 0.4\%$$
$$E_3 = 4\%$$

从上述数据可知：$\Delta L_3 > \Delta L_1 > \Delta L_2$,而 $E_3 > E_2 > E_1$。可见绝对误差的大小与相对误差的大小之间没有必然的联系。

第二节　不确定度的基本知识

由于在英文中误差(error)一词多少同义于过失、错误、差别、不符、差异,而不确定度(uncertainty)一词多少同义于有疑问、含糊、不明确、不知道、不完善,因此"不确定度"一词更能表示测量结果的性质,使用"不确定度"一词越来越多。

由于误差表示测量结果与真值的差异,但真值经常无法得知,因而误差通常也无法知道。实际上更多遇到的是不确定度问题。

1980 年 10 月国际计量局召开了国际会议,会议总结整理提出了实验不确定度的表示建议书(INC-1)(1980)。之后,又陆续出台了一系列的相关指南。

在大学物理实验中,我们要学习关于不确定度的一些基本知识,并用来处理实验数据。需要再次说明的是,鉴于本课程的特点,在介绍有关知识时,我们只能采用一定程度的简化处理,使其具有较强的可操作性。这些简化处理有合理的一面,也有粗略的一面。在本课程中,我们按这些简化方法处理数据,但在今后的实际工作中,是否能按照这种方法处理,就要视具体情况而定了。一般来说,需要采用更加细致和完善的方法。

一、不确定度的定义

（1）不确定度

不确定度表示因测量误差的存在而对被测量值不能确定的程度,表征被测量的真值所处量值范围的评定。

由前所述,误差通常无法知道,而不确定度是可以估算的。其估算方法随后将作介绍。

测量不确定度是评价测量质量的一个极其重要的指标。测量结果的使用与其不确定度有密切关系,不确定度大,则其使用价值低,不确定度小,则其使用价值高。

按国际计量局建议,以标准差表示的测量不确定度称为标准不确定度,用 u_C 表示。测量结果可以写成 $y \pm u_C$。对特殊的用途将乘以某一因数(置信因数)表示之。不确定度具有概率的概念,若为正态分布,不确定度的概率为 68.27%。当乘以置信因数后得出总不确定度,此时对置信因数或置信概率必须加以说明。所谓"置信概率",是指真值有多大的概率落在所确定的范围内。

例如有一个测量结果,$L=1.5$ mm,$u_C=0.05$ mm,服从正态分布,则表示真值有 68.27% 的概率落在 $L-u_C$ 到 $L+u_C$ 之间,即落在 1.45～1.55 mm 之间。如果在前面乘以置信因数 3,则总不确定度变为 $3u_C=0.15$ mm,相应的其置信概率增大为 99.73%。即真值有 99.73% 的概率落在 $L-3u_C$ 到 $L+3u_C$ 之间,也即 1.35～1.65 mm 之间。

(2)不确定度的 A 类分量和 B 类分量

测量结果的不确定度一般包含几个分量。按其数值的评定方法,这些分量可归入两类:

A 类分量:用统计方法评定的那些分量,其不确定度记为 u_A。

B 类分量:用其他方法评定的那些分量,其不确定度记为 u_{jB},下标 j 表示有多个 B 类分量。

系统误差和随机误差虽然性质不同,但两者并没有不可逾越的界线,在一定条件下两者可以互相转化。例如,系统误差中的未定系统误差,本身就具有某种随机性,当其数值较小时,它与随机误差的界线不十分明确。再如,随着技术的发展和仪器性能的提高,人们可能发现某随机误差的变化规律,这时该随机误差就转化成了系统误差。不确定度的两类分量是按其数值评定方法来划分的,这就使得其评定得以简化。

A 类分量与 B 类分量的评定方法将在后面介绍。

(3)合成不确定度

将不确定度的 A 类分量与 B 类分量合成,得到的就是合成不确定度。

(4)扩展不确定度

对特殊用途,将合成不确定度乘以一个置信因数,得到的就是扩展不确定度。此时对置信因数或置信概率应该加以说明。

(5)相对不确定度

仿照相对误差的定义方法,也可以定义相对不确定度。

二、不确定度的合成

按照规定,对不确定度的 A 类分量和 B 类分量,用"方和根"合成可得到标准不确定度:

$$u_C = \sqrt{u_A^2 + \sum_j (u_{jB})^2} \tag{1-2-1}$$

在对两个分量进行"方和根"合成时,如果其中一个分量明显小于最大分量,这个分量就可以忽略。在本课程的范围内,如果一个分量小于最大分量的 1/5,就可以认为是"明显小于"了。这一点,读者通过定量计算就可以证明。以后在进行"方和根"合成时,应该注意尽可能减少不必要的运算。

三、扩展不确定度与置信概率

在很多情况下,可以将 u_C 乘以某一因数(置信因数)得到扩展不确定度。不确定度具有概率的概念。当采用标准不确定度 u_C 时,式(1-2-1)表示被测量值处于 $y-u_C$ 到 $y+u_C$ 之间的概率为 68.27%。当乘以置信因数后得出扩展不确定度,此时对置信概率必须加以说明。

置信概率是用来衡量统计推断可靠程度的概率,其含义是指被测量值落在所确定的范围内的概率。对同一测量结果,可以乘以不同的置信因数,从而得出不同的扩展不确定度。但是,不同的扩展不确定度对应的置信概率是不同的,扩展不确定度的值越大,相应的置信概率也越大。

由于本课程属于基础实验,为了便于操作,我们直接评定扩展不确定度。这种评定方法采用了很大的近似,具体做法将在下面介绍。用此方法评定的扩展不确定度,其置信概率在 95% 左右或更大一些。但必须强调,这种做法是粗略的,只是为了便于初次涉及这一内容的学习者能够掌握不确定度的基本概念,又易于操作而规定的。比较详细的做法,请参考有关资料。

第三节 直接测量的扩展不确定度

一、直接测量不确定度的评定

在这一节里,我们约定已定系统误差和粗大误差均已消除或修正,只剩下随机误差与未定系统误差。

在实验中,经常用到直接测量。一般情况下,总是在同一条件下进行多次测量。多次测量的目的有两个:一是发现和消灭粗大误差;二是减小随机误差。

(1)算术平均值

多次等精度独立测量的算术平均值是该物理量真值的最佳近似值。若在相同的条件下,对某物理量 x 进行了 n 次重复测量,其测量值分别为 $x_1, x_2, x_3, \cdots, x_n$,以 $\bar{x}$ 表示算术平均值,则:

$$\bar{x} = \frac{1}{n}(x_1 + x_2 + x_3 + \cdots + x_n) = \frac{1}{n}\sum_{i=1}^{n} x_i \qquad (1\text{-}3\text{-}1)$$

其中,x_i 为第 i 次测量值。

(2)一次测量值的不确定度 A 类分量

在同一条件下对某物理量进行多次测量,可以用贝塞尔法由实验数据计算该条件下一次测量的标准差:

$$S_x = \sqrt{\frac{\sum_{i=1}^{n}(x_i - \bar{x})^2}{n-1}} \qquad (1\text{-}3\text{-}2)$$

它可以作为一次测量值的不确定度 A 类分量,相应的置信概率为 68.27%。

(3)平均值的不确定度 A 类分量

在同一条件下对某物理量进行多次测量,其平均值 $\bar{x}$ 的标准差为:

$$S_{\bar{x}} = \frac{S_x}{\sqrt{n}} = \sqrt{\frac{\sum\limits_{i=1}^{n}(x_i - \bar{x})^2}{n(n-1)}} \tag{1-3-3}$$

它可以作为平均值 $\bar{x}$ 的不确定度 A 类分量,相应的置信概率也为 68.27%,自由度 $\nu = n-1$。

【例 1-3-1】 在相同条件下对某一长度进行了 10 次测量,测得值如下:

$$x_1 = 63.57 \text{ cm} \qquad x_2 = 63.58 \text{ cm}$$
$$x_3 = 63.55 \text{ cm} \qquad x_4 = 63.56 \text{ cm}$$
$$x_5 = 63.56 \text{ cm} \qquad x_6 = 63.59 \text{ cm}$$
$$x_7 = 63.55 \text{ cm} \qquad x_8 = 63.54 \text{ cm}$$
$$x_9 = 63.57 \text{ cm} \qquad x_{10} = 63.57 \text{ cm}$$

求其算术平均值及算术平均值的不确定度 A 类分量。

解:

$$\bar{x} = \frac{1}{10}\sum_{i=1}^{10} x_i = \frac{1}{10}(63.57 + 63.58 + 63.55 + 63.56 + 63.56 + 63.59 +$$
$$63.55 + 63.54 + 63.57 + 63.57) = 63.564 \text{ (cm)}$$

$$S_x = \sqrt{\frac{\sum\limits_{i=1}^{10}(x_i - \bar{x})^2}{10 \times (10-1)}} = \sqrt{\frac{2.040 \times 10^{-3}}{90}} = 0.004\ 8 \approx 0.005 \text{ (cm)}$$

其自由度 $\nu = 10-1 = 9$。

二、扩展不确定度的 A 类分量

我们用测量列的实验标准差作为测量结果扩展不确定度的 A 类分量:

$$U_A = S_x = \sqrt{\frac{\sum\limits_{i=1}^{n}(x_i - \bar{x})^2}{n-1}} \tag{1-3-4}$$

用计算器或计算机,可以很方便地求得测量列的实验标准差。

对于单次直接测量,无法利用上式计算 U_A,通常只计算扩展不确定度的 B 类分量。

三、扩展不确定度的 B 类分量

直接测量扩展不确定度的 B 类分量,通常只考虑一项。U_B 的大小有时由实验室给出。如果实验室没有给出,我们通常就取仪器的误差限值 Δ_{ins} 作为 U_B。

Δ_{ins} 常常有如下几种确定方法:

① 有时由仪器生产厂家给出。例如,一级千分尺的 $\Delta_{ins} = 0.004$ mm,50 分度的游标卡尺的 $\Delta_{ins} = 0.02$ mm。

② 指针式电工仪表的表盘上,往往标明其准确度等级(一般分为 7 级,即 0.1,0.2,0.5,1.0,1.5,2.5 和 5.0),通常标在右下角,例如"1.0"。如果这是一个电压表,其量程为 50 V,则其 $\Delta_{ins} = 50 \text{ V} \times 1.0\% = 0.5 \text{ V}$。即

$$\Delta_{ins} = 量程 \times 准确度等级 \%$$

有的电工仪表标有带圈的数字(如⑩),这种情况是以指示值百分数表示的准确度等级。即

$$\Delta_{ins} = 指示值 \times 准确度等级 \%$$

例如,一个电工仪表量程为 50 V,指示值为 30 V,标的是⑩,则 $\Delta_{ins} = 30\ V \times 1.0\% = 0.3\ V$。

③ 数字式仪表的 Δ_{ins} 通常用其所显示数值的末位数字乘以分辨率来表示。例如,用一个三位半数字万用表的 20 V 挡测量一锂电池电压,显示数值为 3.96 V,则该万用表的 $\Delta_{ins} = 0.01\ V \times 6 = 0.06\ V$。

④ 如果上述三类信息都没有,我们可以取仪器最小分度的一半,作为它的 Δ_{ins}。

例如,有一支温度计,最小分度为 1 ℃,在没有其他信息时,我们就取最小分度的一半,即 0.5 ℃,作为它的 Δ_{ins}。

四、扩展不确定度

将扩展不确定度的 A 类分量和扩展不确定度的 B 类分量用"方和根"合成,即得到扩展不确定度:

$$U_C = \sqrt{U_A^2 + U_B^2} = \sqrt{S_x^2 + \Delta_{ins}^2} \tag{1-3-5}$$

五、直接测量的扩展不确定度和测量结果表示

① 对于单次直接测量,用测量值代表测量结果,直接用 Δ_{ins} 表示扩展不确定度 U_C。

【例 1-3-2】 用一级千分尺测量一个钢球的直径 d,只测 1 次。千分尺的零点读数为零,得到读数为 15.002 mm。试写出测量结果。

解:
$$d = 15.002\ mm$$
$$U_C = \Delta_{ins} = 0.004\ mm$$
$$d \pm U_C = (15.002 \pm 0.004)\ mm$$

② 对于多次直接测量,用算术平均值代表测量结果,将 U_A 和 U_B 用式(1-3-5)合成,作为扩展不确定度 U_C。

【例 1-3-3】 用一级千分尺测量一个钢球的直径 d,测 10 次。千分尺的零点读数为零,得到读数为 15.002、15.004、15.002、15.004、15.003、15.005、15.004、15.004、15.002、15.003 mm。试写出测量结果。

解:
$$\bar{d} = (15.002 + 15.004 + 15.002 + 15.004 + 15.003 + 15.005 + 15.004 + 15.004 + 15.002 + 15.003)/10 = 15.003\ 3\ (mm)$$

$$U_A = S_d = \sqrt{\frac{\sum_{i=1}^{10}(d_i - \bar{d})^2}{10-1}} = 0.001\ (mm)$$

$$U_B = \Delta_{ins} = 0.004\ mm$$

$$U_C = \sqrt{U_A^2 + U_B^2} = \sqrt{0.001^2 + 0.004^2} = 0.004\ (mm)$$

$$d \pm U_C = (15.003 \pm 0.004)\ \text{mm}$$

不确定度的评定是很细致的工作,需要考虑各种因素,要尽量做到既不遗漏,又不重复计算。但是由于大学物理实验是一门基础实验课程,所以,在该课程中通常只能采用简化方法。本教材就是这样做的,因此有必要对这一点再次重申。今后在实际工作中,应该视情况采用更加严密和完整的评定方法。

目前大学物理实验教学界常用的另两种不确定度的简化评定方法如下:

一种方法是采用合成的标准不确定度 u_C,即式(1-2-1)。其中用平均值的实验标准差,而不是测量列的实验标准差作为标准不确定度的 A 类分量 u_A。平均值的实验标准差等于测量列的实验标准差除以 $\sqrt{n}$:

$$u_A = S_{\bar{x}} = S_x / \sqrt{n} = \sqrt{\frac{\sum_{i=1}^{n}(x_i - \bar{x})^2}{n(n-1)}}$$

由于测量器具误差的分布规律通常是不知道的,按照文献建议,可以假设为均匀分布。这样就可以得到标准不确定度的 B 类分量 $u_B = \Delta_{\text{ins}} / \sqrt{3}$。从而有合成标准不确定度:

$$u_C = \sqrt{(S_x / \sqrt{n})^2 + (\Delta_{\text{ins}} / \sqrt{3})^2}$$

如果要得到扩展不确定度,可以再乘以 t 因子:

$$U_C = t \cdot u_C$$

t 因子的值与置信概率、自由度有关,可以通过查表得到。关于自由度的定义和计算方法,可以查阅有关资料。

另一种方法是采用比本教材略为细致的扩展不确定度,它与本教材所用方法的区别在于:

$$U_A = (t / \sqrt{n}) S_x$$

因此有:
$$U_C = \sqrt{(t^2 / n) S_x^2 + \Delta_{\text{ins}}^2}$$

或者采用更加合适的方法:

$$U_C = \sqrt{(t^2 / n) S_x^2 + (1.2 \Delta_{\text{ins}})^2}$$

通过对比可以看到,我们所用的方法与后面两个公式差别不大,但比它粗略一些。

第四节　间接测量的不确定度和不确定度的传递

间接测量量值是由直接测量量值通过已知的函数关系运算所求得的。由于直接测量量值必然具有不确定性,间接测量量值也必然具有不确定性。现在我们要研究的问题是,如何由直接测量量的不确定度来求得间接测量量的不确定度,即不确定度的传递。

一、不确定度的传递公式

设间接测量量 N 与直接测量量 $x, y, z, \cdots$ 有如下函数关系:
$$N = f(x, y, z, \cdots) \qquad (1\text{-}4\text{-}1)$$
其中,$x, y, z, \cdots$ 均为独立变量,它们的不确定度分别为 $U_x, U_y, U_z, \cdots$ 根据多变量函数的全

微分公式,可以得出:

$$U_N = \sqrt{\left(\frac{\partial f}{\partial x}\right)^2 U_x^2 + \left(\frac{\partial f}{\partial y}\right)^2 U_y^2 + \left(\frac{\partial f}{\partial z}\right)^2 U_z^2 + \cdots} \tag{1-4-2}$$

和

$$\frac{U_N}{N} = \sqrt{\left(\frac{\partial \ln f}{\partial x}\right)^2 U_x^2 + \left(\frac{\partial \ln f}{\partial y}\right)^2 U_y^2 + \left(\frac{\partial \ln f}{\partial z}\right)^2 U_z^2 + \cdots} \tag{1-4-3}$$

这两个公式都可以使用。对于加减形式的函数关系,用前一式比较方便;对于乘除、乘方、开方形式的函数关系,用后一式比较方便。

对于一些常用的函数,其不确定度的传递公式列于表 1-4-1 中。我们要学会自己推导,而且要记住结果。

表 1-4-1 某些常用函数的不确定度传递公式

函数形式	不确定度传递公式
$y = x_1 + x_2$	$U_y = \sqrt{U_{x_1}^2 + U_{x_2}^2}$
$y = x_1 - x_2$	$U_y = \sqrt{U_{x_1}^2 + U_{x_2}^2}$
$y = x_1 \cdot x_2$	$\dfrac{U_y}{y} = \sqrt{\left(\dfrac{U_{x_1}}{x_1}\right)^2 + \left(\dfrac{U_{x_2}}{x_2}\right)^2}$
$y = x_1 / x_2$	$\dfrac{U_y}{y} = \sqrt{\left(\dfrac{U_{x_1}}{x_1}\right)^2 + \left(\dfrac{U_{x_2}}{x_2}\right)^2}$
$y = kx$(k 为常数)	$U_y = kU_x; \dfrac{U_y}{y} = \dfrac{U_x}{x}$
$y = \dfrac{x_1^l x_2^m}{x_3^n}$	$\dfrac{U_y}{y} = \sqrt{l^2\left(\dfrac{U_{x_1}}{x_1}\right)^2 + m^2\left(\dfrac{U_{x_2}}{x_2}\right)^2 + n^2\left(\dfrac{U_{x_3}}{x_3}\right)^2}$

二、加减形式函数不确定度传递的实例

【例 1-4-1】 已知 $N = 3x + 5y - 2z$,x,y,z 的不确定度分别为 U_x, U_y, U_z,求 U_N。

解: 这是加减形式函数不确定度的传递,用式(1-4-2)比较方便。先求各偏导数:

$$\frac{\partial N}{\partial x} = 3; \frac{\partial N}{\partial y} = 5; \frac{\partial N}{\partial z} = -2;$$

$$U_N = \sqrt{9U_x^2 + 25U_y^2 + 4U_z^2}$$

这里需要注意的是,虽然 $\partial N/\partial z = -2$,但由于公式里面进行了平方运算,所以最后结果的根号中各项仍然是相加的。

【例 1-4-2】 已知 $L = L_1 + L_2 - L_3$

$$L_1 \pm U_{L_1} = (5.500 \pm 0.004) \text{ mm}$$

$$L_2 \pm U_{L_2} = (20.30 \pm 0.05) \text{ mm}$$

$$L_3 \pm U_{L_3} = (2.446 \pm 0.004) \text{ mm}$$

求 $L \pm U_L$。

解：

$$U_L = \sqrt{U_{L_1}^2 + U_{L_2}^2 + U_{L_3}^2} = \sqrt{0.004^2 + 0.05^2 + 0.004^2} = 0.05 \text{（mm）}$$
$$L = 5.500 + 20.30 - 2.446 = 23.354 \text{（mm）}$$
$$L \pm U_L = (23.35 \pm 0.05) \text{ mm}$$

本题中，在进行"方和根"合成时，由于 0.004 远小于 0.05，所以直接可以写出合成结果为0.05；最后一步，由于 0.05 的末位在百分位，所以把 23.354 处理为 23.35。

三、乘除、乘方、开方形式函数不确定度传递的实例

【例 1-4-3】 已知 $N = \dfrac{2x^2\sqrt{y}}{z^3}$，$x,y,z$ 的不确定度分别为 U_x,U_y,U_z，求 U_N。

解： 这是一个乘除、乘方、开方形式函数，如果用式(1-4-2)，则各个偏导数的形式比较复杂，所以用式(1-4-3)比较方便。先对函数的两边取常用对数：

$$\ln N = \ln 2 + 2\ln x + \frac{1}{2}\ln y - 3\ln z$$

再求偏导数：

$$\partial\ln N/\partial x = 2/x; \partial\ln N/\partial y = 1/(2y); \partial\ln N/\partial z = -3/z$$

代入公式得：

$$U_N/N = \sqrt{(2/x)^2 U_x^2 + [1/(2y)]^2 U_y^2 + (-3/z)^2 U_z^2}$$

要注意，这样求得的是相对不确定度，还需要将它乘以 N，才能得到 U_N。

【例 1-4-4】 用 $\Delta_{ins} = 0.02$ mm 的游标卡尺测出一个圆柱体的直径 d 和高 H，它们的值列于表 1-4-2 中，求圆柱体的体积。

表 1-4-2　用游标卡尺测量的圆柱体直径 d 和高 H

次数	d/mm	H/mm
1	60.04	80.96
2	60.02	80.94
3	60.06	80.92
4	60.00	80.96
5	60.06	80.96
6	60.00	80.94
7	60.00	80.94
8	60.04	80.98
9	60.00	80.94
10	60.00	80.96

解： 对于直径和高的测量，属于多次直接测量。先分别求出它们的平均值、测量列的实验标准差，再结合仪器误差限值 Δ_{ins}，求得它们的不确定度：

$$\bar{d} = 60.028 \text{ mm}; S_d = 0.027 \text{ mm}; U_d = \sqrt{0.027^2 + 0.02^2} = 0.034 \text{（mm）}$$
$$\bar{H} = 80.950 \text{ mm}; S_H = 0.017 \text{ mm}; U_H = \sqrt{0.017^2 + 0.02^2} = 0.026 \text{（mm）}$$

· 18 ·

体积的测量属于间接测量：

$$V = \frac{\pi}{4}d^2 H$$

先算出 V 的概略值：

$$V' = \frac{\pi}{4} \times 60.028^2 \times 80.950 = 2.290\ 9 \times 10^5\ (\text{mm}^3)$$

再求出相对不确定度：

$$\frac{U_V}{V} = \sqrt{\left(\frac{2}{d}\right)^2 U_d^2 + \left(\frac{1}{H}\right)^2 U_H^2}$$

$$= \sqrt{\left(\frac{2}{60.028}\right)^2 \times 0.034^2 + \left(\frac{1}{80.950}\right)^2 \times 0.026^2}$$

$$= 1.2 \times 10^{-3}$$

最后求出 U_V：

$$U_V = V' \cdot \frac{U_V}{V} = 2.290\ 9 \times 10^5 \times 1.2 \times 10^{-3} = 0.002\ 7 \times 10^5 \approx 0.003 \times 10^5\ (\text{mm}^3)$$

$$V \pm U_V = (2.291 \pm 0.003) \times 10^5\ (\text{mm}^3)$$

第五节　有效数字及数值修约

由于测量总含有误差,因此表示测量结果数字的位数不宜太多,也不宜太少。太多了容易使人误认为测量精度很高,太少了则会损失精度。因此,对测量结果进行数值修约就显得非常必要。

一、有效数字的定义

实验测量过程中通常把通过直读获得的准确数字叫作可靠数字,而把通过估读得到的那部分数字叫作存疑数字。把测量结果中能够反映被测量大小的带有 1 位存疑数字的全部数字叫作有效数字。对于没有小数位且以若干个零结尾的数值,从非零数字最左一位向右数而得到的位数,减去无效零(即仅为定位用的零)的个数,称作有效数字位数;对于其他十进位数,从非零数字最左一位向右数而得到的位数,称作有效数字位数。一般情况下,如果没有特别说明,末尾的零就不是无效零。

例如,35 000,若有 2 个无效零,则有 3 位有效数字,应写成 350×10^2 或 3.50×10^4;若有 3 个无效零,则有 2 位有效数字,应写成 35×10^3 或 3.5×10^4。又如,3.2,0.32,0.003 2 均有 2 位有效数字;而 0.032 0 有 3 位有效数字。

在数值修约时以下几个问题需要引起注意：

① 有效数字位数与十进制单位的变换无关。例如,1.35 g 有 3 位有效数字。如果换成千克做单位,则有 1.35 g＝0.001 35 kg;如果换成毫克做单位,则为 1.35×10^3 mg,仍有 3 位有效数字。不要写成 1.35 g＝1 350 mg,因为在没有说明的情况下,一般都会认为最后的零也是有效的。

② 数据后面的"0",不能随意舍掉,也不能随意加上。例如,不能把 200 mm 写成 20 cm,因为这样一来有效数字位数就少了 1 位;同样的原因,也不能把 20 cm 写成200 mm,

或者把 9.0×10^2 V 写成 900 V。

③ 推荐使用科学记数法。其形式为：

$$K \times 10^n$$

其中，$1 \leqslant K < 10$，n 为整数。例如，200 mm 可以记为 2.00×10^2 mm。这样在十进制单位变换时，只要改变指数就行了。例如，2.00×10^2 mm = 2.00×10^1 cm = 2.00×10^5 μm = 2.00×10^{-1} m 等，在这些变换中，2.00 这几个数字始终不变。

二、不确定度和测量结果的数字化整规则

① 不确定度的有效数字位数为 1～2 位，本书约定只保留 1 位。

不确定度是与置信概率相联系的，所以不确定度的有效数字位数不必过多，一般只需保留 1～2 位，其后数位上数字的舍入，不会对置信概率造成太大的影响。一般说来，如果不确定度（包括相对不确定度）首位的数字较大，例如大于或等于 5，则保留 1 位有效数字；如果不确定度首位的数字较小，例如 1 或 2，则保留 2 位有效数字；首位为 3 或 4 的，可根据情况需要或留 1 位，或留 2 位有效数字。

在本书中，为了处理的方便，约定不确定度与相对不确定度都只保留 1 位有效数字。但在这样做的同时，必须意识到这是一种简化处理方法，尤其是当不确定度的首位数字为 1 或 2 时，这样处理有可能使结果的置信概率有较大的变化。

② 结果的末位与其不确定度的末位的数位对齐，最终写成 $y \pm U_y$，y 与 U_y 的末位数字对齐。

例如，某量的不确定度为 0.06 mm，由计算器求得该量的值为 216.357 632 1 mm，则该量的值应写成 216.36 mm，其末位与不确定度的末位均在百分位上，最终应写成 (216.36 ± 0.06) mm。

对于本章第三节中的例题已经作了类似的处理。

③ 只在最后结果中进行数字化整，而所有先前进行的计算可以有多余的位数。

④ 对于尾数，修约时采用"四舍六入五凑偶"的原则进行取舍。所谓"五凑偶"，意即当尾数恰好为"5"时，若前一位是偶数，则舍去这个"5"；若前一位是奇数，则将该"5"进位成前一位上的"1"，将前一位由奇数变为比原先大"1"的偶数。例如 25.5，如果保留到个位，则成 26；如果是 26.5，保留到个位，则也成 26。

⑤ 对中间数值，修约时一般采用四舍五入规则（修约 5 的时候，要观察 5 后是否有数值，有则直接进 1，若 5 后全是 0 则采用④的规则）。例如，20.501 修约成有 2 位有效数字为 21，20.500 修约成有 2 位有效数字为 20，21.500 修约成有 2 位有效数字为 22。

修约过程应该一次完成，不能连续多次修约。例如，要使 3.348 保留 2 位有效数字，不能先修约成 3.35，接着再修约成 3.4，而应该一次修约成 3.3。

附注 我国国标《数值修约规则与极限数值的表示和判定》(GB 8170—2008) 的要点如下：修约间隔只取单位修约间隔（10 的整数次幂）或其 0.2、0.5 倍，即 1（或 0.2，0.5）$\times 10^n$。对于单位修约间隔（本书只采用单位修约间隔），要舍去的数字的最左一位小于 5 时，即舍去；要舍去的数字的最左一位大于 5（包括等于 5 且其后有不全为零的数）时，则进 1；要舍去的数字的最左一位等于 5 同时后面没有数字或数字全为 0，若保留的末位是奇数则进 1，是

偶数或 0 则舍去。这套规则简称为"四舍六入五凑偶"。

三、结果的有效数字位数与不确定度及相对不确定度的关系

由前面所述,结果的末位与不确定度的末位在数位上是对齐的,而不确定度的有效数字位数一般为 1~2 位(我们只保留 1 位)。因此,即使不确定度没有被明确写出,我们仍能从结果的末位估计出不确定度的大小。原则上说,结果末位的数位越大,则不确定度也越大。

又由于相对不确定度 $E = \dfrac{U_y}{y}$,故从结果有效数字位数的多少也可估计出相对不确定度的大小。原则上说,结果有效数字位数越少,则其相对不确定度越大。

但是要注意,以上说法并非绝对的。这是因为结果的首位数字和不确定度的首位数字都可以在 1~9 之间变化。例如,1.25±0.08 与 0.98±0.01,前者的结果有 3 位有效数字,后者只有 2 位有效数字,但后者的相对不确定度比前者小。

由此我们可以体会到,采用有效数字来记录实验结果,确实有许多好处。有时,即使不确定度的具体数值并未明确写出,但通过有效数字的末位,我们能够知道不确定度的大概值;通过有效数字的位数,我们能够知道相对不确定度的大概值。

四、实验数据有效数字位数的确定

由不确定度来确定结果的有效数字位数,这是处理一切有效数字问题的依据。不管不确定度的数值是否明确写出都是如此。下面对直接测量和间接测量两种情况进行讨论。

(1) 直接测量结果有效数字位数的确定:对于单次直接测量(包括多次直接测量中每一个测量数据),应该根据前面所述的方法确定仪器的误差限值 Δ_{ins},将它作为不确定度(如果实验室另行给出不确定度的,则以给出值为准),保留 1 位,结果的末位与它对齐。

在多次直接测量中,应该先求出 $\bar{x}$ 和 S_x,以及得出 Δ_{ins} 的值,再求总不确定度 U(本书约定总不确定度保留 1 位有效数字)。然后由总不确定度所在的数位来确定结果有效数字的末位。

下面通过几个例题作具体的介绍。

【例 1-5-1】　用精度为 0.05 mm 的游标卡尺,通过单次测量得到一规则金属块厚度 H 为 2.45 mm,写出其结果。

解:　这是单次直接测量,且 A 类不确定度较小,故取 $U_H = \Delta_{ins} = 0.05$ mm,有:
$$H \pm U_H = (2.45 \pm 0.05)\text{mm}$$

【例 1-5-2】　用最小分度为 1 mm 的钢卷尺测量某一长度,教师告知总不确定度为毫米量级,但未说明具体数值。测量时测得长度 L 恰为 1 m。写出其结果。

解:　这也是单次直接测量。由于 U_L 的具体数值不明确,故结果中无法写明 U_L。但是老师已告知 U_L 约为几毫米,而 L 的末位应该和 U_L 对齐,故也应该在毫米位上,因此结果为:
$$L = 1\,000 \text{ mm} \quad \text{或} \quad L = 1.000 \text{ m}$$

(2) 对于各个分量的不确定度都知道的间接测量,按照其函数形式,先用式(1-4-2)或式(1-4-3)求出间接测量量的不确定度。按照约定,将它保留 1 位,结果的末位和它对齐。

(3) 对于不满足各个分量的不确定度都知道的间接测量,按照其函数形式,分别选用下

面几种方法：

① 加减形式的函数。先找出函数中各参与运算分量之中末位数位最大的,结果末位的数位和它对齐,简称为"加减看末位"。

② 乘除、乘方、开方形式的函数。先找出函数中各参与运算分量之中位数最少的,结果的位数取得和它一样多,简称为"乘除看位数"。

【例 1-5-3】 已知 $L=L_1+L_2-L_3$, $L_1=125.50$ mm, $L_2=20.300$ mm, $L_3=2.446$ mm, 求 L。

解： 3 个分量中, L_1 末位的数位最大,在百分位。所以,结果的末位也留到百分位：

$$L = 125.50 + 20.300 - 2.446 = 143.354 = 143.35 \text{ (mm)}$$

【例 1-5-4】 已知 $g=4\pi^2 L/t^2$, $L=130.40$ cm, $t=2.291$ s, 求 g。

解： 2 个分量中, t 的有效数字位数较少,为 4 位,所以结果也保留 4 位：

$$g = 4 \times 3.141\ 6^2 \times 130.40/2.291^2 = 980.8 \text{ (cm/s}^2\text{)}$$

在这个例子中,由于结果只保留 4 位,故 π 取 5 位就够了。

【例 1-5-5】 求 $\dfrac{30.00 \times (25.0 - 17.003)}{(203 - 3.0) \times (2.00 + 0.001)}$。

解： 这是一个混合运算题,可以分步确定有效数字位数,最后确定结果的有效数字位数：

$$原式 = \frac{30.00 \times 8.0}{200 \times 2.00} = 0.60$$

各个括号内都是加减运算,用"加减看末位",最后是乘除运算,用"乘除看位数",由于"8.0"只有 2 位有效数字,故结果也保留 2 位有效数字。

(4) 某些常见函数。利用不确定度的传递公式也可以对某些函数的有效数字进行分析。通常情况下,对数函数的尾数的有效数字位数取得和真数的位数相同;指数函数运算后的有效数字位数取得和指数的小数点后面的位数相同;对于正弦、余弦函数,如果角度的不确定度为 $1'$,通常函数保留到小数点后第 4 位。

【例 1-5-6】 lg 1.983=0.297 3; lg 198 3=3.297。

由于上两例中,真数的有效数字位数同样都是 4 位,所以函数的尾数的有效数字位数都取 4 位,而不管首数是多少。

【例 1-5-7】 $10^{6.25}=1.8 \times 10^6$; $10^{0.003\ 5}=1.008$。

第一例中,指数小数点后有 2 位,所以函数保留 2 位有效数字;第二例中,指数小数点后有 4 位(注意,这里指的是小数点后的位数,不是小数点后的有效数字位数),所以函数保留 4 位有效数字。

【例 1-5-8】 sin 15°15′=0.263 0; cos 41°30′=0.749 0。

这里的约定为,角度的不确定度为 $1'$ 左右;对于正弦函数,角度不要太接近 $90° \pm n \times 180°$,对于余弦函数,角度不要太接近 $\pm n \times 180°$(接近程度不要小于 20°)。

以上几种方法,有的书上称为"有效数字运算规则"或"有效数字运算规定"。实际上,它们所根据的仍然是"由不确定度来确定结果的有效数字位数"这个原则;同时还用到了不确定度的传递公式。例如,对于加减形式的函数,结果的不确定度是各参与运算分量不确定度的"方和根",所以结果的不确定度肯定大于任何一个参与运算分量的不确定度,因此,结果末位的数位,不可能小于任何一个参与运算分量末位的数位;类似地,对于乘除、乘方、开方形式的函数,结果的相对不确定度是各参与运算分量相对不确定度的"方和根",所以结果的相对不确定度肯定大于任何一个参与运算分量的相对不确定度,因此,结果位数一般不可能多于任何一个参与运算分量的位数。

但需要注意的是,这几种方法仅仅是粗略方法,是合理规律的近似,有时会有一点偏差,只是在不确定度的确切值不知道的情况下才加以使用。

第六节　常用数据处理方法

科学实验的目的是找出事物的内在规律,或检验某种理论的正确性,或准备作为以后实践工作的依据,因而对实验测量收集的大量数据资料必须进行正确的处理。数据处理是指从获得数据起到得出结论为止的加工过程,包括记录、整理、计算、作图、分析等方面的处理方法。根据不同的需要,可以采取不同的处理方法。本节主要介绍大学物理实验中常用的数据处理方法,包括列表法、图示法和图解法、逐差法、最小二乘法线性拟合等。

一、列表法

在记录和处理数据时,常常将数据列成表格。这样做可以简单而明确地表示出有关物理量之间的对应关系,便于随时检查测量结果是否合理,及时发现问题和分析问题,有助于找出有关物理量之间关系的规律,求出经验公式等。数据列表还可以提高处理数据的效率,减少和避免错误。

列表记录、处理数据是一种良好的科学工作习惯。对初学者来说,要设计出一个栏目清楚合理、行列分明的表格虽不是很难办到的事,但也不是一蹴而就的,需要不断训练,逐渐形成习惯。对本书的许多实验已经设计了数据表格,学生在使用时应思考为什么将表格如此设计? 能否更加合理化? 有些实验没有现成的数据表格,希望学生能根据要求设计出尽量合理的数据表格。列表的要求如下:

① 各栏目(纵及横栏)均应标明名称和单位;若名称用自定的符号,则需要加以说明。

② 原始数据应列入表中。计算过程中的一些中间结果和最后结果也可列入表中。

③ 栏目的顺序应充分注意数据间的联系和计算的程序,力求简明、齐全、有条理。

④ 若是函数关系测量的数据表,应按自变量由小到大的顺序或由大到小的顺序排列。

⑤ 必要时附加说明。

下面以使用读数显微镜测量一个圆环的直径为例列表记录和处理数据。

【例 1-6-1】　测圆环直径 d。仪器:读数显微镜,$\Delta_{ins}=0.004$ mm。

先将原始数据填入表 1-6-1 中,然后求出各 d_i。

表 1-6-1　用读数显微镜测量一个圆环的直径

测量次序 i	左读数/mm	右读数/mm	直径 d_i/mm
1	12.764	18.762	5.998
2	10.843	16.838	5.995
3	11.987	17.978	5.991

表 1-6-1(续)

测量次序 i	左读数/mm	右读数/mm	直径 d_i/mm
4	11.588	17.584	5.996
5	12.346	18.338	5.992
6	11.015	17.010	5.995
7	12.341	18.335	5.994
直径平均值 $\bar{d}$			5.994 4

用计算器计算得出：

$$\bar{d} = 5.994\ 4\ \text{mm} \qquad S_d = 0.002\ 4\ \text{mm}$$

根据不确定度的合成公式：

$$U_d = \sqrt{S_d^2 + \Delta_{\text{ins}}^2} = 0.004\ 6 = 0.005\ (\text{mm})$$

最终结果：

$$d \pm U_d = (5.994 \pm 0.005)\text{mm}$$

二、图示法和图解法

（一）图示法

物理实验中测得的各物理量之间的关系，可以用函数式表示，也可以用各种图线表示。后者称为实验数据的图线表示法，简称图示法。工程师和科学家一般对定量的图线很感兴趣，因为定量图线形象直观，使人看后一目了然，它不仅能简明地显示物理量之间的相互关系、变化趋势，而且能方便地找出函数的极大值、极小值、转折点、周期性和其他奇异性。特别是对那些尚未找到适当的解析函数表达式的实验结果，可以从图示法所画出的图线中去寻找相应的经验公式，从而探求物理量之间的变化规律。

作图并不复杂，但对于许多初学者来说是一种困难的科学技巧。这是由于他们缺乏作图的基本训练，而且在思想上对作图又不够重视。然而只要认真对待，并遵循作图的一般规则进行一段时间的训练，是能够绘制出相当好的图线的。在本书中，好多实验都需要作图。希望在作图以前，仔细阅读本节内容。

制作一幅完整的、正确的图，基本步骤包括：选择图纸；确定坐标轴和标注坐标分度；标实验点；连接实验图线以及注解和说明等。

（1）选择图纸

最常用的图纸是线性直角坐标纸（毫米方格纸），其他还有对数坐标纸、半对数坐标纸、极坐标纸等，应根据具体情况选用合适的图纸。

由于直线是最容易绘制的图线，也便于使用，所以在已知函数关系的情况下，作两个变量之间的关系图线时，最好通过适当的变换将某种函数关系的曲线改为线性函数的直线。

例如：

① $y = a + bx$，y 与 x 为线性函数关系。

② $y = a + b\dfrac{1}{x}$，若令 $u = \dfrac{1}{x}$，则得 $y = a + bu$，y 与 u 为线性函数关系。

③ $y = ax^b$，取对数，则 $\lg y = \lg a + b\lg x$，$\lg y$ 与 $\lg x$ 为线性函数关系。

④ $y=ae^{bx}$，取自然对数，则得 $\ln y=\ln a+bx$，$\ln y$ 与 x 为线性函数关系。

对于①，选用线性直角坐标纸就可得直线。对于②，以 y、u 做坐标时在线性直角坐标纸上也是一条直线。对于③，在选用对数坐标纸后，不必对 x、y 作对数运算，就能得到一条直线；如果以 $\lg y$ 和 $\lg x$ 做坐标时在线性直角坐标纸上也是一条直线。对于④，则应选用半对数坐标纸，或以 $\ln y$ 与 x 做坐标时在线性直角坐标纸上也是一条直线。如果只有线性直角坐标纸，而要作③、④两类函数关系的直线时，则只有将相应的测量值进行对数运算后再作图。

图纸大小的选择，原则上以不损失实验数据的有效数字和能包括所有实验点作为最低限度，即图上的最小分格至少应与实验数据中最后一位准确数字相当。

（2）确定坐标轴和标注坐标分度

习惯上，常将自变量作为横轴，因变量作为纵轴。坐标轴确定后，应在顺轴的方向注明该轴所代表的物理量名称和单位，还要在轴上均匀地标明该物理量的整齐数值。在标注坐标分度时应注意：

① 坐标的分度应以不用计算便能确定各点的坐标为原则，通常只用 1、2、5 进行分度，禁忌用 3、7 等进行分度。

② 坐标分度值不一定从零开始。一般情况可以用低于原始数据最小值的某一整数作为坐标分度的起点，用高于原始数据最大值的某一整数作为终点。两轴的比例也可以不同。这样，图线就能充满所选用的整个图纸。

（3）标实验点

要根据所测得的数据，用明确的符号准确地标明实验点，要做到不错不漏。常用的符号有"＋""×""·""○""△""□"等。

若要在同一张图上画不同的图线，标实验点时应选用不同的符号，以便区分。

（4）连接实验图线

连线时必须使用工具，最好用透明的直尺、三角板、曲线板等。

在多数情况下，物理量之间的关系在一定范围内是连续的，因此应根据图上各实验点的分布和趋势作出一条光滑连续的曲线或直线。所绘的曲线或直线应光滑匀称，而且要尽可能使所绘的图线通过较多的实验点。对那些严重偏离图线的个别点，应检查一下标点是否有误。若没有错误，表明这个点对应的测量存在粗大误差，在连线时应将其舍去不作考虑。其他不在图线上的点，应比较均匀地分布在图线的两侧。如果连直线，最好通过 $(\bar{x},\bar{y})$ 这一点。由于实验存在误差，不必要求所有的点都在图线上。

对仪器仪表的校正曲线，连接时应将相邻两点连成直线段，整个校正曲线图呈折线形式。

（5）注解和说明

应在图纸的明显位置写清图名。图名一般可以用文字说明，如"电压表的校准曲线 $\delta U\text{-}U$ 图"等。如果在行文或实验报告中已对图有过明确的说明，也可以简单地写成 $y\text{-}x$ 图，其中的 y 和 x 分别是纵轴和横轴所代表的物理量。此外，还可加注必要的简短说明。

（二）图解法

利用已作好的图线，定量地求得待测量或得出经验公式，称为图解法。例如，可以通过图中直线的斜率或截距求得待测量的值，可以通过内插或外推求得待测量的值，还可以通过图线的渐近线以及通过图线的叠加、相减、相乘、求导、积分、求极值等来得出某些待测量的值。这里主要介绍用直线图解法求出斜率和截距,进而得出完整的直线方程,以及用插值法求待测量的值。

(1) 直线图解法的步骤

① 选点——为求直线的斜率,一般用两点法而不用一点法,因为直线不一定通过原点。在图中接近直线两端处任取两点 $A(x_1, y_1)$ 和 $B(x_2, y_2)$。一般不用实验点,而是在直线上选取,并用不同于实验点的记号表示,在记号旁注明其坐标值。这两点应尽量分开些,如图 1-6-1 所示。如果这两点靠得太近,计算斜率时就会使结果的精度降低,但也不能超出实验数据的范围,因为选这样的点没有实验依据。

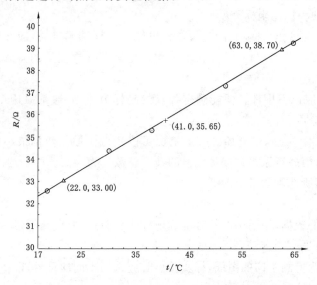

图 1-6-1　直线图解法求斜率与截距

② 求斜率——设直线方程为 $y=ax+b$,则斜率为:

$$a = \frac{y_2 - y_1}{x_2 - x_1} \tag{1-6-1}$$

③ 求截距——若坐标起点为零,可将直线用虚线延长,使其与纵坐标轴相交,交点的纵坐标就是截距。

若坐标轴的起点不为零,则可用公式计算出截距:

$$b = \frac{x_2 y_1 - x_1 y_2}{x_2 - x_1} \tag{1-6-2}$$

由得到的斜率和截距,可以得出待测量的值。

在作出实验图线后,实际上就确定了两个变量之间的函数关系。因此,如果知道了其中一个物理量的值,就可以从图线上找出另一个物理量相应的值。如果需要求的值能直接在图线上找到,这就是内插法;如果需要把图线(一般应是直线)延长后才能找到需要求的值,这就是外推法。

(2) 内插(外推)法的步骤

作好实验图线后:

① 根据已经知道的物理量的值,在相应的坐标轴上找到与该值对应的点。

② 用虚线作通过该点而且与该点所在坐标轴垂直的线段,与图线相交于一点。

③ 用虚线作通过上述交点而且与原虚线垂直的线段,与待求物理量所在的坐标轴交于一点。该点坐标对应的值就是与前述已知物理量值所对应的另一个物理量的值。

三、逐差法

逐差法是物理实验中常用的数据处理方法之一,它适合于两个被测量之间存在多项式函数关系、自变量为等间距变化的情况。

逐差分为逐项逐差和分组逐差。逐项逐差就是把实验数据进行逐项相减,用这种方法可以验证被测量之间是否存在多项式函数关系。如果函数关系满足 $y=ax+b$,逐项逐差所得差值应近似为一常数。如果函数关系满足 $y=ax^2+bx+c$ 的形式,则二次逐项逐差所得差值应近似为一常数。分组逐差是将数据分成高、低两组,实行对应项相减。这样做可以充分利用数据,具有对数据取平均的效果,从而能较准确地求得多项式系数。

下面通过一个具体的例子来说明如何使用逐差法以及它的优点。

【例 1-6-2】 用伏安法测电阻,得到一组数据,如表 1-6-2 所示。测量时电压每次增加 2.00 V。现在要验证 $U=IR$ 这个关系式,并求出 R 值——数学形式上相当于 I 的系数。

表 1-6-2　用伏安法测电阻数据表

序号 i	电压 U_i/V	电流 I_i/mA	$\delta I_{1,i}(\delta I_{1,i}=I_{i+1}-I_i)$/mA	$\delta I_{5,i}(\delta I_{5,i}=I_{i+5}-I_i)$/mA
1	0	0	3.95	20.05
2	2.00	3.95	4.05	20.10
3	4.00	8.00	4.05	20.00
4	6.00	12.05	4.05	20.05
5	8.00	16.10	3.95	20.05
6	10.00	20.05	4.00	
7	12.00	24.05	3.95	
8	14.00	28.00	4.10	
9	16.00	32.10	4.05	
10	18.00	36.15		

由表 1-6-2 中逐项逐差所得的 $\delta I_{1,i}$ 值可以看出它们基本相等,因此可以说明 I 与 U 之间存在着一次线性函数关系。

但是,如果要求得电压每升高 2.00 V 时电流的平均增加量的话,可以有两种不同的方法,若用所得到的 9 个逐项逐差的值取平均,则:

$$\overline{\delta I_1}=\frac{\sum_{i=1}^{9}\delta I_{1,i}}{9}=\frac{(I_2-I_1)+(I_3-I_2)+(I_4-I_3)+(I_5-I_4)+\cdots+(I_{10}-I_9)}{9}$$

$$=\frac{I_{10}-I_1}{9}$$

这样,中间值全部无用,起作用的只是始末两次测量值。可见这样做是不好的。若用分组逐差，将数据分成高组(I_6、I_7、I_8、I_9、I_{10})和低组(I_1、I_2、I_3、I_4、I_5)两组，求得各 $\delta I_{5,i}$ 后再求平均值，得：

$$\overline{\delta I_5} = \frac{1}{5}\big[(x_{10} - x_5) + (x_9 - x_4) + (x_8 - x_3) + (x_7 - x_2) + (x_6 - x_1)\big]$$

再除以 5 便得到电压每升高 2.00 V 时的电流增量值。这样做，全部测量数据都得到了利用，有：

$$R = \frac{\delta U_1}{\frac{1}{5}\,\overline{\delta I_5}} = \frac{2.00}{\frac{1}{5} \times 20.05} = \frac{2.00}{4.01} = 0.499\ (\text{k}\Omega)$$

用逐差法处理数据时，需要注意以下几个问题：

① 在验证函数表达式的形式时，要用逐项逐差，而不要用分组逐差，这样可以检验每个数据点之间的变化是否符合规律，而不致发生假象，即不规律性被平均效果掩盖起来。

② 在用逐差法求多项式的系数时，不能逐项逐差，必须把数据分成两组，高组和低组对应项逐差，这样才能充分地利用数据。

③ 用分组逐差时，应把数据分成两组。如果数据为 $2l$ 个($l \in \mathbf{Z}$)，则低组与高组各为 l 个；如果数据为 $(2l-1)$ 个($l \in \mathbf{Z}$)，则低组为第 1 个数据到第 $(l-1)$ 个数据，高组为第 $(l+1)$ 个数据到第 $(2l-1)$ 个数据。这是常用的分组方法。

逐差法使用方便，这是它的优点。但其也有局限性，与最小二乘法相比，结果的不确定度较大。因此在条件许可时应尽可能用最小二乘法。

四、最小二乘法线性拟合

用图解法处理数据虽然有许多优点，但它是一种粗略的数据处理方法，因为它不是建立在严格的统计理论基础上的数据处理方法。在图纸上人工拟合直线或曲线时有一定的主观随意性。不同的人用同一组测量数据作图，可以得出不同的结果。因而人工拟合的直线往往不是最佳的。正因为如此，用图解法处理数据时一般是不求误差和不确定度的。

由一组实验数据找出一条最佳的拟合直线或曲线，常用的方法是最小二乘法。所得到的变量之间的相关函数关系称为回归方程。因此，最小二乘法线性拟合也称为最小二乘法线性回归。

在这里我们仅限于讨论用最小二乘法进行一元线性拟合问题。

最小二乘法原理是：若能找到一条最佳的拟合直线，那么这条拟合直线上各相应点的值与测量值之差的平方和在所有拟合直线中是最小的。

假定变量 x 与 y 之间存在着线性关系，回归方程的形式为：

$$y = a_0 + a_1 x \tag{1-6-3}$$

是一条直线。测得一组数据 $(x_i, y_i)(i=1,2,\cdots,k)$，现在的问题是，怎样根据这组数据找出上式中的系数 a_0 和 a_1 来。

我们讨论最简单的情况，即每个数据点的测量都是等精度的，且假定 x_i 和 y_i 中只有 y_i 有明显的随机误差。如果实际问题中两个变量都有随机误差，可把相对来说误差较小的变量当作 x。

由于存在误差，实验点不可能全部落在式(1-6-3)拟合的直线上。对于与某一个 x_i 相对应的 y_i，它与用回归法求得的直线式(1-6-3)在 y 方向的残差为 v_i：

$$v_i = y_i - a_0 - a_1 x_i \qquad (1\text{-}6\text{-}4)$$

按最小二乘法原理,应使

$$S = \sum_{i=1}^{k} v_i^2 = \sum_{i=1}^{k} (y_i - a_0 - a_1 x_i)^2 \qquad (1\text{-}6\text{-}5)$$

最小。

其条件为:

$$\left.\begin{array}{l} \dfrac{\partial S}{\partial a_0} = 0 \, ; \dfrac{\partial^2 S}{\partial a_0^2} > 0 \\[3mm] \dfrac{\partial S}{\partial a_1} = 0 \, ; \dfrac{\partial^2 S}{\partial a_1^2} > 0 \end{array}\right\} \qquad (1\text{-}6\text{-}6)$$

即

$$\left.\begin{array}{l} -2 \displaystyle\sum_{i=1}^{k} (y_i - a_0 - a_1 x_i) = 0 \\[3mm] -2 \displaystyle\sum_{i=1}^{k} (y_i - a_0 - a_1 x_i) x_i = 0 \end{array}\right\} \qquad (1\text{-}6\text{-}7)$$

整理后得:

$$\left.\begin{array}{l} \bar{x} a_1 + a_0 = \bar{y} \\[2mm] \overline{x^2} a_1 + \bar{x} a_0 = \overline{xy} \end{array}\right\} \qquad (1\text{-}6\text{-}8)$$

式中

$$\left.\begin{array}{l} \bar{x} = \dfrac{1}{k} \displaystyle\sum_{i=1}^{k} x_i \\[3mm] \bar{y} = \dfrac{1}{k} \displaystyle\sum_{i=1}^{k} y_i \\[3mm] \overline{x^2} = \dfrac{1}{k} \displaystyle\sum_{i=1}^{k} x_i^2 \\[3mm] \overline{xy} = \dfrac{1}{k} \displaystyle\sum_{i=1}^{k} x_i y_i \end{array}\right\} \qquad (1\text{-}6\text{-}9)$$

式(1-6-8)的解为:

$$a_1 = \frac{\bar{x}\,\bar{y} - \overline{xy}}{\bar{x}^2 - \overline{x^2}} \qquad (1\text{-}6\text{-}10)$$

$$a_0 = \bar{y} - a_1 \bar{x} \qquad (1\text{-}6\text{-}11)$$

将式(1-6-7)对 a_1,a_0 再求一次导,得到 $\sum_{i=1}^{k} v_i^2$ 的二阶导数大于零。这样,式(1-6-10)和式(1-6-11)给出的 a_1 和 a_0 对应 $\sum_{i=1}^{k} v_i^2$ 的极小值,于是就可得到直线的回归方程式(1-6-3)。式(1-6-11)还告诉我们,回归直线是通过($\bar{x}$,$\bar{y}$)这一点的。这就是用作图法连直线时,应该使直线通过($\bar{x}$,$\bar{y}$)这一点的原因。

对于一元线性回归,相关系数 $\gamma = \dfrac{\overline{xy} - \bar{x}\,\bar{y}}{\sqrt{(\overline{x^2} - \bar{x}^2)(\overline{y^2} - \bar{y}^2)}}$。$\gamma$ 的绝对值介于 0～1 之间,它反映两个变量之间服从直线关系的程度。γ 绝对值越大,说明两个变量越接近直线关系。

第七节　数据处理在物理实验中的其他应用

数据处理常常是实验方法的一个不可分割的组成部分,它渗透在整个实验的全过程中。本节将介绍数据处理在实验的设计、安排等方面的应用,主要通过一些实例作出说明。

一、用数据处理方法解决某些不能或不易被直接测量或计算的物理量的测量问题

(1) 求解不能直接测量的物理量

有些物理量是不能被直接测量的,但是通过采用适当的数据处理方法,就可以解决这个问题。

【例 1-7-1】 测定单摆在摆角为零时的周期。

公式 $T_0 = 2\pi\sqrt{\dfrac{l}{g}}$ 是在摆角为零时才成立的,当摆角不为零时只是近似成立。但是实际测量时摆角不可能为零。那么怎样才能测出 T_0 呢?

当 θ 不为零时,单摆周期:

$$T = T_0\left(1 + \frac{1}{4}\sin^2\frac{\theta}{2}\right) \tag{1-7-1}$$

可以测出不同 θ 值下的 T 值,然后用适当的数据处理方法如回归法,就可以求出 T_0 值。

(2) 求出物理量的等效值

有些物理量的定义是不明确的,但是可以通过数据处理方法求出其等效值。

【例 1-7-2】 作简谐振动的弹簧振子,其弹簧在客观上是存在一个确定的等效质量 m_e 的。但是,如果从等效动能的观点(理论)来看,m_e 在一定假设和条件下为弹簧本身实际质量的 $\dfrac{1}{3}$;如果从等效动量的观点来看,则在一定条件下 m_e 为其本身实际质量的 $\dfrac{1}{2}$。然而,我们可以通过数据处理的方法,求出在该实验条件下它的等效质量。

(3) 准确测量不易测准的物理量

用数据处理方法可以解决某些不易测准的物理量的测量问题。

【例 1-7-3】 要直接测准一段软弹簧的自然长度是有困难的。如果把弹簧竖着悬挂起来,则它要受重力的影响而伸长;如果把弹簧放在水平面上,则会因摩擦的影响而造成很大的误差。但是,采用下述方法就可解决这个问题:测出弹簧在加不同外力时的长度,然后外推到外力为零的情况,就可以测准其自然长度。

(4) 绕过不易测定的物理量

用数据处理方法可以绕过某些不易测出或不易测准的物理量而求出要求的物理量。

【例 1-7-4】 用简谐振动测定弹簧振子的劲度系数 k。

弹簧振子周期公式为 $T = 2\pi\sqrt{\dfrac{m}{k}}$,其中 m 为弹簧振子系统的等效质量,$m = m_1 + m_e$,m_e 为弹簧的等效质量。由前所述,m_e 不易确定。如果我们改变 m_1 测出相应条件下的 T,然后用作图法或回归法绕过 m_e,就能解决这个问题。例如作 T^2-m_1 图,由它的斜率就可求得 k。

二、在仪器设计及安排实验时考虑数据处理的特点以减小实验误差

（1）仪器设计的考虑举例

【例 1-7-5】　可倒摆的两端各有一个摆锤，它们的密度相差很大，例如一个是铜的，一个是木制的。这是为什么呢？

利用复摆的共轭性，当复摆的两个共轭点，即重心两侧具有同样周期 T 的两个刀口悬点之间的距离等于其等效摆长 l_0 时，重力加速度为：

$$g = 4\pi^2 \frac{l_0}{T^2} \tag{1-7-2}$$

当两个刀口之间的距离 $oo' = h_1 + h_2$ 稍稍偏离其等效摆长 l_0 时（实际上 oo' 总是只能接近 l_0 而无法与其完全相等），有：

$$\frac{4\pi^2}{g} = \frac{T_1^2 + T_2^2}{2(h_1 + h_2)} + \frac{T_1^2 - T_2^2}{2(h_1 - h_2)} \tag{1-7-3}$$

式（1-7-3）中，T_1，T_2，h_1，h_2 分别为根据两个悬点测得的复摆周期及质心刀口距。由该式可以看到，在不确定度的传递系数中有 $\dfrac{1}{h_1 - h_2}$ 项出现。如果要减小不确定度，就要设法增大 $h_1 - h_2$。因此，才将仪器设计成那样，使得其重心 G 与其几何中心偏离较远，从而使 $h_1 - h_2$ 较大，如图 1-7-1 所示。

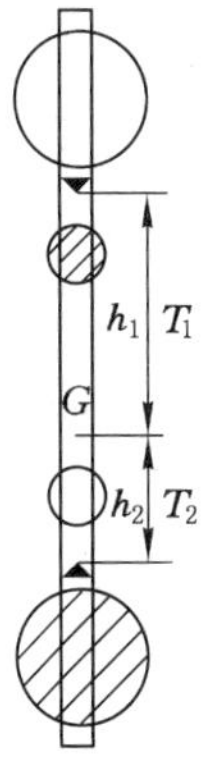

（2）实验安排上的考虑举例

【例 1-7-6】　测量固体的线膨胀系数时，用公式：

$$\alpha_1 = \frac{L_2 - L_1}{L_0(T_2 - T_1)} \tag{1-7-4}$$

计算其线膨胀系数 α_1。

图 1-7-1　可倒摆

由其不确定度传递公式可以看到，传递系数中有 $1/(L_2 - L_1)$ 和 $1/(T_2 - T_1)$ 项存在。为了减小测量的不确定度，就要增大 $L_2 - L_1$ 和 $T_2 - T_1$ 的值。因此，在实验安排时就要注意到这个问题，应适当地延长加温时间，以使这两个值较大。

通过以上介绍，可以看到数据处理在物理实验中的重要性。当然，这方面能力的培养不是一朝一夕就能完成的。但是，希望学生对数据处理的重要性有充分的认识，并且有意识地逐步提高数据处理的能力。

小　结

本章涉及内容较多，有许多知识不是通过一两次课的学习就能够掌握的，但是这些知识又很重要。鉴于上述情况，建议在第一次课时先达到下述要求：

① 了解有关误差、不确定度和数据处理的基本知识。

② 掌握本书所约定的评定不确定度的方法。

③ 掌握间接测量不确定度传递的基本公式[式（1-4-2）、式（1-4-3）]以及常见函数的不确定度传递公式，可以参阅表 1-4-1。

④ 掌握有效数字的概念及运算规则。

在以后的实验中,可以结合各个实验的具体情况,参阅本章的相关内容。要求逐步加深对误差、不确定度概念的理解,学会若干数据处理的方法,并用于实践之中,以提高实验能力。

练 习 题

提示:(1)—(6)题为直接测量,请先总结直接测量数据是如何处理的,然后完成各题。

(1) 用 $\Delta_{ins}=0.02$ mm 的游标卡尺测量某钢珠的直径 d,已知其他不确定度分量可忽略,进行单次测量,测得读数为 10.08 mm。试写出 $d\pm U_d$ 以及相对不确定度 E'。若已知该钢珠直径 d 的标准值为 10.10 mm,求测量的相对误差。

(2) 用最小分度为 1 mm 的米尺测量一块规则铝板长度 L,得到读数正好对准 10 mm 刻线。试写出 $L\pm U_L$ 和相对不确定度 E'。

(3) 用 $\Delta_{ins}=0.02$ mm 的游标卡尺测量某钢板厚度 H,测得读数为 10.08 mm,若已知不确定度 A 类分量为 0.1 mm,试写出 $H\pm U_H$ 及相对不确定度 E'。

(4) 用 $\Delta_{ins}=0.04$ mm 的千分尺对某钢珠直径 d 进行 10 次测量,测得值分别为10.059、10.055、10.056、10.050、10.056、10.058、10.057、10.053、10.054、10.055(单位 mm)。试求 $d\pm U_d$ 及相对不确定度 E'。

(5) 用最小分度为 1 mm 的米尺测量一块木板宽度 L,得到读数刚好对准 20.0 cm 刻线,若已知不确定度 A 类分量为若干毫米,试写出测量结果。

(6) 用量程为 100 μA、准确度为 1.0 级的微安表测量一个电流 I,指针刚好指在 50 μA 刻线处。已知其他不确定度分量可以忽略,$\Delta_{ins}=$ 量程×级别÷100。试写出 $I\pm U_I$ 和相对不确定度 E'。

提示:(7)—(12)题为间接测量,请先总结间接测量不确定度传递公式和间接测量数据如何处理,然后完成各题。

(7) 已知函数形式如下,且各分量的不确定度均已知,求函数的不确定度表达式。(选择绝对不确定度和相对不确定度中的一种即可,但要求注意选择运算比较简便的那一种)

① $N=x+y-2z$。

② $G=xy^3/\sqrt{z}$。

③ $f=\dfrac{ab}{a-b}$。

(8) 已知 $N=A+2B+C-5D$,其中 $A\pm U_A=(38.206\pm0.001)$cm,$B\pm U_B=(13.2487\pm0.0004)$cm,$C\pm U_C=(161.25\pm0.01)$cm,$D\pm U_D=(1.3242\pm0.0004)$cm。求 $N\pm U_N$。

(9) 已知 $\rho=\dfrac{4m}{\pi d^2 h}$,其中 $m\pm U_m=(236.124\pm0.002)$g,$d\pm U_d=(2.345\pm0.005)$cm,$h\pm U_h=(8.21\pm0.01)$cm。求 $\rho\pm U_\rho$。(提示:函数为乘除形式,是先求绝对不确定度方便还是先求相对不确定度方便呢?)

(10) 用光栅公式 $d\sin\varphi=k\lambda$ 求光栅常数 d 和 U_d。已知 $k=1$,$\lambda\pm U_\lambda=(546.07\pm0.02)$nm,$\varphi=19°15'\pm1'$。

(11) 已知 $L = L_1 + 2L_2 - L_3$，$L_1 = 5.00$ mm，$L_2 = 1.000$ mm，$L_3 = 1.5$ mm，求 L。

(12) 已知 $R = \dfrac{U}{I}$，$U = 5.000$ V，$I = 100.0$ μA，求 R。

提示：以下各题主要涉及有效数字的概念及运算规则，做题前请先阅读有关内容。

(13) 若长度测量不确定度是 0.05 mm，请问下列结果中哪些写法肯定是不正确的：

① (2.230 ± 0.05)mm。

② (2.25 ± 0.05)mm。

③ (2.30 ± 0.05)mm。

④ (2.3 ± 0.05)mm。

(14) 改正下列各小题中的错误：

① $N = (10.080\ 00 \pm 0.2)$cm。

② 有人说 0.278 0 有 5 位有效数字，又有人说只有 3 位（因为两个"0"都不算有效数字），请纠正并说明原因。

③ 28 cm＝280 mm。

④ $L = (28\ 000 \pm 8\ 000)$mm。

⑤ $0.022\ 1 \times 0.022\ 1 = 0.000\ 488\ 41$。

⑥ $\dfrac{400 \times 75\ 000}{16.60 - 11.60} = 6\ 000\ 000$。

(15) 测量一块规则铝板体积，已知其长约 50 cm，宽约 5 cm，厚约 0.1 cm。若要求结果有 4 位有效数字，问至少应选用哪些长度测量仪器进行测量？

(16) 试利用有效数字运算规则计算下列各式的结果：

① $98.754 + 1.3 =$

② $107.50 - 2.5 =$

③ $111 \times 0.100 =$

④ $237.5 \div 0.10 =$

⑤ $\dfrac{76.000}{40.00 - 2.0} =$

⑥ $\dfrac{50.00 \times (18.30 - 16.3)}{(103 - 3.0) \times (1.00 + 0.001)} =$

⑦ $\dfrac{100.0 \times (5.6 + 4.412)}{(78.00 - 77.0) \times 10.000} + 110.0 =$

⑧ $\dfrac{8.042\ 1}{6.038 - 6.018} =$

第二章 常用实验仪器、量具和器件

物理实验离不开观察和测量,需要用到各种装置和器件,更主要的是要用到各种仪器。本章主要对常用仪器和器件作一些必要的介绍,尤其对通用的仪器和器件的介绍较为详细,以便使用时可以比较方便地查阅;而对某些仅用于个别实验的专用仪器,则只作一般性简单的介绍,详细的介绍放到该实验中去。

严格地说,并不是所有的能够用来对实验现象进行定量描述的测量工具都可称为测量仪器。一般的,测量仪器应具有指示器和在测量过程中可以运动的测量元件,如千分尺、电工仪表等;而没有上述特点的则称为量具,如米尺、标准电阻等。这两者也可合称为测量器具。使用各种测量器具时,必须符合规定的正常工作条件。但是即使在规定的正常工作条件下使用测量器具,在测出的数值中仍包含器具本身的原因所带来的误差。这就是测量器具的基本误差。

每种测量器具都有一个误差限值,用 Δ_{ins} 来表示。例如,一级千分尺的 $\Delta_{ins}=0.004$ mm。有的测量器具并不直接给出 Δ_{ins},而是以"准确度等级"来估计的。级值越小,则准确度越高(习称等级高)。例如,一个刚通过检定的标准电阻,如果其标称值为100 Ω,准确度等级为 0.01 级,则其 $\Delta_{ins}=100$ Ω×0.01%=0.01 Ω。还有些仪器是以"最大引用误差"来估计的。"引用误差"指的是测量器具的绝对误差与其特定值的比。该特定值一般称为引用值,例如,它可以是测量器具的量程或标准范围的最高值。而同一器具(如电工仪表),在不同的指示值处引用误差是不同的,其中最大的一个即最大引用误差。一般电工仪表的表面有一个数字标记反映最大引用误差。例如,一个电工仪表上有"1.5",表示其最大引用误差为量程的1.5%,如果电工仪表量程为 100 μA,则:

$$\Delta_{ins} = 100 \ \mu A \times 1.5\% = 1.5 \ \mu A$$

如果不是在规定的正常工作条件下使用测量器具,那么测量时还必然会产生附加误差。这要根据具体情况来决定是否须对其加以考虑。

一般的测量器具上都有指示不同量值的刻线标记。相邻两刻线所代表的量值之差称为分度值。测量时,通常应该在 1 个分度内进行估计(如估计到 $\frac{1}{10}$ 或 $\frac{1}{5}$ 个分度等)。测量范围的上限值和下限值之差称为量程。在实验报告的测量器具项目内填写规格时,要注明它们的量程和 Δ_{ins} 或准确度等级或最大引用误差。

第一节 长度测量器具

一、米尺

常用的米尺量程为 0~100 cm,分度值为 1 mm,测量长度时可估计至 0.1 mm。在测量过程中,一般不用米尺的端边作为测量的起点,以免由于边缘磨损而引入误差,而可选择某一刻度线(如 10 cm 刻划线)作为起点。由于米尺具有一定厚度,在测量时必须使其刻度面紧挨着待测物体,否则会由于测量者视线方向的不同(即视差)而引入测量误差,如图2-1-1所示。

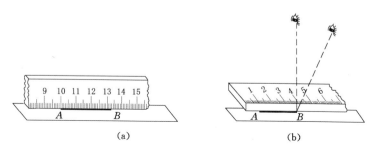

图 2-1-1　直尺读数法

二、游标卡尺

游标卡尺构造简单,使用方便,测量范围大,常用于测量工件的外径、内径、长度、宽度、深度、高度、壁厚、孔距等尺寸。

游标原理在中学已作过介绍,请注意它的读数方法。

毫米以上读数由主尺上读取;毫米以下读数由游标上读取,不估读。20 分度和 50 分度的游标卡尺都可读到毫米以下 2 位。20 分度游标卡尺读数的末位非 0 即 5;50 分度游标卡尺读数的末位一定是偶数。

游标卡尺有不同的形式。除了在实验 1 中介绍的三用游标卡尺外,还有单面游标卡尺、深度游标卡尺、高度游标卡尺等,如图 2-1-2 所示。

游标原理在其他的仪器上也常有应用,如测高仪、旋光仪、分光计等。后两者是将游标原理用于角度的测量,但其读数方法和长度测量时是一样的。

三、千分尺

千分尺又称螺旋测微器,如图 2-1-3 所示。除了外径千分尺外,还有内径千分尺、深度千分尺、杠杆千分尺等。

使用千分尺时应注意:

① 测微螺杆快靠近待测物时,应拧动测力装置,推动测微螺杆前进。当它刚好夹住待测物时,可听到"得得……"声音,此时即可读数。

② 千分尺有零点读数 Δ_0,即不夹待测物时的读数,它往往不为零。它会带来系统误差,可以通过 $L = L' - \Delta_0$ 来进行修正。L' 为直接读数,L 为待测量的量值。

③ 0.5 mm 以上读数从固定套管主尺上读取,0.5 mm 以下读数从微分筒上读取。微分筒上一小格代表 0.01 mm,再估读 1 位,可以读到毫米以下 3 位。

螺旋测微原理在其他许多仪器中也有广泛使用,如测微目镜、读数显微镜、迈克耳孙干涉仪等。

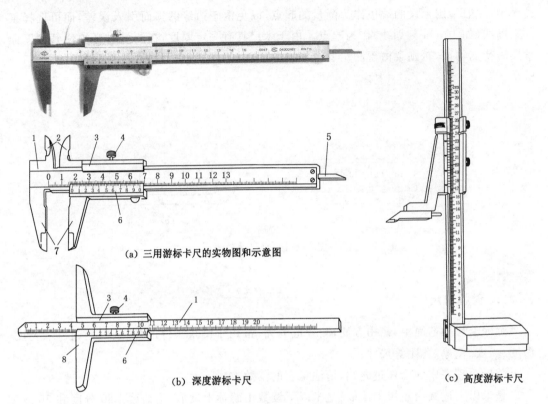

（a）三用游标卡尺的实物图和示意图

（b）深度游标卡尺

（c）高度游标卡尺

1—尺身；2—刀口内量爪；3—尺框；4—紧固螺丝；5—深度尺；6—游标；7—外量爪；8—基座测量面。

图 2-1-2　游标卡尺

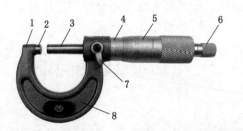

1—尺架；2—测砧；3—测微螺杆；4—固定套管；
5—微分筒；6—测力装置；7—锁紧装置；8—绝热装置。

图 2-1-3　外径千分尺示意图

四、百分表

百分表是一种应用非常普遍的齿轮式或杠杆齿轮式仪器。它可用来测量待测件的各种几何形状和相互位置的正确性与位移量，并可用比较法测量待测件的长度。其量程一般在 10 mm 以内，分度值通常为 0.01 mm。

图 2-1-4 是百分表外形图，图 2-1-5 是齿轮传动式百分表的内部结构示意图。

当测量杆向上或向下移动 1 mm 时，指针转动 1 周。刻度盘上圆周分为 100 等份，因此

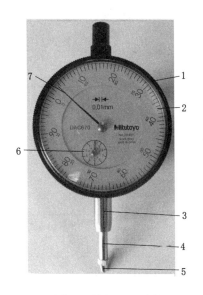

1—表体;2—刻度盘;3—套筒;
4—测量杆;5—测头;
6—转数指示盘;7—长指针。
图 2-1-4　百分表外形图

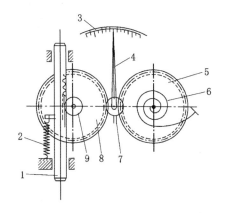

1—测量杆;2—弹簧;3—刻度盘;
4—指针;5,8—大齿轮;6—游丝;
7—中心齿轮;9—小齿轮。
图 2-1-5　齿轮传动式百分表的
内部结构示意图

指针转动 1 个分度相当于测量杆移动 0.01 mm。圈数可以从转数指示盘上读得。

用百分表进行测量时,必须注意不要超出测量杆的移动限度,即必须使指针正反转动均有一定的余量,以免表内机件发生撞击、弹簧过分伸张而损坏百分表。

第二节　质量称衡仪器

物体质量的测定是科研及实验中一个重要的物理基本量测定。称衡物体质量的仪器种类很多,但大多数测量仪器都是以杠杆原理为基础设计的。例如,目前常用的仪器类型有双盘式天平、置换式天平、扭力天平、电子天平等。一般测量微小质量可用扭力天平,其测量灵敏度较高,能在整个测量范围内保持着线性关系。该天平的称量范围为 $0.02\sim0.10$ g,读数分度值为 $10^{-7}\sim10^{-8}$ g。将现代电子技术用于天平上的电子天平,最大称衡量为 1 000 g,其读数精度也可以达到 0.01 g。读者如在工作和学习中需要详细了解,请参阅有关文献及手册。

在物理实验中,常用天平来称衡物体的质量,天平是根据杠杆原理制成的仪器。杠杆可分为等臂和不等臂两类,实验室中常用的是等臂天平。天平的精度级别按其名义分度值(即感量)和最大负载(即最大允许称量值)之比共分为 10 级,如表 2-2-1 所示。

表 2-2-1　天平精度级别

精度级别	1	2	3	4	5	6	7	8	9	10
名义分度值 最大负载	1×10^{-7}	2×10^{-7}	5×10^{-7}	1×10^{-6}	2×10^{-6}	5×10^{-6}	1×10^{-5}	2×10^{-5}	5×10^{-5}	1×10^{-4}

实验室常用的天平分为物理天平、精密天平和分析天平 3 种，其类别、型号和规格如表 2-2-2 所示。

表 2-2-2 常用天平类别、型号和规格

类 别	型 号	最大负载 /g	感量 /mg	不等臂偏差 /mg	示值误差 /mg	游码质量误差 /mg
物理天平	WL	500	20	60	20	＋20
		1 000	50	100	50	＋50
	TW—02	200	20	<60	<20	
	TW—05	500	50	<150	<50	
	TW—1	1 000	100	<300	<100	
精密天平	TG504	1 000	2	≤4	≤2	
	TG604	1 000	5	≤10	≤5	
分析天平	TG628A	200	1	3	1	

由表 2-2-1 和表 2-2-2 可以看出，WL 型物理天平属 9 级天平，TW 型物理天平属 10 级天平，而 TG628A 型分析天平属 6 级天平。

下面对托盘天平、物理天平和分析天平作详细介绍。

一、托盘天平

图 2-2-1 是托盘天平的实物图。托盘天平是常用的精确度不高的天平，由托盘、横梁、平衡螺母、刻度尺、指针、刀口、底座、分度标尺、游码、砝码等组成。精确度一般为 0.1 g 或 0.2 g。

使用托盘天平时应注意：

① 要放置在水平的地方。

② 事先调节平衡螺母，使天平左右平衡。

③ 右托盘放砝码，左托盘放物体。

④ 砝码不能用手拿，要用镊子夹取。

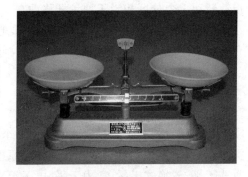

图 2-2-1 托盘天平实物图

二、物理天平

物理天平的结构如图 2-2-2 所示。天平横梁上有 3 个刀口，两侧的刀口向上，用以承挂左右秤盘；中间刀口可搁在立柱上部的刀承平面上，称衡时全部质量（包括横梁、秤盘、砝码、待测物的质量）都由此刀口承担。横梁中部装有一根与之垂直的指针。立柱下部有一标尺，标尺上从左到右刻有等分刻度。通过指针在标尺上所指示的读数，可以了解天平是否达到平衡。在立柱内部装有制动器，而在底部有一制动旋钮，转动它可使刀承上下升降。平时应使刀承降下，让横梁搁在两个托承 A，A' 上，仅在判断天平是否平衡时才使刀承上升。天平底座上附有水准器（图中未画出）。载物台 Q 的作用是便利某些实验，如用阿基米德原理测量非规则物体的体积等。调节重心螺丝 G 的高低可以改变天平的灵敏度，它的位置越高，

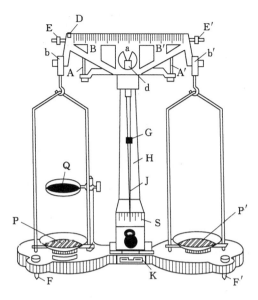

A,A′—托承;B,B′—横梁;D—游码;E,E′—平衡螺母;a—中间刀口;
b,b′—两端刀口;d—刀承;F,F′—底脚螺丝;G—重心螺丝;H—立柱;
J—读数指针;K—制动旋钮;S—标尺;P,P′—秤盘;Q—载物台。

图 2-2-2　物理天平结构图

灵敏度也越高。出厂时重心螺丝已调好,一般情况不宜调节。

物理天平的使用程序如下:

(1) 安装和调整

① 各部件需要擦净后安装。秤盘背面标有"1""2"标记,应按"左1右2"安装。安装完毕应转动制动旋钮使横梁数次起落,调整横梁落下时的支撑螺丝,使横梁起落时不扭动,落下时中间刀口离开刀承,秤盘刚好落在底座上。

② 调节天平底座水平。调节调平螺丝,使底座上气泡在圆圈刻线中间位置(表示天平已调到水平位置)。

③ 调节横梁平衡。用镊子把游码拨到左边零刻度处,转动制动旋钮慢慢升起横梁,以刻度盘中央刻线为准,使指针两边摆动等幅,如不等幅,则应降下横梁,再调整横梁两端的平衡螺丝,再升起横梁……如此反复,直至横梁平衡。

(2) 使用

① 称量物体时应将待称物体放在左秤盘,用镊子将砝码夹放到右秤盘中,然后转动制动旋钮,升起横梁,看指针偏转情况。如不平衡,降下横梁加减砝码,再升起横梁看指针偏转情况。如果减少 1 g 砝码,砝码质量就不够了,而增加 1 g 砝码,砝码质量则多了,这种情况就需要使用游码了。调节游码时,仍需要先降下横梁。可采用对分法,先将游码放在中间……直到天平平衡时为止。这时砝码和游码所示总质量即被称物体的质量。

② 载物台用法。有些实验不便把物体直接放入秤盘中称量,可借助载物台。例如,测浸在液体中的物体所受的浮力,可先将被测物放入秤盘中称出质量为 m_1,然后调整载物台位置,把被测物用细线拴好,浸入装有液体的烧杯中(物体不要碰杯底),把烧杯放在载物台

上,被测物上的细线挂在吊钩上,再称得质量为 m_2 ,$(m_1-m_2)g$ 即物体所受浮力。

天平两臂的长度不同,会带来系统误差。为消除这种误差,可以采用复称法:左秤盘放物体,右秤盘加砝码,称量值为 m_1 ;然后将物体放右秤盘,左秤盘放砝码,称量值为 m_2 ,则 $m=\sqrt{m_1 m_2}$ 。

（3）注意事项

① 注意保护天平的刀口。物理天平是比较精密的仪器,在使用时要特别注意保护它的 3 个刀口。一般来说,应在天平接近平衡时才能把横梁升起,所以在称量物体前应先用手掂掂物体,估计一下它的质量,防止超过天平的称量范围,并在右秤盘放入质量相当的砝码再升起横梁。调天平横梁平衡时平衡螺丝的调节和称量时加减砝码等都要在天平制动的情况下进行。转动制动旋钮,升起横梁动作要轻,稍稍升起横梁一看不平衡应马上轻轻放下横梁,不必把横梁完全升到顶再观察是否平衡。被测物和砝码要放在秤盘的中间。

② 在使用天平时不能用手摸天平,不能把潮湿的东西或化学药品直接放在天平秤盘里。砝码只能用镊子夹取,不能用手拿,用后应及时放回砝码盒。

③ 天平使用完毕要使刀口和刀承分离,各天平间的零件不能互换,应存放在干燥清洁的地方。

④ 称衡后,要检查横梁是否已落下,横梁及两端刀口的位置是否正常,砝码是否按顺序摆好,以使天平始终保持正常状态。

三、分析天平

分析天平比物理天平更为精密,现以电光分析天平为例作详细介绍,其结构如图 2-2-3 所示。

电光分析天平在使用 1 g 以下的砝码时,使用圈形砝码和光标。称衡时,只要转动机械加码旋钮,就能增减圈形砝码,变化范围为 10～990 mg。此外,在天平的指针下部有一透明标尺(在投影屏后面),标尺均匀分成 100 个小格,每一分度代表 0.1 mg,总共代表 10 mg。为了方便地读出 10 mg 以下的数值,另设有光学投影读数装置,将透明标尺刻线经光学系统放大、反射后,投影在投影屏上。投影屏中央有一条准线,以指示读数。光标读数是利用在很小范围内秤盘中物体质量变化与指针偏转格数成正比的原理,这种测量方法称为偏转法。所以电光分析天平是将零示法与偏转法两者结合起来进行称衡的。阻尼装置的作用是使天平横梁在称衡时的摆动能够很快地停下来。

电光分析天平的使用程序如下:

① 调水平。

② 调零点。

③ 检查分度值,将圈形砝码增加 10 mg,核对是否与投影屏上光学投影读数值相符。若相差较多,应调节重心螺母位置,但零点也必须重新调整。

④ 称衡。

⑤ 读数,方法是:1 g 以上的数由秤盘内砝码值决定;1 g 以下的数由指示盘(加码旋钮)的指示值和投影屏上的数值得出。例如,称衡某物体时砝码读数为 8 g,指示盘上数值为 0.230 g,投影屏上读数如图 2-2-4 所示,则该物体的质量为 8.231 g。

使用分析天平尚需要注意以下几点:分析天平是放在玻璃框罩内的,操作者不能直接接

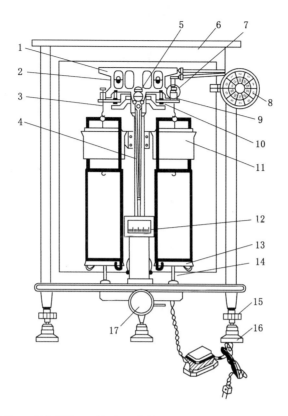

1—横梁;2—平衡螺母;3—吊耳;4—指针;5—支点刀;6—框罩;7—圈形砝码;
8—指示盘;9—支力销;10—折叶;11—阻尼内筒;12—投影屏;13—秤盘;14—托盘;
15—螺旋脚;16—垫脚;17—制动旋钮。

图 2-2-3 电光分析天平结构图

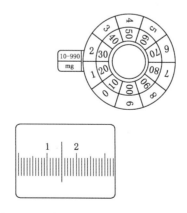

图 2-2-4 分析天平指示盘与投影屏读数

触天平装置;如需要调零,必须戴手套才可调节平衡螺母等物;旋转制动旋钮必须缓慢小心;
放置砝码后启动横梁时不能将制动旋钮拧放到底,而只需要拧放到恰能判别指针朝哪边偏
转即可;观察天平是否平衡时,应将玻璃框罩的门关好,以防空气对流而影响称衡;取放物体

和砝码时,一般使用框罩侧门,尽量不使用前门。

第三节　计时仪器

　　时间是重要的基本物理量之一,许多物理量的测量都归结为时间的测量。时间是一种能用周期性的物理现象来观察和测量的物理量。对周期性信号(谐振器和振荡器)的频率测量与时间测量是等价的。因此,时间的测量在现代科技、工农业、国防等领域以及物理实验中有着重要的地位。例如,计量技术、激光测距、测速、制导、卫星的发射或接收等方面都离不开时间的测量。物理实验中的刚体转动惯量的测定、单摆周期的测定、物体运动的速度和加速度的测定、示波器实验等都离不开时间的测量。

　　常用的计时仪器有秒表(机械式或电子式)、数字毫秒计、原子钟等。下面简要介绍几种测量时间的仪器,有兴趣或在工作学习中需要对之详细了解的读者请参阅有关文献。

一、秒表

　　秒表有各种规格,它们的构造和使用方法略有不同。一般的秒表有两个针,长针是秒针,每转一圈是 30 s,短针是分针,表面上的数字分别是秒和分的数值,如图 2-3-1 所示,这种秒表的分度值是 0.1 s。还有一圈表示 60 s,10 s,3 s 的秒表。

图 2-3-1　机械秒表图

　　秒表上端有柄头,用于旋紧发条和控制秒表的走动和停止。使用前先上发条,但不宜上得过紧,以免发条受损。测量时用手握住秒表,将柄头置于大拇指的关节下,并预先用平稳的力将其稍稍按压住,当计时开始时,突然用力将其按下,秒表便开始走动。当需要停止秒表时,可依同上方法再按一下。第三次再按时,秒针和分针都弹回零点。也有一些秒表用不同的柄头或键钮分别控制走动、停止和复位。

　　如果秒表不准,会给测量带来系统误差。例如,若秒表太快,则测出的周期一定偏大。为了减小系统误差,要对秒表进行校准,如用数字毫秒计作为标准计时器来校准秒表。如果

秒表读数为 t_1,数字毫秒计相应读数为 t_2,则校准系数 $C=\dfrac{t_2}{t_1}$。当实验测得秒表读数为 t' 时,真正的时间应为 $t=Ct'$。秒表不估读。

使用秒表时要注意:

① 使用前应先检查零点是否准确。若不准确,要记下初读数,并对读数作修正。

② 实验中切勿摔碰,以免震坏。

③ 发条不能上得太紧,否则会造成损坏。实验完毕,应让秒表继续走动,使发条完全放松。

二、电子秒表

电子秒表是一种比较精密的电子计时仪器,其机芯全部由电子元件组成,利用石英振荡频率作为时间基准,常用 6 位液晶显示器显示。电源常为纽扣式电池。如图 2-3-2 所示钻石牌—010 型电子秒表,它具有秒表和10 段存储显示、定时器、节拍器、时钟及定时响闹等功能。其他型号的电子秒表与它类似。这里只介绍其基本秒表计时功能,其他功能可参阅其说明书。

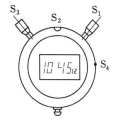

图 2-3-2　钻石牌—010 型电子秒表

该秒表的上方有 3 个按钮,自右到左分别称为 S_1、S_2 和 S_3;右侧有一个按钮 S_4。各按钮功能如下:

S_1 按钮:启动/停止、调整;

S_2 按钮:选择;

S_3 按钮:分段、设置、复零;

S_4 按钮:功能转换。

作秒表使用时,先按 S_4,使其处于秒表功能状态。按 S_1,秒表开始计时;再按 S_1,秒表停止计时;按 S_3,可使秒表复位。如果不按复位按钮 S_3,再按 S_1,则可进行累加计时。

三、数字毫秒计

数字毫秒计的基本原理是利用一个高频率的石英晶体做时基信号发生器,不断地产生标准的时基信号,通过光电传感器和一系列电子元件所组成的控制电路来控制时基信号进行计时,并在数码管中显示被测定的时间间隔。

数字毫秒计是一种精确的计时仪器,各种型号的仪器性能略有不同。一般来讲其测量的最小时间间隔分别为 10 ms、1 ms、0.1 ms、0.01 ms 等。

在"刚体转动惯量的测定"实验中,我们将用到可编程记忆式数字毫秒计,届时再对它进行详细介绍。

四、原子钟

显示时间或者频率准确度最高的是原子钟。目前,铯原子钟的准确度已达 10^{-14} s 数量级,我国的长波授时台用的氢原子钟其稳定度已接近 10^{-15}/h,相当于 300 万年才差 1 s。国内商品化的铷原子钟的计时长期稳定度已达 10^{-11}/月。原子钟的工作原理是利用微观的分子或原子能级之间的跃迁,产生高准确度和高稳定的周期振荡,输出一定的参考频率,控制石英晶体振荡器,使它锁定在一定频率上。由受控的石英晶体振荡器输出的高稳定频率信号再经放大、分频、门控电路等到数显电路,显示出时间或频率。

第四节　测温仪器

一、玻璃液体温度计

常用的感温液体材料有水银、酒精、甲苯、煤油等,其中以水银应用最广。水银作为感温材料有许多优点:它与玻璃不浸润,它的膨胀系数变化很小,测温范围广(在标准大气压下,水银在 $-38.87\sim356.58\ ℃$ 间都保持液态)等。

玻璃水银温度计可分为标准用、实验室用和工业用 3 种。标准用玻璃水银温度计测温范围为 $-30\sim300\ ℃$,最小分度值可做到 $0.05\ ℃$ 。实验室用玻璃水银温度计测温范围也为 $-30\sim300\ ℃$,分度值为 $0.1\ ℃$ 和 $0.2\ ℃$ 。工业用玻璃水银温度计测温范围分 $0\sim50\ ℃$ 、$0\sim100\ ℃$ 、$0\sim150\ ℃$ 等多种,分度值一般为 $1\ ℃$,物理实验中常使用这种温度计,读数时一般应估读 1 位。

使用玻璃液体温度计时应注意:

① 在对玻璃液体温度计进行读数时,应使视线与液柱面位于同一平面。玻璃水银温度计按凸面之最高点读数,玻璃有机液体温度计按凹面之最低点读数。

② 为了使测量的数据准确可靠,应使玻璃液体温度计的感温泡离开被测对象的容器壁一定距离。

③ 须注意其浸没标记。如果是全浸式,应将温度计尽可能深地插到被测介质中;如果全浸式温度计无法全浸或局部浸式温度计无法浸没至规定的深度时,则应根据下式对示值进行修正:

$$\Delta T = Kn(T_2 - T_1) \tag{2-4-1}$$

式中　ΔT——修正值,℃;

　　　K——感温液体的视膨胀系数;

　　　n——露出段的长度,以刻度数计值;

　　　T_2——玻璃液体温度计的示值;

　　　T_1——借辅助温度计测出的温度。

辅助温度计一般放在被检温度计露出液柱的中部,应注意与被检温度计很好地接触。

二、热电偶温度计

(1) 结构原理

热电偶亦称温差电偶,是由 A、B 两种不同成分的金属或合金彼此紧密接触形成一个闭合回路而组成的,如图 2-4-1 所示。当两个接点处于不同温度 t 和 t_0 时,在回路中就有直流电动势产生,该电动势称为温差电动势或热电动势。它的大小与组成热电偶的两种金属(或合金)的材料、热端温度 t 和冷端温度 t_0 这 3 个因素有关。$t-t_0$ 越大,温差电动势也越大。一般可使 t_0 保持某一恒定值(如 $0\ ℃$),这样就可以根据温差电动势的大小来确定热端温度 t 了。可以证明,在 A、B 两种金属之间插入第三种金属 C,且它与 A、B 的两连接点处于同一温度(图 2-4-2)时,该闭合回路的温差电动势与只有 A、B 组成回路时的数值完全相同。所以我们把 A、B 两根不同成分的金属丝的一端焊在一起,构成热电偶的热端(工作端);将它们各自的另一端分别与铜引线(金属 C)焊接,构成两个温度相同的冷端,两铜引线的另一端接至测量直流电动势的仪表,这样就组成一个热电偶温度计,如图 2-4-3(a)所示。如果 A、B 两种金属中有一种是铜,如很常用的铜-康铜热电偶,则情况可简化成图 2-4-3(b)。

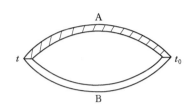 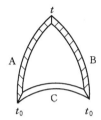

图 2-4-1 热电偶示意图 　　　　图 2-4-2 存在第三种金属时的热电偶

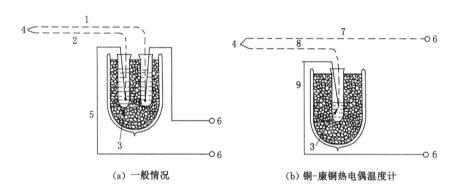

(a) 一般情况　　　　　　　　(b) 铜-康铜热电偶温度计

1—金属丝 A;2—金属丝 B;3—冷端接头;4—被测温度接头;
5—铜引线;6—电位差计或毫伏表接头;7,9—铜线;8—康铜线。

图 2-4-3 热电偶温度计

(2) 使用方法

热电偶在使用前要进行校准,通常用比较法或定点法对热电偶进行校准。比较法是将待校热电偶的热端与标准温度计同时直接插入恒温槽的恒温区内,改变槽内介质的温度,每隔一定温度观测一次它们的示值,直接用比较方法对热电偶进行校准。定点法是利用某些纯物质相平衡时温度唯一确定的特点(如水的沸点等),测出热电偶在这些固定点的电动势,然后根据温差电动势的表达式:

$$\varepsilon = a(t - t_0) + b(t - t_0)^2 + c(t - t_0)^3 \tag{2-4-2}$$

解出各常数 a,b,c 之值,然后就能确定温差电动势与温度之间的函数关系。式(2-4-2)的一级近似式为:

$$\varepsilon = a(t - t_0) \tag{2-4-3}$$

在要求不高时,可以用式(2-4-3)确定 ε 和 t 之间的函数关系。

测量温差电动势的仪器:通常需用电位差计来测量温差电动势;在某些要求不太高的场合,也可用毫伏表进行测量。现在,由于数字毫伏表的输入阻抗很高,所以也常常用它来测量温差电动势。

（3）几种常用的热电偶

热电偶种类繁多，具有测温范围宽广（−272～3 000 ℃）、结构简单、体积小、响应快、灵敏度高等优点。常见的热电偶有 300 多种，标准化的热电偶有 7 种，其型号、材料、使用温区见表 2-4-1。

表 2-4-1　标准化热电偶的型号、材料、使用温区

类型代号	材　　料	使用温区/℃
T	铜/康铜	−200～350
E	镍铬/康铜	−250～1 000
J	铁/康铜	0～750
K	镍铬/镍铝	70～1 100
S	铂-10％铑/铂	0～1 600
R	铂-13％铑/铂	0～1 600
B	铂-30％铑/铂-6％铑	500～1 700

三、电阻温度计

利用纯金属、合金或半导体的电阻随温度变化这一特征来测温的温度计称为电阻温度计。目前，大量使用的电阻温度计的感温元件有铂、铜、镍、锗、碳和热敏电阻等。

热敏电阻的温度系数比金属材料大得多，所以可提高测温的灵敏度；同时由于热敏电阻的体积小，探头可以做得很小，热容也很小，可提高测量精度，缩短测量时间。因此，其应用越来越广泛，但它的稳定性差些。

我们在"直流电桥"实验中用到的 Pt100 热电阻，就可以用作电阻温度计。Pt100，又叫铂电阻，是热电阻的一种。它在 0 ℃时电阻值为 100 Ω，它的温度系数为 0.003 9/℃，电阻变化率为 0.385 1 Ω/℃。它采用不锈钢外壳封装，内部填充导热材料和密封材料灌封而成，尺寸小巧，适用于精密仪器、恒温设备、流体管道等温度的测量，非常经济实用。铂电阻温度传感器精度高，稳定性好，测量温度范围广，是中低温区（−200～400 ℃）最常用的一种温度检测器，不仅广泛应用于工业测温，而且被制成各种标准温度计。Pt100 热电阻的分度表如表 2-4-2 所示。

表 2-4-2　Pt100 热电阻分度表

℃	0	1	2	3	4	5	6	7	8	9	10	℃
−100	60.25	59.85	59.44	59.04	58.63	58.22	57.82	57.41	57.00	56.60	56.19	−100
−90	64.30	63.90	63.49	63.09	62.68	62.28	61.87	61.47	61.06	60.66	60.25	−90
−80	68.33	67.92	67.52	67.12	66.72	66.31	65.91	65.51	65.11	64.70	64.30	−80
−70	72.33	71.93	71.53	71.13	70.73	70.33	69.93	69.53	69.13	68.73	68.33	−70
−60	76.33	75.93	75.53	75.13	74.73	74.33	73.93	73.53	73.13	72.73	72.33	−60
−50	80.31	79.91	79.51	79.11	78.72	78.32	77.92	77.52	77.13	76.73	76.33	−50

表 2-4-2（续）

℃	0	1	2	3	4	5	6	7	8	9	10	℃
−40	84.27	83.88	83.48	83.08	82.69	82.29	81.89	81.50	81.10	80.70	80.31	−40
−30	88.22	87.83	87.43	87.04	86.64	86.25	85.85	85.46	85.06	84.67	84.27	−30
−20	92.16	91.77	91.37	90.93	90.59	90.19	89.80	89.40	89.01	88.62	88.22	−20
−10	96.09	95.69	95.30	94.91	94.52	94.12	93.73	93.34	92.95	92.55	92.16	−10
0	100.00	99.61	99.22	98.83	98.44	98.04	97.65	97.26	96.87	96.48	96.09	0
0	100.00	100.39	100.78	101.17	101.56	101.95	102.34	102.73	103.12	103.51	103.90	0
10	103.90	104.29	104.68	105.07	105.46	105.85	106.24	106.63	107.02	107.40	107.79	10
20	107.79	108.18	108.75	108.96	109.35	109.73	110.12	110.51	110.90	111.28	111.67	20
30	111.67	112.06	112.45	112.83	113.22	113.61	113.99	114.38	114.77	115.15	115.54	30
40	115.54	115.93	116.31	116.70	117.08	117.47	117.85	118.24	118.62	119.01	119.40	40
50	119.40	119.78	120.16	120.55	120.93	121.32	121.70	122.09	122.47	122.86	123.24	50
60	123.24	123.62	124.01	124.39	124.77	125.16	125.54	125.92	126.31	126.69	127.07	60
70	127.07	127.45	127.84	128.22	128.60	128.98	129.37	129.75	130.13	130.51	130.89	70
80	130.89	131.27	131.66	132.04	132.42	132.80	133.18	133.56	133.94	134.32	134.70	80
90	134.70	135.08	135.46	135.84	136.22	136.60	136.98	137.36	137.74	138.12	138.50	90
100	138.50	138.88	139.26	139.64	140.02	140.39	140.77	141.15	141.53	141.91	142.29	100
110	142.29	142.66	143.04	143.42	143.80	144.17	144.55	144.93	145.31	145.68	146.06	110
120	146.06	146.44	146.81	147.19	147.57	147.94	148.32	148.70	149.07	149.45	149.82	120
130	149.82	150.20	150.57	150.95	151.33	151.70	152.08	152.45	152.83	153.20	153.58	130
140	153.58	153.95	154.32	154.70	155.07	155.45	155.82	156.19	156.57	156.94	157.31	140
150	157.31	157.69	158.06	158.43	158.81	159.18	159.55	159.93	160.30	160.67	161.04	150
160	161.04	161.42	161.79	162.16	162.63	162.90	163.27	163.65	164.02	164.39	164.76	160
170	164.76	165.13	165.50	165.87	166.24	166.61	166.98	167.35	167.72	168.09	168.46	170
180	168.46	168.83	169.20	169.57	169.94	170.31	170.68	171.05	171.42	171.79	172.16	180
190	172.16	172.53	172.90	173.26	173.63	174.00	174.37	174.74	175.10	175.47	175.84	190
200	175.84	176.21	176.57	176.94	177.31	177.68	178.04	178.41	178.78	179.14	179.51	200
210	179.51	179.88	180.24	180.61	180.97	181.34	181.71	182.07	182.44	182.80	183.17	210
220	183.17	183.53	183.90	184.26	184.63	184.99	185.36	185.72	186.09	186.45	186.82	220
230	186.82	187.18	187.54	187.91	188.27	188.63	189.00	189.36	189.72	190.09	190.45	230
240	190.45	190.81	191.18	191.54	191.90	192.26	192.63	192.99	193.35	193.71	194.07	240
250	194.07	194.44	194.80	195.16	195.52	195.88	196.24	196.60	196.96	197.33	197.69	250
260	197.69	198.05	198.41	198.77	199.13	199.49	199.85	200.21	200.57	200.93	201.29	260
270	201.29	201.65	202.01	202.36	202.72	203.08	203.44	203.80	204.16	204.52	204.88	270
280	204.88	205.23	205.59	205.95	206.31	206.67	207.02	207.38	207.74	208.10	208.45	280
290	208.45	208.81	209.17	209.52	209.88	210.24	210.59	210.95	211.31	211.66	212.02	290
300	212.02	212.37	212.73	213.09	213.44	213.80	214.15	214.51	214.86	215.22	215.57	300

表 2-4-2(续)

℃	0	1	2	3	4	5	6	7	8	9	10	℃
310	215.57	215.93	216.28	216.64	216.99	217.35	217.70	218.05	218.41	218.76	219.12	310
320	219.12	219.47	219.82	220.18	220.53	220.88	221.24	221.59	221.94	222.29	222.65	320
330	222.65	223.00	223.35	223.70	224.06	224.41	224.76	225.11	225.46	225.81	226.17	330
340	226.17	226.52	226.87	227.22	227.57	227.92	228.27	228.62	228.97	229.32	229.67	340
350	229.67	230.02	230.37	230.72	231.07	231.42	231.77	232.12	232.47	232.82	233.17	350
360	233.17	233.52	233.87	234.22	234.56	234.91	235.26	235.61	235.96	236.31	236.65	360
370	236.65	237.00	237.35	237.70	238.04	238.39	238.74	239.09	239.43	239.78	240.13	370
380	240.13	240.47	240.82	241.17	241.51	241.86	242.20	242.55	242.90	243.24	243.59	380
390	243.59	243.93	244.28	244.62	244.97	245.31	245.66	246.00	246.35	246.69	247.04	390
400	247.04	247.38	247.73	248.07	248.41	248.76	249.10	249.45	249.79	250.13	250.48	400
410	250.48	250.82	251.16	251.50	251.85	252.19	252.53	252.95	253.22	253.56	253.90	410
420	253.90	254.24	254.59	254.93	255.27	255.61	255.95	256.29	256.64	256.98	257.32	420
430	257.32	257.66	258.00	258.34	258.68	259.02	259.36	259.70	260.04	260.38	260.72	430
440	260.72	261.06	261.40	261.74	262.08	262.42	262.76	263.10	263.43	263.77	264.11	440
450	264.11	264.45	264.79	265.13	265.47	265.80	266.14	266.48	266.82	267.15	267.49	450
460	267.49	267.83	268.17	268.50	268.84	269.18	269.51	269.85	270.19	270.52	270.86	460
470	270.86	271.20	271.53	271.87	272.20	272.54	272.88	273.21	273.55	273.88	274.22	470
480	274.22	274.55	274.89	275.22	275.56	275.89	276.23	276.56	276.89	277.23	277.56	480
490	277.56	277.90	278.23	278.56	278.90	279.23	279.56	279.90	280.23	280.56	280.90	490
500	280.90	281.23	281.56	281.89	282.23	282.56	282.89	283.22	283.55	283.89	284.22	500
510	284.22	284.55	284.88	285.21	285.54	285.87	286.21	286.54	286.87	287.20	287.53	510
520	287.53	287.86	288.19	288.52	288.85	289.18	289.51	289.84	290.17	290.50	290.83	520
530	290.83	291.16	291.49	291.81	292.14	292.47	292.80	293.13	293.46	293.79	294.11	530
540	294.11	294.44	294.77	295.10	295.43	295.75	296.08	296.41	296.74	297.06	297.39	540
550	297.39	297.72	298.04	298.37	298.70	299.02	299.35	299.68	300.00	300.33	300.65	550
560	300.65	300.98	301.31	301.63	301.96	302.28	302.61	302.93	303.26	303.58	303.91	560
570	303.91	304.23	304.56	304.88	305.20	305.53	305.85	306.18	306.50	306.82	307.15	570
580	307.15	307.47	307.79	308.12	308.44	308.76	309.09	309.41	309.73	310.05	310.38	580
590	310.38	310.70	311.02	311.34	311.67	311.99	312.31	312.63	312.95	313.27	313.59	590
600	313.59	313.92	314.24	314.56	314.88	315.20	315.52	315.84	316.16	316.48	316.80	600
610	316.80	317.12	317.44	317.76	318.08	318.40	318.72	319.04	319.36	319.68	319.99	610
620	319.99	320.31	320.63	320.95	321.27	321.59	321.91	321.22	322.54	322.86	323.18	620
630	323.18	323.49	323.81	324.13	324.45	324.76	325.08	325.40	325.72	326.03	326.35	630
640	326.35	326.66	326.98	327.30	327.61	327.93	328.25	328.56	328.88	329.19	329.51	640
650	329.51	329.82	330.14	330.45	330.77	331.08	331.40	331.71	332.03	332.34	332.66	650
660	332.66	332.97	333.28	333.60	333.91	334.23	334.54	334.85	335.17	335.48	335.79	660

表 2-4-2(续)

℃	0	1	2	3	4	5	6	7	8	9	10	℃
670	335.79	336.11	336.42	336.73	337.04	337.36	337.67	337.98	338.29	338.61	338.92	670
680	338.92	339.23	339.54	339.85	340.16	340.48	340.79	341.10	341.41	341.72	342.03	680
690	342.03	342.34	342.65	342.96	343.27	343.58	343.89	344.20	344.51	344.82	345.13	690
700	345.13	345.44	345.75	346.06	346.37	346.68	346.99	347.30	347.60	347.91	348.22	700
710	348.22	348.53	348.84	349.15	349.45	349.76	350.07	350.38	350.69	350.99	351.30	710
720	351.30	351.61	351.91	352.22	352.53	352.83	353.14	353.45	353.75	354.06	354.37	720
730	354.37	354.67	354.98	355.28	355.59	355.90	356.20	356.51	356.81	357.12	357.42	730
740	357.42	357.73	358.03	358.34	358.64	358.95	359.25	359.55	359.86	360.16	360.47	740
750	360.47	360.77	361.07	361.38	361.68	361.98	362.29	362.59	362.89	363.19	363.50	750
760	363.50	363.80	364.10	364.40	364.71	365.01	365.31	365.61	365.91	366.22	366.52	760
770	366.52	366.82	367.12	367.42	367.72	368.02	368.32	368.63	368.93	369.23	369.53	770
780	369.53	369.83	370.13	370.43	370.73	371.03	371.33	371.63	371.93	372.22	372.52	780
790	372.52	372.82	373.12	373.42	373.72	374.02	374.32	374.61	374.91	375.21	375.51	790
800	375.51	375.81	376.10	376.40	376.70	377.00	377.29	377.59	377.89	378.19	378.48	800

四、集成温度传感器

将温度转变为电学量的元件称为温度传感器。实际上,前面所述的铂电阻就是一种温度传感器。集成温度传感器实质上是一种半导体集成电路。有的温度传感器利用晶体管的 be 结压降的不饱和值 U_{be} 与热力学温度 T 和通过发射极电流 I 的函数关系实现对温度的检测。有的温度传感器则利用振荡器的频率随温度变化的特性来测量温度。集成温度传感器具有线性好、精度适中、灵敏度高、体积小、使用方便等优点,因而得到广泛应用。下面介绍目前使用比较广泛的集成温度传感器 AD590 和 DS18B20。

(1) AD590 简介

AD590 是美国模拟器件公司生产的单片集成两端感温电流源。它的主要特性是,流过器件的电流(mA)等于器件所处环境的热力学温度(K)度数。AD590 的测温范围为 $-55\sim150$ ℃。AD590 的电源电压可在 $4\sim6$ V 范围变化,电流每变化 1 mA,相当于温度变化 1 K。AD590 可以承受 44 V 正向电压和 20 V 反向电压,因而器件反接也不会被损坏。其输出电阻为 710 MΩ。它的精度比较高。AD590 共有 I、J、K、L、M 5 挡。其中,M 挡精度最高,在 $-55\sim150$ ℃范围内非线性误差为 ±0.3 ℃。

(2) DS18B20 简介

我们在实验"用稳态法测定橡胶板导热系数"中,将用到温度传感器 DS18B20。DS18B20 是美国达拉斯半导体公司生产的单总线数字式温度传感器,外表看起来像三极管。另外还有 8 脚封装形式,但只用 3,4 和 5 脚,其余为空脚或不需要连接的引脚。其外形及各引脚如图 2-4-4 所示。

GND:接地引脚。

DQ:数据输入/输出引脚(单总线接口,也可作寄生供电)。

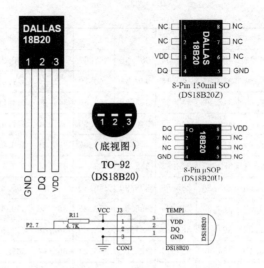

图 2-4-4　DS18B20 外形及各引脚图

VDD：+5 V 电源电压引脚。

DS18B20 的测温原理如图 2-4-5 所示。

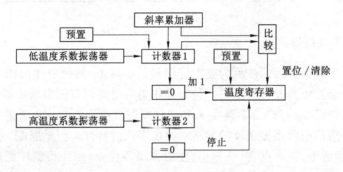

图 2-4-5　DS18B20 的测温原理框图

DS18B20 通过计数门开通期间低温度系统振荡器经历的时钟周期数来测量温度，而计数门开通时间由高温度系数振荡器决定。计数器 1 和温度寄存器均预置对应−55 ℃时的数值，作为基数。低温度系数振荡器的振荡频率不受温度变化的影响，产生固定频率的信号给计数器 1；而高温度系数振荡器的振荡频率则受温度变化的影响，其脉冲信号输入计数器 2。计数器 1 是一个减法计数器，当它减至零时，温度寄存器加 1，若计数器 2 没有计数至零（即在计数门开通期内），则计数器 1 重新预置基数，又进行计数，温度寄存器不断累加，直至计数器 2 计数至零为止，这时温度寄存器的值为测量的温度值。斜率累加器对振荡器温度特性的非线性进行补偿。

DS18B20 具有许多突出的功能特性：

① 电压适用范围宽（3～5 V）。

② 温度测量范围为−55～125 ℃，其中−10～85 ℃内测量精度为±0.5 ℃。

③ 具有独特的单线接口方式，DS18B20 在与微处理器连接时仅需要一条通信线即可实

现双向通信。

④ DS18B20 支持多点组网功能,多个 DS18B20 可以并联在唯一的三线上,每一片 DS18B20 都有一个单一的 64 位序列号存储在片内 ROM 中,因此可以使用多个 DS18B20 共存于同一根数据传输线上,实现多点测温。CPU 只需 1 根端口线就能与诸多 DS18B20 通信,占用微处理器的端口较少,可以节省大量的引线和逻辑电路。

⑤ DS18B20 在使用中不需要任何外围元件。

⑥ 用户还可以通过编程实现 9~12 位的温度读数,即具有可调性的温度分辨率。

⑦ 用户可自行设定非易失性的温度报警上下限值 TH 和 TL。

⑧ 典型的供电方式为三线制,可以由总线提供电源,电源电压为 3~5 V,亦可采用寄生电源供电的二线制。

第五节 常 用 电 源

电源有直流电源和交流电源。我们所用的直流电源有化学电池和晶体管稳压电源。

化学电池种类繁多,常见的有干电池、蓄电池和标准电池。

干电池是很方便使用的直流电源。1 号、2 号、5 号、7 号干电池的端电压均为 1.5 V,它们的中央铜帽为正极,外壳为负极。叠层电池由多片电池叠合构成,端电压为单片的整数倍,如 6.0 V、9.0 V 等。干电池用于输出功率小而且对电压稳定度要求不高的场合。1 号干电池的额定放电电流为 100 mA。新电池的内阻较小,经使用后电动势不断下降,内阻不断上升,最后由于内阻很大,不再能提供电流而告报废。

蓄电池也是常被采用的直流电源,铅蓄电池的电动势为 2 V,输出电压比较稳定;铁镍电池的电动势为 1.4 V,结构坚固,耐用。蓄电池需要经常充电,维护比较麻烦,近年来逐渐被晶体管稳压电源所代替。

标准电池虽是电池,但只能用作电动势的参考标准,而不能作为电源使用。

晶体管稳压电源属于电子稳压器,它能把电网的交流电变成直流电,并使输出电压受电网波动及负载变化的影响减小到一定程度。各种稳压电源的输出电流、输出电压及稳压性能有很大差别,可根据需要来选择。有的稳压电源设有保护装置,当输出短路或过载时,保护电路便作出反应,使输出电压下降或截止。这时,应先排除故障,才能重新启动电源。

使用电池或稳压电源,均须注意:

① 输出电压的大小是否合适,额定电流是否能满足要求。若电压低于需要值,可考虑几个电源串联使用;若额定电流太小,可考虑几个电源并联使用。

② 正负极不得接错。

③ 严防短路事故。

第六节 电 工 仪 表

用于测量各种电参数的指示仪表统称电工仪表,它能用于测量电压、电流、电阻、功率、相位、频率等。

一、电工仪表的分类

电工仪表种类繁多,分类方法也很多,常见的有以下几种分类法:

① 按结构原理主要可分为磁电系、电磁系、电动系、整流系、感应系、热电系、静电系和电子系。大学物理实验中最常用的是磁电系仪表。

② 按被测量的单位或名称主要可分为电流表(包括安培表、毫安表和微安表)、电压表(包括伏特表、毫伏表等)、欧姆表、兆欧表、万用表、功率表、频率表、功率因数表等。

③ 按使用方式可分为安装式和可携式。前者准确度通常在 1.0 级以下,后者通常在 0.5 级以上。

④ 按工作电流可分为直流电工仪表、交流电工仪表和交直流两用电工仪表。

⑤ 按准确度等级共分为 0.1、0.2、0.5、1.0、1.5、2.5 和 5.0 等 7 级。

二、电工仪表的基本误差

电工仪表的基本误差可以用绝对误差、相对误差和引用误差来表示。通常采用引用误差表示。

引用误差指的是测量仪表的绝对误差与仪表规定的引用值之比。在指示仪表中,通常以量程作为引用值,有时也用指示值作为引用值,这种情况下表示级别的数字用圆圈圈起来。电工仪表的准确度等级所反映的正是其最大引用误差。如 1.0 级和 2.5 级表的最大引用误差分别为引用值的 1.0% 和 2.5%。根据上述关系可知,以量程作为引用值时,电工仪表的最大绝对误差可用下式计算:

$$最大绝对误差 = 量程 \times 准确度等级 \div 100 \qquad (2\text{-}6\text{-}1)$$

要注意引用误差通常并不一定等于测量的相对误差。

【例 2-6-1】 用一块量程为 5 mA 的 1.0 级毫安表测量 2 个电流值,读数分别为 1.00 mA 和 5.00 mA。由于 2 次测量的绝对误差都是:

$$\Delta I = 5 \text{ mA} \times 1.0\% = 0.05 \text{ mA}$$

当读数为 5.00 mA 时,相对误差为:

$$E_1 = \frac{0.05}{5.00} = 1\%$$

它等于该毫安表的引用误差。但当读数为 1.00 mA 时,有:

$$E_2 = \frac{0.05}{1.00} = 5\%$$

E_2 远大于该毫安表的引用误差。

通过该例可知:当电工仪表运用在满量程附近时,测量的相对误差较小;当电工仪表运用在刻度盘起始部分时,测量的相对误差要大得多。这一点在选择电工仪表量程时应加以注意。

当仪表不是在正常条件下工作时,除了上述基本误差之外,还有附加误差。附加误差是温度、湿度、频率和外磁场等不符合正常条件所产生的误差。此外,当测量方法不完善时,还要考虑由此而引起的误差。

三、电工仪表表盘上的符号

电工仪表的表盘上画有许多标志符号,它们表示该仪表的各项基本特性。表 2-6-1 是表盘上的若干符号。

表 2-6-1　电工仪表表盘上的若干符号

 ⋂	磁电系仪表	 ⋂▷	整流系仪表
⌐	标度尺位置为水平的	⊥	标度尺位置为垂直的
 ☆2	绝缘强度试验电压为 24 kV	 Ⅲ	Ⅱ 级防外磁场及电场
2.5	以标度尺上量程百分数表示的准确度等级	 (2.5)	以指示值的百分数表示的准确度等级
▽2.5	以标度尺长度百分数表示的准确度等级	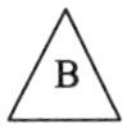 △B	B 组仪表

四、磁电系仪表

磁电系仪表是应用最广泛的一类电工仪表。它可以直接测量直流电流和电压,如果加上变换器也可以测量交流电流和电压。当采用特殊结构时,还可以构成灵敏度极高的检流计。

(1) 结构与工作原理

磁电系仪表的结构如图 2-6-1 所示。永久磁铁 1 两端各有 1 个半圆形极掌 2,构成 2 个磁极。在两极掌空腔中有圆柱形铁芯 3,极掌和圆柱形铁芯间的空气隙产生均匀辐射状的强磁场。矩形铝框架上是由细导线绕制的活动线圈(简称动圈)4,动圈两端各连接 1 个"半轴"5,轴尖支承在宝石轴承里,使动圈可以在空气隙中自由转动。指针 6 固定在上半轴上。游丝 7 产生反作用力矩。高灵敏度的仪表也可以用张丝或吊丝。游丝的内端固定在转轴上,外端固定在仪表内部支架上。一块仪表中通常有 2 根游丝,其螺旋方向相反。当动圈转动时,游丝被扭转变形。当被测电流增大时,转动力矩增大,指针转角增大,游丝变形增大,产生的反作用力矩也增大。2 根游丝还兼作把被测电流引入和引出动圈的引线。机械零点调节器(调零器)8,借助表壳外裸露的螺丝调节机械零点。平衡锤 9 用于调节可动部分的机械平衡。

磁电系仪表的阻尼力矩由闭合的铝框架产生。当动圈运动时,铝框架中产生感生电流,从而产生阻尼力矩,其作用是使动圈和指针尽快地达到平衡位置。

载流线圈在磁场中所受力矩 M 与磁感应强度 B、电流 I、线圈面积 A、线圈匝数 N 成

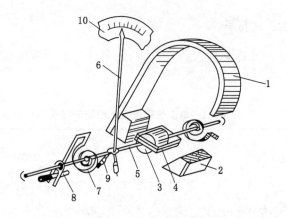

1—永久磁铁;2—极掌;3—圆柱形铁芯;4—动圈;5—半轴;
6—指针;7—游丝;8—调零器;9—平衡锤;10—刻度盘。

图 2-6-1　磁电系仪表结构示意图

正比:

$$M = BNAI$$

当指针偏转 α 角时,反作用力矩为:

$$M_\alpha = D\alpha$$

式中,D 是游丝的扭转系数。当两者平衡时:

$$D\alpha = BNAI$$

$$\alpha = \frac{BNAI}{D} = S_I I \qquad\qquad (2\text{-}6\text{-}2)$$

可见偏转角度与 I 成正比,故磁电系仪表表盘刻度均匀,其中 $S_I = \dfrac{BNA}{D}$,称为电流灵敏度。

如果仪表内阻为 R_g,则仪表指针和动圈的偏转就与加在仪表两端的电压 U 有关:

$$\alpha = S_I \frac{U}{R_g} = S_U U \qquad\qquad (2\text{-}6\text{-}3)$$

式中,$S_U = \dfrac{S_I}{R_g}$,称为电压灵敏度。

根据磁电系仪表的结构和工作原理可以看出,它的主要优点有:准确度高,可以达到 0.1 级甚至 0.05 级;灵敏度高;仪表消耗的功率小;刻度均匀。它的不足之处有:过载能力低,只能直接测量直流电,结构比较复杂而且成本较高。

（2）磁电系电流表和电压表

直接使用磁电系测量机构只能做成微安表或毫安表。表头的压降一般也只在毫伏量级。如果要测量较大的电流,可以采用分流器。如果要测量较大的电压,可以采用分压器。

（3）仪表的正确使用与合理选择

使用磁电系仪表应注意:

① 只能在直流电路中使用,注意仪表的极性,不能接反。

② 要调好机械零点。

③ 使用仪表应使其处在规定位置,如按仪表规定水平放置或垂直放置等。

④ 读数时视线要垂直于表盘,避免视差。盘面有指针反射镜的仪表,读数时应使刻度线、指针和指针在反射镜中的像成一线。

选择仪表时应考虑下述因素:

① 要按被测量值的大小选择合适量程的仪表。在一般的测量中,应使被测量的值处在仪表测量上限和不低于测量上限三分之二的范围内。

② 要按被测量实际要求合理选择仪表的准确度级别。在保证测量结果准确度的前提下,不必追求更高准确度的仪表。一般使仪表带入的不确定度等于或小于被测量允许不确定度的 $1/5 \sim 1/3$ 即可。

③ 要根据被测对象内阻的大小来正确选择仪表。电压表的内阻越大,内阻造成的测量误差越小;电流表的内阻越小,内阻造成的测量误差越小。

五、检流计

常用的检流计属于磁电系仪表。由于它采用了张丝或吊丝结构,可克服轴尖与轴承的摩擦力,动圈匝数又很多,并且常采用光点反射结构来指示可动部分的偏转,因此灵敏度大为提高。能用它来测量 10^{-9} A 的小电流和 10^{-6} V 的低电压,在电测量和非电量的电测法中得到广泛的应用。在直流电桥和直流电位差计中常用它作为零位指示器。

(1)结构

指针式检流计灵敏度较低,大多安装在便携式直流电桥和电位差计内使用。这里主要介绍 AC15 型光电放大式检流计的结构。图 2-6-2 和图 2-6-3 分别为 AC15 型张丝式检流计的简图和它的光学系统图。

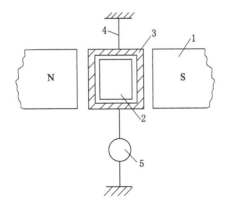

1—永久磁铁;2—铁芯;3—动圈;
4—张丝;5—小反射镜。

图 2-6-2 AC15 型张丝式检流计简图

如图 2-6-3 所示,小灯泡 1 发射的光线,经过光学系统后在刻度盘 10 上得到一个中间有一条黑线的矩形光标(此黑线由光阑 3 中间的一条细线所得)。动圈 6 带动小反射镜 5 偏转,从而使光标偏转。由光标中间黑线的位置可以读取相应的被测量值。

图 2-6-4 为 AC15/5 型检流计的面板图。分流器的作用是改变检流计的灵敏度,置于

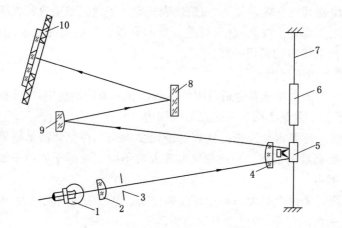

1—小灯泡；2—聚光透镜；3—光阑；4—透镜；5—小反射镜；

6—动圈；7—张丝；8—反射镜；9—球面镜；10—刻度盘。

图 2-6-3　AC15 型张丝式检流计光学系统图

"短路"时，检流计短路；光标照明系统可采用交流 220 V 或直流 6 V 电源，分别从背面不同插入孔输入，面板上电源开关倒向应与所用电源电压一致；"零点调节"用于将光标调零。

　　在大学物理实验中，有时也使用指针式检流计。图 2-6-5 为 AC5 型直流指针式检流计的面板图，它的结构除了指针不同于光电放大式检流计外，其余均相同。"锁扣"1 拨向白点时表针可以偏转，拨向红点时表针不能偏转；"零位调节"2 用于调零；"电计"按钮 4 是接通检流计的开关，按下接通，弹起则不通，如要长时间接通检流计，可按下此按钮后再顺时针转一下，使其不再弹起；"短路"按钮 5 是一个阻尼开关，按下时可使指针迅速停止摆动。

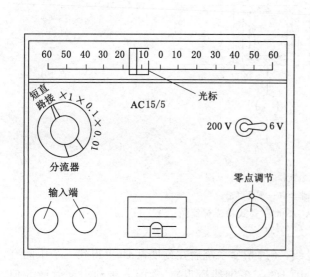

图 2-6-4　AC15/5 型检流计面板图

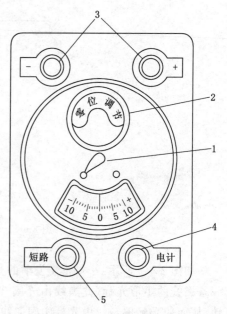

图 2-6-5　AC5 型直流指针式
检流计面板图

（2）主要技术参数

检流计的主要技术参数有：

① 外临界电阻。

② 内阻。

③ 振荡周期和阻尼时间（振荡周期是指当检流计的光标偏转到满刻度值时断开检流计的外电路，从此瞬间起，它的活动部分摆动一个周期所需的时间；阻尼时间是指检流计在临界阻尼状态下，当断开外电路时，光标由最大刻度值回到零点所需要的时间）。

④ 电流灵敏度和电流常数（电流灵敏度指每单位电流能引起偏转的格数，电流常数为其倒数）。

⑤ 电压灵敏度和电压常数（其定义与电流灵敏度和电流常数的定义法相对应）。

（3）使用注意事项

检流计灵敏度很高，是很容易损坏的仪表，使用时要注意下列事项：

① 搬运时要轻拿轻放，要用短路开关将其处于短路状态。使用结束时也应将其短路。没有短路开关的，可用导线将其两个输入端短接。

② 使用场所避免强烈震动。

③ 检流计附近不允许有强磁场存在。

④ 有水准器的检流计，安装时用它调好水平位置；没有水准器的检流计也应放在水平位置，防止产生微卡现象。

⑤ 判断检流计是否断路，可用两手握住其两个输入端按钮或两根输入导线（此时会产生接触电位差），观察光标有无偏转。绝不允许用万用表测量其内阻，否则容易使其动圈和张丝通过电流过大而被烧坏。

⑥ 有条件时，应与分流器联用。

六、指针万用表

万用表是一种能测量交、直流电压、电流和电阻等电学量的多量程仪表。指针式万用表多为磁电系仪表。

（一）构造和准确度

万用表由表头、转换开关和测量电路三部分组成。表头经转换开关与不同的测量电路组合而成为不同量程或不同测量项目的仪表。

万用表的准确度不高。通常，直流电流挡的基本读数误差为 $\pm(1.0\sim2.5)\%$，直流电压挡为 $\pm(1.5\sim2.5)\%$，交流挡为 $\pm2.5\%$，电阻挡为 $\pm(2.5\sim4.0)\%$。图 2-6-6 和图 2-6-7 分别为 MF—47 型万用表的面板图和总电路图。

（二）电路原理

（1）直流电流和电压挡

表头按照欧姆定律扩程，用于测量直流电流和

图 2-6-6　MF—47 型
万用表面板图

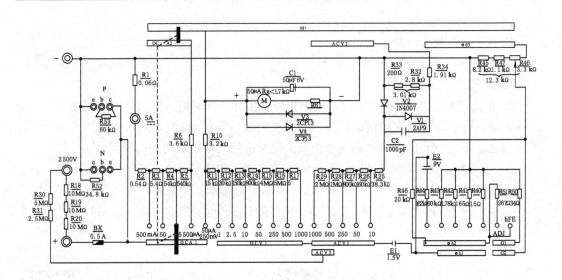

图 2-6-7　MF—47 型万用表总电路图

直流电压。利用转换开关可以选择所需的测量项目和量程。图 2-6-8 为万用表直流电流和直流电压的测量电路图。

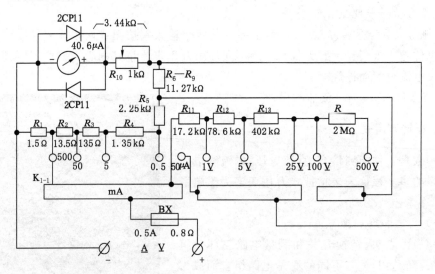

图 2-6-8　万用表直流电流和直流电压测量电路图

（2）交流电流和电压挡

用整流电路将交流电变成直流电，将仪表的标尺按正弦交流电流或电压的有效值刻度，从而用以测量交流电流或电压。所以，不能用它直接读取非正弦电信号的相应数值。图 2-6-9 是万用表交流电流和交流电压的测量电路图。

（3）电阻挡

电阻挡即多量程欧姆表。它根据全电路欧姆定律，将表头的电流标尺换成电阻标尺，选取合适的中值电阻，按十进制组成不同测量范围的电阻挡。图 2-6-10 为欧姆表的原理图。

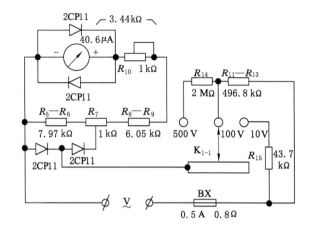

图 2-6-9　万用表交流电流和交流
电压测量电路图

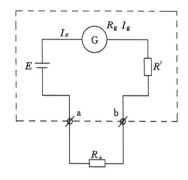

图 2-6-10　欧姆表原理图

图中虚线框部分为欧姆表,ab 两端为表笔插孔。待测电阻 R_x 接在 a 和 b 之间。E 为电源电压。G 是内阻为 R_g、满度电流为 I_g 的表头。R' 为限流电阻。回路电流 I_x 为:

$$I_x = \frac{E}{R_g + R' + R_x} \tag{2-6-4}$$

对于一个欧姆表,当 E、R_g、R' 一定时,I_x 仅由 R_x 决定,即表头所示 I_x 与 R_x 一一对应,故可在表盘上直接刻度 R_x 值。

由式(2-6-4)可知,当 $R_x = 0$ 时,回路电流最大。选取适当的 R' 值,可使此最大电流等于 I_g,即

$$I_g = \frac{E}{R_g + R'} \tag{2-6-5}$$

由图 2-6-10 可以看出,$R_g + R'$ 即欧姆表的内阻。当 $R_x = R_g + R'$、$I_x = \frac{1}{2} I_g$ 时,表头指针恰好指在欧姆表刻度中央,此刻度值称为中值电阻 $R_\text{中}$。显然,$R_\text{中} = R_g + R'$,从而式(2-6-4)可改写为:

$$I_x = \frac{E}{R_\text{中} + R_x} \tag{2-6-6}$$

欧姆表的刻度即按此式标定,显然其刻度是不均匀的。当 $R_x \ll R_\text{中}$ 时,指针偏转接近满度,且随 R_x 的变化不明显,因而测量误差大;当 R_x 不太小时,I_x 随 R_x 的增大而减小;当 $R_x \gg R_\text{中}$ 时,$I_x \approx 0$,测量误差也很大。所以用欧姆表测电阻时,总是尽量利用标尺中央附近的刻度。通常把中值电阻作为量程的标志。式(2-6-6)说明,欧姆表的刻度是根据一定的 E 标定的,实际上电源电压并不一定等于 E,故欧姆表必须装有“零欧姆”调节旋钮,以适应 E 值的变化。每次改变欧姆表量程都需重新调节,否则测量误差将增大。图 2-6-11 为万用表欧姆挡电路图。从图 2-6-10 还可看出,测电阻时电流是由 b(黑表笔)流向 a(红表笔)的。

（三）使用注意事项

使用万用表时,除要按前面所述磁电系仪表的一般情况合理选择和使用外,还应注意下

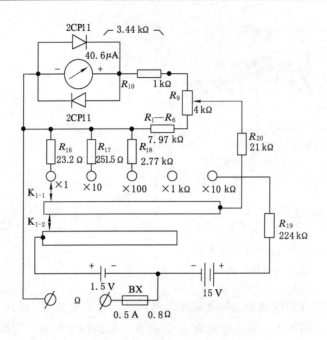

图 2-6-11　万用表欧姆挡电路图

列几个问题：

① 用毕后，应将转换开关旋转到最高电压挡上，以免下次使用时忘了将其转到合适挡上而引起损坏。尤其要注意绝不能放在欧姆挡上，以防止两表笔接触短路，使表内干电池放电而损坏。长期不用应取出干电池，以防干电池变质。

② 测量时，首先要明确被测量的种类和大小，然后将转换开关转到相应的位置，千万不能马虎大意。倘若转换开关在欧姆挡或电流挡位置上就去测量电源电压（如 220 V），将会烧坏万用表。

③ 在测量高电压或大电流时，不允许带电旋转开关，以防止转换开关触点间产生电弧烧坏开关。

七、数字万用表

除了指针式万用表外，现在使用比较多的是数字万用表。下面以 DT—9205A 型数字万用表（见图 2-6-12）为例进行介绍。

（一）概述

本仪表以大规模集成电路、双积分 A/D（模/数）转换器为核心，配以全功能过载保护电路，可用来测量直流和交流电压及电流、电阻、电容、频率、电路通断等。

（二）特点

① 功能选择具有 32 个量程。

图 2-6-12　DT—9205A 型数字
万用表面板图

量程与液晶显示器(LCD)有一定的对应关系:选择 1 个量程,如果量程是 1 位数,则 LCD 上显示 1 位整数,小数点后显示 3 位小数;如果是 2 位数,则 LCD 上显示 2 位整数,小数点后显示 2 位小数;如果是 3 位数,则 LCD 上显示 3 位整数,小数点后显示 1 位小数;有几个量程,对应的 LCD 没有小数显示。

② 测试数据显示在 LCD 中。

③ 过量程时,LCD 的第一位显示“1”,其他位没有显示。

④ 最大显示值为 1999(液晶显示的后 3 位可从 0 变到 9,第 1 位从 0 到 1 只有 2 种状态,这样的显示方式叫作三位半)。

⑤ 全量程过载保护。

⑥ 工作温度:0～40.0 ℃。

　储存温度:－10.0～50.0 ℃。

⑦ 电压不足时 LCD 左上方显示箭头。

(三)技术指标

① 准确度:±(％读数＋第 4 位上的数字)。注意:括号内的第 2 部分,为准确度的修正值,应放在该挡位的最后 1 位数字上。准确度保证期为 1 a。例如:一个电子元件在 200 挡位的读数为 100.0,该挡位准确度标示为±(5％＋2),该挡位在 LCD 中有 1 位小数,则这个电子元件的实际数据 a 为:

$$100-(5％×100.0+0.2)≤a≤100+(5％×100.0+0.2)$$

即

$$94.8≤a≤105.2$$

② 分辨率:它用于表征感知待测量微小变化的能力(大概在 1/2 000),并反映在万用表的最后 1 位读数上。例如,在量程为 200 mV 的挡位,被测直流电源电压读数为 100 mV。当电压升高 50 μV 时,万用表读数仍为 100.0;当电压升高 150 μV 时,万用表读数的末位会增加一个字,变为 100.1。

在环境温度为 23.0 ℃±5.0 ℃、相对湿度<75％的情况下,DT—9205A 型数字万用表各挡位的量程、分辨率、准确度和相关情况分述如下。

(1)直流电压

量程	分辨率	准确度
200 mV	100 μV	±(0.5％＋3)
2 V	1 mV	
20 V	10 mV	
200 V	100 mV	
1 000 V	1 V	±(0.8％＋3)

测量电压时,万用表如同 1 个电阻。所有量程的输入阻抗为 10 MΩ。

过载保护:对于 200 mV 量程挡位,能够承受的最大直流电压为 250 V,能够承受的最大交流电压为 250 V(有效值)。其他量程挡位,能够承受的最大直流电压为 250 V;能够承受的最大交流电压有效值为 700 V,峰值约为 1 000 V。

提示:正弦交流电的有效值是其峰值的 0.707 倍,如 220 V 的交流电,其峰值为 311 V 左右。

(2)交流电压

量程	分辨率	准确度
200 mV	100 μV	$\pm(1.2\% + 3)$
2 V	1 mV	$\pm(0.8\% + 3)$
20 V	10 mV	
200 V	100 mV	
750 V	1 V	$\pm(1.2\% + 5)$

输入阻抗:同直流电压挡。

频率范围:40~400 Hz。

过载保护:同直流电压挡。

(3) 直流电流

量程	分辨率	准确度
2 mA	1 μA	$\pm(0.8\% + 2)$
20 mA	10 μA	
200 mA	100 μA	$\pm(1.2\% + 2)$
20 A	10 mA	$\pm(2.0\% + 5)$

过载保护:20 A 量程挡位无保险丝,因此,测量时间不能超过 15 s;其他量程挡位有最大 0.2 A/250 V 保险丝。

测量电压降:测量直流电流时,万用表好似 1 个电阻,因此会在万用表上产生电压降。如果被测电流的读数达到或接近满量程,则在万用表上产生的电压降为 200 mV。

(4) 交流电流

量程	分辨率	准确度
2 mA	1 μA	$\pm(1.0\% + 3)$
20 mA	10 μA	$\pm(1.8\% + 3)$
200 mA	100 μA	
20 A	10 mA	$\pm(3.0\% + 7)$

过载保护:20 A 量程挡位无保险丝,因此,测量时间不能超过 15 s;其他量程挡位有最大 0.2 A/250 V 保险丝。

测量电压降:测量交流电流时,万用表好似 1 个电阻,因此会在万用表上产生电压降。如果被测电流的读数达到或接近满量程,则在万用表上产生的电压降为 200 mV。

频率范围:所测交流电的频率范围限于 40~400 Hz。

显示的是交流电的有效值。

(5) 电阻

量程	分辨率	准确度
200 Ω	0.1 Ω	$\pm(0.8\% + 3)$
2 kΩ	1 Ω	$\pm(0.8\% + 2)$
20 kΩ	10 Ω	
200 kΩ	100 Ω	
2 MΩ	1 kΩ	
20 MΩ	10 kΩ	$\pm(1.0\% + 5)$

200 MΩ	100 kΩ	±[5.0％(读数－1M)＋10]

开路电压:测量电阻时,万用表"200 MΩ"挡位提供的开路电压为 2.8 V,其他挡位提供的开路电压小于 1 V。用"200 MΩ"挡位,表笔短路显示 10 个字左右为正常,在测量时,应从读数中将其减去。

（6）电容

量程	分辨率	准确度
2 nF	1 pF	±(3.0％＋3)
20 nF	10 pF	
200 nF	100 pF	
2 μF	1 nF	
20 μF	10 nF	
200 μF	100 nF	±(4.0％＋5)

（四）使用方法

（1）测试准备

将"ON/OFF"开关置于"ON"位置,检查 9 V 电池,如果电池电压不足,则需要更换电池。测试笔插孔旁边的符号,表示输入电压或电流不应超过指示值,这是为了保护内部线路免受损伤。测试之前,功能开关应置于所需要的量程。

（2）直流电压测量

先将黑表笔插入"COM"插孔,红表笔插入"V/Ω"插孔。然后将功能开关置于直流电压挡"V－"的适当量程范围,并将测试表笔连接到待测电源(测开路电压)或负载上(测负载电压降),红表笔所接端的极性将同时显示于 LCD 上。

注意:如果不知被测电压范围,则将功能开关先置于最大量程然后逐渐下降。如果 LCD 只显示"1",表示过量程,即"溢出",功能开关应置于更高量程。不要测量高于 1 000 V 的电压。显示更高的电压值是可能的,但有损坏内部线路的危险。当测量高电压时,要格外注意避免触电。

（3）交流电压测量

先将黑表笔插入"COM"插孔,红表笔插入"V/Ω"插孔。然后将功能开关置于交流电压挡"V～"的适当量程范围,并将测试笔连接到待测电源或负载上。测量交流电压时,没有极性显示。

注意:参看直流电压测量有关的注意事项。不要输入有效值高于 700 V 的电压,显示更高的电压值是可能的,但有损坏内部线路的危险。

（4）直流电流测量

先将黑表笔插入"COM"插孔。当测量最大值为 200 mA 的电流时,红表笔插入"mA"插孔;当测量最大值为 20 A 以下,但大于 200 mA 的电流时,红表笔插入"20 A"插孔。然后将功能开关置于直流电流挡"A－"并选择合适量程,将测试表笔串联接入待测负载上,显示电流值的同时,将显示红表笔的极性。

注意:如果使用前不知道被测电流范围,将功能开关置于最大量程并逐渐下降。如果显示器只显示"1",表示过量程,功能开关应置于更高量程。用"mA"插孔时,最大输入电流为 200 mA,电流过量将烧坏保险丝。如保险丝被烧坏,应更换后方能使用。"20 A"量程无保险丝保护,测量时间不能超过 15 s。

（5）交流电流测量

先将黑表笔插入"COM"插孔。当测量最大值为 200 mA 的电流时,红表笔插入"mA"插孔;当测量最大值为 20 A 以下,但大于 200 mA 的电流时,红表笔插入"20 A"插孔。然后将功能开关置于交流电流挡"A～"并选择合适量程,将测试表笔串联接入待测电路中。

注意点与直流电流测量相同。

（6）电阻测量

先将黑表笔插入"COM"插孔,红表笔插入"V/Ω"插孔。然后将功能开关置于电阻挡"Ω"并选择合适量程,将测试表笔连接到待测电阻上。

注意:如果被测电阻值超出所选择量程的最大值,将显示过量程溢出"1",应选择更高的量程。对于大于 1 MΩ 或更高的电阻,要几秒钟后读数才能稳定,这是正常的。当没有连接好时,如开路情况,仪表显示为"1"。当检查被测线路的阻抗时,要保证移开被测线路中的所有电源,所有电容放电。被测线路中,如有电源和储能元件,会影响线路阻抗测试正确性。万用表的"200 MΩ"挡位,短路时有 10 个字左右,这是正常的,测量电阻时,应从测量读数中将其减去。

（7）电容测量

在连接待测电容之前,注意每次转换量程时,复零需要时间,有漂移读数存在不会影响测试精度。将功能开关置于电容挡"Cx"。将电容器插入电容测试座中,进行测量。

注意:仪器本身已对电容挡设置了保护,故在电容测试过程中不用考虑极性及电容充放电等情况。测量电容时,将电容器插入专用的电容测试座中(不要插入表笔插孔"COM""V/Ω")。测量大电容时稳定读数需要一定的时间。

（8）二极管测试及蜂鸣器的连接性测试

先将黑表笔插入"COM"插孔,红表笔插入"V/Ω"插孔(红表笔极性为"＋")。然后将功能开关置于"▸▸"挡,并将表笔连接到待测二极管,读数为二极管正向压降的近似值。如果只要判别导体是否导通,可将功能开关旋到"·)))"挡。若待测线路的两端之间电阻值低于约 70 Ω,内置蜂鸣器发声。

（9）晶体管 hFE 测试

先将功能开关置"hFE"挡。确定晶体管是 NPN 或 PNP 型,将基极 b、发射极 e 和集电极 c 分别插入面板上相应的插孔。显示器上将读出 hFE 的近似值。测试条件是万用表提供的基极电流 I_b 为 10 μA,集电极到发射极电压为 $U_{ce}=2.8$ V。

（10）自动电源切断使用说明

仪表设有自动电源切断电路,当仪表工作时间为 30 min 至 1 h,电源自动切断,仪表进入睡眠状态,这时仪表约消耗 7 μA 的电流。当仪表电源切断后,若要重新开启电源,请重复按动电源开关 2 次。

（五）仪表保养

该数字万用表是 1 台精密电子仪器,不要随意更换线路,并注意以下几点:

① 不要接高于 1 000 V 直流电压或高于 700 V(有效值)交流电压。

② 不要在功能开关处于"Ω"挡时,将电源接入。

③ 在电池没有装好或后盖没有上紧时,请不要使用此表。

④ 只有在测试表笔移开并切断电源以后,才能更换电池或保险丝。

第七节　光学实验基本仪器

一、反射镜

反射镜有平面镜和球面镜两种,依据反射定律工作。平面镜在光学实验中常常用来改变光束行进的方向。实物在平面镜中成虚像。虚像与实物处于对称位置,对称面是平面镜的镜面。球面镜分为凸球面镜和凹球面镜两种。实物发出的光经凸球面镜反射后发散,故不能成实像,而在该镜面后面成缩小的虚像。由于可将视场扩大,车辆上供司机观察车后以及侧面环境的反射镜多采用凸球面镜或凸柱面镜。凹球面镜成像的光路图如图 2-7-1 所示。平行于凹球面镜某半径 OC 的光入射到凹球面镜后,反射光与该半径的交点 F 称为凹球面镜的焦点。C 为球心,O 为原点,r 为半径,$f = \overline{OF}$ 为

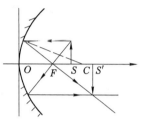

图 2-7-1　凹球面镜
成像光路图

焦距,可以证明 $f = \dfrac{r}{2}$。物距 $S = \overline{OS}$,像距 $S' = \overline{OS'}$。凹球面镜的成像公式为:

$$\frac{1}{S} + \frac{1}{S'} = \frac{1}{f} \tag{2-7-1}$$

使用式(2-7-1)以及后面所述的透镜成像公式时,除了考虑各量的大小以外,还要考虑它们的正、负符号。

常用的符号规则有两种:一种为"实—正,虚—负"的规则,另一种为笛卡儿规则。"实—正,虚—负"符号规则规定:在成像中凡与实物、实像、实焦点对应的参量均取正号;与虚物、虚像、虚焦点对应的参量均取负号。例如,凹球面镜与凸透镜的焦点为实焦点,其焦距为正量,而凹透镜的焦距则为负量。

笛卡儿符号规则是首先人为地确定坐标原点和坐标轴。在成像系统中,常选取某些有特殊意义的点做坐标原点,如透镜的光心或凹球面镜的顶点等。坐标轴则通常选取成像系统器件的光轴,而成像时常令光线与轴平行或近轴入射。坐标轴一般选取从左到右为正方向。当已确定坐标原点、坐标轴及其方向之后,便应考虑各参量在被定义时所规定的方向,若其方向与坐标轴正方向一致时则该量取正号,如果其方向与坐标轴正方向相反时则该量取负号。

二、薄透镜

透镜有凸透镜和凹透镜两种,依据折射定律工作。

由于薄透镜条件的限制及近轴光线条件也不能绝对满足和其他各种原因,透镜成像系统的实际成像与理想成像之间会发生偏离,这种偏离称为像差。

像差有色差、球差、彗差和像散等。由于不同波长的光在同一介质中的折射率并不相

同,因此如果在轴上焦点外放置一个多色光点光源,通过透镜后并不成像于一点,紫光像点离透镜最近,红光最远。于是该点光源发出的多色光经透镜折射后所成的像已不是一个点,而是一个模糊的彩色光斑,这种像差称为色差。如果在光轴上焦点外放置的是一个单色光点光源,由于透镜有一定大小,近轴条件不能满足,因此光线经透镜折射后也不能会聚于一点,成像会变得模糊,这种像差称为球差。如果是光轴外或远离轴外的点光源发出的单色光,经过透镜折射后,由于其不符合近轴条件和具不对称性,得到的是彗星状或椭圆状光斑,这种像差分别称为慧差和像散。

由于单个透镜存在像差,像会失真,故在实际中使用的各种光学仪器的镜头多采用 2 个或 2 个以上透镜构成透镜组,以消除或尽量减小像差。

三、眼睛

实际上,眼睛就是自动化程度很高的接收像的"仪器"。在光学实验中,往往要用眼睛来观察许多光学现象。眼睛的结构相当复杂,但从光学原理上来说,眼球里的水晶体相当于一个凸透镜,视网膜相当于一个成像屏幕。如果要看清外界物体,则必须使物体发出的光射入眼睛,经水晶体后在视网膜上成一实像,再通过视神经引起视觉。水晶体到视网膜的距离可以近似地看作不变。眼睛之所以能看清远近不同的物体,是靠肌肉的松弛或紧张来调节水晶体的曲率,从而在视网膜上成一清晰实像。

眼睛的水晶体改变曲率的过程称为"调焦"。眼睛的"调焦"有一定限度。要长时间观察而不感觉疲倦,物体离眼睛的最短距离是 25 cm,称为"明视距离"。正常眼睛能看到的最远距离在无限远处,但对很远的物体实际上不能分辨清楚,这是因为用眼睛直接观察时,要使两个点能被眼睛区分开来,必须使它们的像落在两个不同的感光细胞上,因此它们所张的视角必须大于某一数值。眼睛可分辨清楚的最小视角约为 $1'$,称为"最小分辨角"。这相当于在明视距离处相距为 0.07 mm 的两个点对眼睛所张的角。所以,要分辨清楚细小的物体,取决于物体对眼睛所张的角。我们借助光学仪器来观察细小物体,就是为了增大视角。

人眼可观察到的光的波长为 $0.40\sim0.76\ \mu m$,这个范围内的光称为可见光。波长比它长的光称为红外光,波长比它短的光称为紫外光。

四、助视仪器

助视仪器的种类很多,放大镜、显微镜、望远镜均属常用的助视仪器。助视仪器的作用是放大视角。

(1) 放大镜

短焦距的凸透镜可以作为放大镜。如图 2-7-2 所示,设原物体长度为 AB,放在明视距离处,眼睛的视角为 θ_0,通过放大镜观察,成像仍在明视距离处,此时眼睛的视角为 θ。θ 与 θ_0 之比称为视角放大率 M。

因:
$$\theta_0 \approx \frac{AB}{25}, \theta \approx \frac{A'B'}{25} \approx \frac{AB}{f}$$

则:
$$M = \frac{\theta}{\theta_0} \approx \frac{25}{f} \qquad (2\text{-}7\text{-}2)$$

式中　f——放大镜焦距,cm。

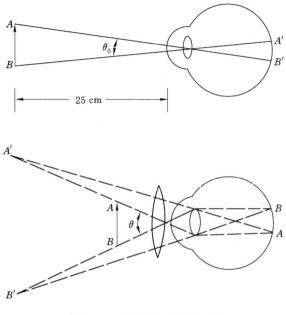

图 2-7-2　放大镜工作原理图

（2）望远镜

望远镜一般用来观察远距离的物体或作为测量和对准的工具。它由长焦距（$f_物$）的物镜和短焦距（$f_目$）的目镜所组成。物镜焦点 F_1 和目镜焦点 F_2 重合在一起,并且在它们的共同焦平面附近安装叉丝或分划板,以供观察或读数之用,其光路如图 2-7-3 所示。

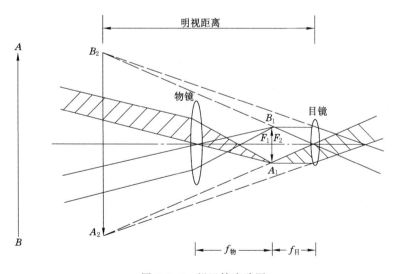

图 2-7-3　望远镜光路图

物镜的作用是使远处的物体 AB 在其焦平面附近成一个缩小而移近的实像 A_1B_1,然后再用眼睛通过目镜去观察这个由物镜形成的像,从而看到一个放大的虚像 A_2B_2。目镜的作用与放大镜相同。望远镜的放大率（放大倍数）为:

$$M = \frac{f_物}{f_目} \qquad\qquad (2\text{-}7\text{-}3)$$

（3）显微镜

显微镜用来观察细小物体，它也由目镜和物镜组成。如图 2-7-4 所示，物体 AB 放在物镜焦点 F_1 外不远处，使物体成一放大的实像 A_1B_1，落在目镜焦点 F_2 内靠近焦点处。目镜的作用相当于一个放大镜，它将物镜形成的中间像 A_1B_1 再放大成一个虚像 A_2B_2，位于眼睛的明视距离处。显微镜的放大倍数为：

$$M = 25d/(f_物 \cdot f_目)$$

式中　　d——显微镜的光学筒长，cm；

　　　　$f_物$——物镜焦距，cm；

　　　　$f_目$——目镜焦距，cm。

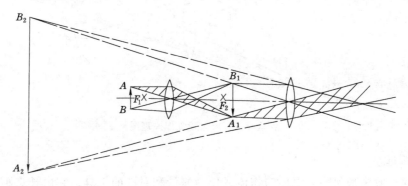

图 2-7-4　显微镜光路图

五、分光器件

分光器件的作用是把多色光分解成组成它的各种单色光。物理实验中常用的分光器件有三棱镜和衍射光栅。

（1）三棱镜

不同介质对同一波长的光的折射率不同，同一介质对不同波长的光的折射率也不相同。因此当多色光线射入三棱镜时，经过两次折射后出射的光便被分离成单色光，如图 2-7-5 所示。图中的 θ 角称为偏向角。波长短的光折射率大，偏向角也大，如图中 θ_2；波长长的光折射率小，偏向角也小，如图中 θ_1。同一波长光的偏向角与入射角有关。在实验"棱镜折射率的测定"中，我们将用到三棱镜。

（2）衍射光栅

衍射光栅由大量等间距的平行狭缝构成。用于透射光衍射的叫透射光栅，用于反射光衍射的叫反射光栅。

透射光栅可以是刻画光栅、复制光栅或全息光栅，下面以刻画光栅为例进行说明。在刻画光栅上刻有大量等间距等宽的平行刻痕，在每条刻痕处，入射光向各个方向散射而不易透过，两刻痕间的光滑部分可以透光，与缝相当，如图 2-7-6 所示。a 为缝宽，b 为刻痕宽，$d = a + b$ 称为光栅常数。当多色光射入光栅后，会形成衍射条纹。光栅的衍射条纹应看作衍射

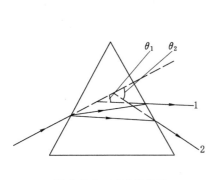

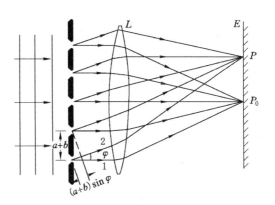

图 2-7-5　三棱镜分光　　　　　　　　　　图 2-7-6　衍射光栅

与干涉的总效果。当平行光垂直入射到光栅上，满足：

$$d\sin\varphi=(a+b)\sin\varphi=\pm2k\frac{\lambda}{2}=\pm k\lambda \quad (k=0,1,2,\cdots) \tag{2-7-4}$$

时，所有相邻的狭缝射出的光线的光程差是波长的整数倍，因而相互加强，形成明条纹。

如果满足式(2-7-4)的 φ 角，还满足单缝衍射暗纹条件：

$$a\sin\varphi=\pm2k'\frac{\lambda}{2} \quad (k'=1,2,\cdots) \tag{2-7-5}$$

则相应的明条纹不能出现，这称为缺级现象。由式(2-7-4)可知，对于同一 k 值，不同波长的光有不同的 φ 角，所以光栅能起分光作用。由该式还可看出，波长越大，同一 k 值的衍射角越大。

反射光栅是在光洁度很高的金属面上刻画出等间距等宽的平行条纹而构成的。

在实验"衍射光栅"中，我们将对光栅做比较深入的分析。

六、常用光源

光源可分为天然光源和人造光源。人造光源又可分为电光源、激光光源和固体发光光源等。其中最常用的是电光源，它是利用电能转换为光能的装置。按其从电能转换到光能的形式来区分，大致可以分为两类：一类是热辐射光源，它利用电能将物体加热而发光，如白炽灯、卤钨灯；另一类是气体放电光源，它利用电能使气体（包括某些金属蒸汽）放电而发光，如日光灯、钠灯、汞灯等。现将实验室常用的白炽灯、钠灯、汞灯、氢灯和激光器简介如下。

（1）白炽灯

白炽灯是靠电能将灯丝加热至白炽状态而发光的热辐射光源，其光谱为连续光谱，其中以近红外成分居多。光谱成分和光强与灯丝的温度有关。

（2）汞灯

汞灯是一种气体放电灯。在真空石英玻璃管内充以汞蒸汽和少量氩气。汞蒸汽是发光物质。汞蒸汽的压强不同，其发的光谱的亮度也不同。按汞蒸汽压强大小可分为低压汞灯、高压汞灯和超高压汞灯。图 2-7-7 是汞灯结构及电路原理图。灯管两端各有一个放电电极，在一个主电极旁边有一个辅助电极，辅助电极通过一只几万欧的电阻 R 与另一端电极相连接。氩气为辅助气体，起帮助启动的作用。整个石英玻璃管外再用硬玻璃外壳保护起来。当管子加上 220 V 交流电后,由于辅助电极与相邻的主电极相距很近,此区域电场很强,从而会造成气体被击穿产生辉光放电。由此产生的大量电子和离子使主电极间产生弧光放电。刚开启时,是低压汞蒸汽和氩气放电,之后逐渐向高压放电过渡;当汞全部蒸发后,管压开始稳定,灯管发出正常的青白色光,这个过程大约需要 10 min。

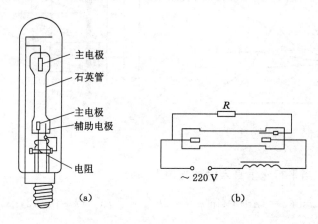

图 2-7-7　汞灯结构及电路原理图

（3）钠灯

钠灯也是气体放电灯,放电物质是钠蒸汽。钠灯的发光原理及特性与汞灯相似,也分为高压钠灯和低压钠灯。

钠灯与汞灯应在额定电压下点燃使用,并依据灯管的额定功率配置相应的限流器与其串联使用。由于启动发光过程对灯管寿命的损耗远大于连续点燃,因此一旦点燃后,应待做完实验再熄灭;熄灭后,约需等 10 min,待灯管冷却后方可再次点燃,切勿在熄灭后立即启动,以免影响使用寿命。

（4）氢灯

氢灯又称氢放电管,它是一种高电压的气体放电电源,属于辉光放电,常用作氢谱光源。图 2-7-8 是氢放电管的结构原理与电路图。图中方框内为霓虹灯变压器,其输出高压可达上万伏。

（5）He-Ne 激光器

激光具有单色性好、方向性强和能量集中等优点,已被广泛应用于各个领域。He-Ne 激光器是实验室中普遍应用的一种激光器。它是一种气体激光器,激光管内充有 He 和 Ne,由受激辐射发光。发光波长为 632.8 nm,输出功率从几毫瓦到几十毫瓦不等。

使用 He-Ne 激光器时要注意:

① He-Ne 激光管需要供给高电压(1 500～3 000 V),要严防电击事故。

② 每支激光管有其最佳工作电流,一般情况下在实验室已经调好,使用时不要随意调节,以免影响其输出功率和使用寿命。

③ 激光束能量集中,不得用眼睛迎着激光束或其反射光直接观看,以免损伤眼睛。

（6）半导体激光器

当电子从上面导带跳下来进入价带时,会损失一定的能量,这些能量就变成光子发射出

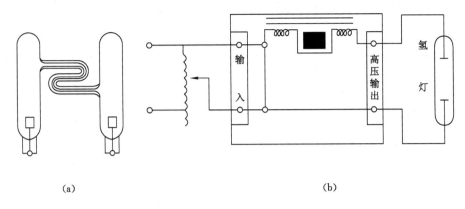

（a）

（b）

图 2 7-8　氢放电管的结构原理和电路图

来,通俗地说就是发光了。

　　半导体激光器是以直接带隙半导体材料构成的 PN 结或 PIN 结为工作物质的一种小型化激光器。半导体激光工作物质有几十种,目前已制成激光器的半导体材料有砷化镓(GaAs)、砷化铟(InAs)、氮化镓(GaN)、锑化铟(InSb)、硫化镉(CdS)、碲化镉(CdTe)、硒化铅(PbSe)、碲化铅(PbTe)、铝镓砷(Al_xGaAs)、铟磷砷(InPAs)等。

　　半导体激光器的激励方式主要有 3 种,即电注入式、光泵式和高能电子束激励式。绝大多数半导体激光器的激励方式是电注入式,即给 PN 结加正向电压,以使在结平面区域产生受激发射,也就是说是个正向偏置的二极管,因此半导体激光器又称为半导体激光二极管。对半导体来说,由于电子是在各能带之间进行跃迁的,而不是在分立的能级之间跃迁的,所以跃迁能量不是确定值,这使得半导体激光器的输出波长展布在一个很宽的范围内,其波长范围决定于所用材料的能带间隙。世界上第一只半导体激光器是 1962年问世的,经过几十年的研究,半导体激光器得到了惊人的发展。它的波长从红外光、红光到蓝绿光,覆盖范围逐渐扩大。各项性能参数也有了很大的提高。其制作技术经历了由扩散法到液相外延法(LPE)、气相外延法(VPE)、分子束外延法(MBE)、MOCVD 方法(金属有机化学气相沉积法)、化学束外延法(CBE)以及它们的各种结合型等多种工艺。其激射阈值电流由几百毫安降到几十毫安,直到几毫安。其寿命由几百小时到几万小时乃至百万小时。从最初的在低温(77 K)下运转发展到在常温下连续工作。输出功率由几毫瓦提高到千瓦级(阵列器件)。它具有效率高、体积小、质量轻、结构简单、能将电能直接转换为激光能、功率转换效率高(已达 10％以上,最大可达 85％)、便于直接调制、省电等优点,因此应用领域日益扩大。目前,固定波长半导体激光器的使用数量居所有激光器之首,某些重要的应用领域过去常用的其他激光器,已逐渐被半导体激光器所取代。

　　半导体激光器最大的缺点是:激光性能受温度影响大,光束的发散角较大(一般在几度到 20 度之间),所以在方向性、单色性和相干性等方面较差。但随着科学技术的迅速发展,半导体激光器的研究正向纵深方向推进,半导体激光器的性能不断提高。目前,半导体激光器的功率可以达到很高的水平,而且光束质量也有了很大的提高。以半导体激光器为核心的半导体光电子技术在 21 世纪将取得更大的进展,发挥更大的作用。我们在某些实验,例如实验"迈克耳孙干涉仪测波长"中,就用半导体激光器作为光源。

表 2-7-1 中列出了几种不同光源的参量数据,以供参考。

表 2-7-1 几种光源的主要参量

名称	型号	电源电压 /V	管端工作电压 /V	工作电流 /A	功率 /W	主要谱线波长 /nm	备 注
钠灯	GP20Na	220	15 ± 5	$1\sim1.3$	20	589.0,589.6	
低压汞灯	GP20Hg	220	20	1.3	20	404.7,435.8, 577.0,579.0,546.1	
高压汞灯	GGQ50Hg	220	95 ± 15	0.62	50	404.7,407.8,434.7, 435.8,491.6,538.5, 546.1,577.0,579.0, 607.2,612.3	
氢灯	GP10H	220	起辉电压 8 000	15×10^{-3}	10	434.05,466.13,656.28	用霓虹灯变压器
He-Ne 激光器	DN—1	220	触发电压 $\geqslant3\,500$	$(3\sim5)$ $\times10^{-3}$	$(1\sim2)$ $\times10^{-3}$	632.8	光束发散角 10^{-3} rad

七、常用光探测器

常用的光探测器可分为光电探测器和热电探测器两大类。各种光探测器的工作原理、工作特性也不相同,下面介绍几种常用的光探测器。

(1)光电二极管和光电三极管

光电二极管利用内光电效应制成。光电二极管和普通二极管一样,也是由一个 PN 结组成的半导体器件,也具有单方向导电特性。但是,在电路中不是用它做整流元件,而是通过它把光信号转换成电信号。那么,它是怎样把光信号转换成电信号的呢?大家知道,普通二极管在反向电压作用下处于截止状态,只能流过微弱的反向电流。光电二极管在设计和制作时尽量使 PN 结的面积相对较大,以便接收入射光。光电二极管是在反向电压作用下工作的。没有光照时,反向电流极其微弱,叫暗电流;有光照时,由于内光电效应,反向电流迅速增大到几十微安,称为光电流。光的强度越大,反向电流也越大。光的变化引起光电二极管电流变化,这就可以把光信号转换成电信号,成为光电传感器件。其核心部分是一个PN 结。与普通二极管不同的是光电二极管 PN 结能接受光照以获得光电流。它一般在反向偏压下工作,也可以是零偏压。其光谱响应范围与材料有关。锗管为 $0.4\sim1.8\ \mu m$,峰值波长为$1.4\sim1.5\ \mu m$;硅管为 $0.4\sim1.1\ \mu m$,峰值波长为 $0.86\sim0.90\ \mu m$。响应时间可达到10^{-7} s,PIN 型可达到 10^{-10} s 量级。

光电三极管是在光电二极管的基础上发展起来的光电器件,它本身具有放大功能。目前的光电三极管多是采用硅材料制作而成的。这是由于硅元件较锗元件有小得多的暗电流和较小的温度系数。硅光电三极管是用 N 型硅单晶做成 NPN 结构的。管芯基区面积做得较大,而发射区面积做得较小,入射光线主要被基区吸收。与光电二极管一样,入射光在基区中激发出电子与空穴。在基区漂移场的作用下,电子被拉向集电区,而空穴被积聚在靠近发射区的一边。空穴的积累会引起发射区势垒的降低,其结果相当于在发射区两端加上一个正向电压,从而引起倍率为 $\beta+1$(相当于三极管共发射极电路中的电流增益)的电子注入,这就是硅光电三极管的工作原理。

（2）光电池

光电池是利用光生伏特效应制成的。在半导体片和金属片之间有一个 PN 结,它吸收能量足够大的光子后在结处形成电动势,金属一边带负电,半导体一边带正电。用导线把两极连接就会形成光电流。在一个比较大的范围内,短路光电流与光照度呈线性关系。硅光电池的光谱响应范围为 $0.4 \sim 1.1\ \mu m$,峰值波长为 $0.86\ \mu m$;硒光电池的光谱响应范围为 $0.35 \sim 0.80\ \mu m$,峰值波长为 $0.57\ \mu m$。光电池的响应时间在 $10^{-5} \sim 10^{-3}$ s 量级。

（3）光敏电阻

硫化镉、硒化镉等受光照射后电阻变小,且电阻值的变化与照射的光通量有一定关系,因而可通过测量它们受光照后电阻的变化来测量入射光辐射通量。其光谱响应一般在可见光 $0.40 \sim 0.76\ \mu m$ 范围内。硫化镉光敏电阻的峰值波长为 $0.51\ \mu m$,硒化镉光敏电阻的峰值波长为 $0.72\ \mu m$。光敏电阻的响应时间在 $10^{-5} \sim 10^{-1}$ s 量级。

（4）光电管与光电倍增管

光电管由阴极和阳极组成,利用外光电效应工作。在实验"光电效应和普朗克常量的测定"中,我们将用到光电管,并对它进行研究。

光电倍增管由一个阴极、多个倍增极和一个阳极组成。当光照在阴极上时,由于外光电效应产生光电子。在电场作用下,光电子得到加速,打到倍增极上产生二次电子,且逐级增强。最后由阳极收集电子而形成电子流。它是一种很灵敏的光探测器,常用于探测微弱光。其放大倍数一般在 $10^6 \sim 10^8$ 量级。其光谱响应范围与阴极材料有关,可以根据需要选择不同的光电倍增管,以适应各种不同波长范围。其响应时间可达 $10^{-9} \sim 10^{-8}$ s。

以上几种光探测器均属于光电探测器,以下的属于热电探测器。

（5）热电偶

一般采用合金或半导体材料制作成热电偶。它的一端吸收光辐射而升温,其温差电动势与吸收的光辐射能量成正比。它对从可见光到红外光的各种不同波长的辐射同样敏感,无特殊选择。其响应速度较慢,为 $10^{-3} \sim 10^{-1}$ s。

（6）热释电探测器

用来制作热释电探测器的晶体受到光辐射照射后,温度升高引起正比于辐射功率的电讯号输出。其光谱特性类似于热电偶,响应时间可达 $10^{-5} \sim 10^{-4}$ s 量级。

八、分光计

分光计是一种分光测角光学实验仪器,在利用光的反射、折射、衍射、干涉和偏振原理的各项实验中用于角度测量。例如,利用光的反射原理测量棱镜的顶角;利用光的折射原理测量棱镜的最小偏向角,从而计算棱镜玻璃的折射率和色散率;和光栅配合,做光的衍射实验,测量光栅常数或光波波长;和偏振片、波片配合,做光的偏振实验等。

在实验"衍射光栅"里将对分光计作详细介绍。

第三章 常用物理实验方法

物理实验包括在实验室人为再现自然界的物理现象、寻找物理规律和对物理量进行测量三部分。物理实验和物理测量虽然不完全等同，但却有着紧密的联系。在任何物理实验中，几乎都要对物理量进行测量，故有时也把物理量测量称为物理实验，把具有共性的测量方法归纳起来，叫作物理实验方法。下面介绍几种常用的物理实验方法。

第一节 比 较 法

比较法是物理量测量中最普遍、最基本的测量方法。它是将被测量与标准量具进行比较而得到测量值的。比较法可分为直接比较和间接比较两类。替代法、置换法实际上也属于比较法，它们的特点是异时比较。

一、直接比较法

直接比较是将被测量与同类物理量的标准量具直接进行比较，因此要求制成相应的供比较用的标准量具，如直尺、砝码等，它们被赋予标准量值，供比较使用。

有些物理量难以制成标准量具，因而先制成与标准量值相关的仪器，再用它们与待测量进行比较。例如温度计、电工仪表等。

有时，光有标准量具还不够，还必须配置一定的比较系统，才能实现被测量与标准量之间的比较。例如，光有砝码还不能测质量，要借助天平；光有标准电池还不能测电压，要由比较电阻等附属装置组成电位差计。这些装置就是比较系统。

在这种情况下，常常采用平衡、补偿或零示测量来进行直接比较。在利用天平称物体质量时，用的是平衡测量。利用天平这一仪器，将待测量和砝码进行比较，当天平平衡时两者质量相等。其测量结果的准确度受到天平本身灵敏度的制约，只能接近砝码的精度。在惠斯通电桥实验中，从测量未知电阻而言用的是平衡测量，而作为表征电桥是否平衡使用的是检流计零示法。在电位差计实验中，测量电源电动势的原理是补偿法测量，它也是以检流计示零后而获得测量结果的。零示测量的最突出优点是测量的精度高低与示零仪器的灵敏度密切相关，而对仪器而言，欲得一高精度的电流计是困难的，但高灵敏度的检流计容易实现。故常常利用零示法来实现较高精度的测量。

必须指出，欲有效地运用直接比较法应考虑以下两个问题：

① 创造条件使待测量与标准量能直接对比。

② 当无法直接对比时，则视其能否用零示法予以比较。此时只要注意选择灵敏度足够高的示零仪器即可。

二、间接比较法

它是在测量中应用得更为普遍的比较法。因为多数物理量无法通过直接比较而测出，往往需要利用物理量之间的函数关系制成相应的仪器来简化测量过程。

例如电流表，它是利用通电线圈在磁场中受到的电磁力矩与游丝的扭力矩平衡时，电流与电流表指针的偏转量之间有一定的对应关系而制成的。因此可以用电流表指针的偏转量间接测量出电路中的电流。

三、替代法

有时我们利用被测量与标准量对某一物理过程具有等效的作用，而用标准量替代被测量，从而提高测量的准确度。

例如用伏安法测未知电阻阻值，我们可以先读出未知电阻两端的电压值及流经它的电流值，再用标准电阻箱替代未知电阻，改变电阻箱的阻值，使其两端的电压值及流经它的电流值与前面相同，此时，未知电阻的阻值即与电阻箱所示的值相等。

第二节　放　大　法

测量中，有时被测量由于过分小，以至于无法被实验者或仪表直接感觉和反应，那么可以先通过某种途径将其放大，然后再进行测量。放大被测量所用的原理和方法就称为放大法，常用的放大方法有以下几种。

一、机械放大

它是利用机械部件之间的几何关系将物理量在测量过程中加以放大，从而提高测量仪器的分辨率的。

例如：游标卡尺，利用游标原理进行放大。螺旋测微器、读数显微镜和迈克耳孙干涉仪都用到了螺旋放大的原理。百分表则通过齿轮齿条的传动，从而实现放大。以上这些例子都属于机械放大。

二、电磁放大

在电磁学物理量的测量中，如果被测量很小，常常通过电子电路放大后再进行测量；在非电量的电测量中，由于转换出来的电学量往往很微弱，这种方法几乎已成为科技人员的惯用方法，并加以深入研究。例如，对于微弱电流，除了可以用灵敏电流计测量外，也常用微电流放大器将其放大后再测量，在实验"弱电流测量及 PN 结物理特性的研究"中，我们就用到了这种方法；又如，在光电倍增管中，利用电场加速电子以及电子的二次发射，能实现光电流的放大。这些方法中都用到了电磁放大。

三、光学放大

光学放大在物理实验中以及许多仪器中都得到了广泛的应用。

例如，利用光杠杆测微小的长度变化；利用镜尺法测量微小的角度；利用放大镜、望远镜、显微镜等光学仪器放大视角等。

第三节 补 偿 法

补偿法在实验中常被使用,它的定义如下:某系统受某种作用产生效应 A,受另一种作用产生效应 B,如果效应 B 的存在使效应 A 显示不出来,就叫作 B 对 A 进行了补偿。补偿法多用在补偿法测量和补偿法消除系统误差两个方面。

一、补偿法测量

设某系统中 A 效应的量值为被测量对象,但由于物理量 A 不能直接测量或不易测准,就用人为方法制造出一个 B 效应与 A 效应补偿,然后用测量 B 效应量值的方法求出 A 效应的量值。制造 B 效应的原则是 B 效应的量值应该是已知的或易于测准的。

完整的补偿测量系统由待测装置、补偿装置和指零装置组成。待测装置产生待测效应,要求待测量尽量稳定,便于补偿。补偿装置产生补偿效应,要求补偿量值准确达到设计的精度。测量装置可将待测量与补偿量联系起来进行比较。指零装置是一个比较系统,它将显示出待测量与补偿量比较的结果。比较方法除了上面所述的零示法外,还有差示法。零示法对应完全补偿,差示法对应不完全补偿。

电位差计是测量电动势和电位差的主要仪器之一。由于应用了补偿原理和比较法,其测量准确度大为提高。如图 3-3-1 所示,用电压表无法测量电源的电动势,它测的是电源的端电压 U($U=E_x-Ir$,r 为电源的内阻,I 为流过电源的电流。仅在 $I=0$ 时,端电压才等于电源电动势。但是只要电压表与电源一连接,I 就不可能为零,故 $U\neq E_x$)。电位差计的基本原理如图 3-3-2 所示,设 E_0 为一个连续可调的标准电源电动势,而 E_x 为待测电动势,若调节 E_0,使检流计指零,此时回路中电流 $I=0$,则有 $E_x=E_0$,E_0 产生的效应与 E_x 产生的效应相补偿。

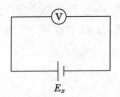

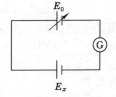

图 3-3-1　用电压表测电源电压　　　　图 3-3-2　电位差计的基本原理图

二、补偿法消除系统误差

用补偿法还可以修正系统误差。在测量过程中,往往某些因素会导致系统误差,而又无法排除。此时可以想办法制造另一种因素去补偿这种因素的影响,使这种因素的影响消失或减弱。这个过程就是用补偿法修正系统误差。例如,在电路里常使用廉价的碳膜电阻和金属膜电阻,这两种电阻的温度系数都很大,只要环境温度发生变化,它们的阻值就会产生较大的变化,从而影响电路的稳定性。但是金属膜电阻的温度系数为正,碳膜电阻的温度系数为负。若适当地将它们搭配串联在电路里,就可以使电路不受温度变化的影响。又如,在电子电路里常配置各种补偿电路来减小电路的某种浮动；在光学实验中为防止光学器件的引入而影响光程差，在光路里常人为地适当配置光学补偿器来抵消这种影响，迈克耳孙干涉仪中的补偿板即典型的一例。

第四节　转换法和传感器

很多物理量，由于其属性关系，无法用仪器直接测量，或者测量不很方便、准确性差等，因此常常将这些物理量转换成其他物理量进行测量，之后再反过来求得被测物理量，这种方法叫作转换法。最常见的玻璃液体温度计，就是利用材料在一定范围内热膨胀与温度的线性关系，将温度测量转换为长度测量。

在电磁学测量发展之后，由于其具有方便、迅速、可自动控制等多种优点，人们想了很多方法将许多物理量测量转换为电学量测量，这种转换方法常叫作"非电量电测法"。激光器问世后，由于其单色性好、强度高、稳定性好等因素，人们又将某些需要精确测量的物理量转换为光学量测量，这种转换方法叫作"光测法"。光测法可以获得非常高的精度。

转换法测量最关键的器件是传感器。一般传感器都由两个部分组成：一个是敏感元件；另一个是转换元件。敏感元件的作用是接收被测信号，转换元件的作用是将所接收的信号按一定的物理规律转换为可测信号。有时，一个器件也可以同时具有上述两种功能。传感器的性能优劣，由其敏感程度及转换规律是否单一来决定。敏感程度越高，测量便越精确；转换规律越单一，干扰就越小，测量效果就越好。

传感器种类很多。从原理上讲，所有物理量，如长度、速度、加速度、振动参量、表面粗糙度以及温度、压力、流量、湿度、气体成分等都能找到与之相应的传感器，从而将这些物理量转换为其他信号进行测量。下面对电测法和光测法分别进行介绍。

一、电测法

电磁测量速度快，灵敏度高，便于自动控制和遥控，所以电测法具有许多优越性，被广泛地应用。实际上，传感器的制作就是根据某些物理原理和物理效应找出转换规律的。以下对几种常用的传感器作一简单的介绍。

（一）电阻式传感器

（1）应变传感器

某些力学量，如力、速度、加速度等可以转换成某种材料的形变，再由形变引起材料电阻的变化来实现电测。这种转换装置就叫作电阻应变式传感器，简称应变片。

应变片一般由敏感栅、基底、引线和覆盖层组成，图 3-4-1 是它的基本结构。其中，敏感栅就是将感受到的应变转换成电阻变化的敏感元件，敏感栅的往返折线状布置是为了尽可能加大栅丝的长度，以便增大电阻的实际变化量，从而容易取得较大的电信号输出。基底的作用是定位和保护敏感栅，并使敏感栅与弹性体之间绝缘。若基底的一端固定，当外力施加在基底的另一端时，基底的形变引起敏感材料的形变，从而可改变材料的电阻值。引出线用于连接测量电路。覆盖层也是为了保护敏感栅，提高其防潮和抗腐蚀作用。

应变片已发展成为一个很大的品种系列，其分类方式多种多样。按基底材料分有纸基底、胶基底（树脂基底）、玻璃纤维增强基底等；按敏感栅材料分有康铜、卡玛合金等金属材料,也有各种半导体材料;按结构形式分有丝式、箔式、薄膜式等;还有按使用温度范围分类;等等。

为了提高灵敏度,常把 4 块结构相同的敏感栅一起对称地黏在基底上,从而构成惠斯通电桥。如图 3-4-2 所示,在 A、C 两端接上电源后,a、b、c、d 4 块应变敏感栅在形变后电阻发生变化,从而引起 B、D 两端电位的变化。只要提高电桥的灵敏度,就可使应变传感器更加灵敏。当然,必须注意应变片怎样粘贴才能使灵敏度尽量高,相关内容在实验"传感器综合实验"中有比较详细的介绍。

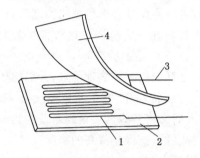

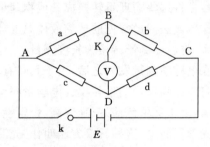

1—敏感栅;2—基底;
3—引线;4—覆盖层。

图 3-4-1 应变片的结构

图 3-4-2 惠斯通电桥原理图

(2) 半导体应变计

金属丝式、箔式等应变计性能稳定、可靠,在高准确度的应变式传感器中应用广泛。半导体应变计的优点是:灵敏度系数可以高出金属应变计 50～80 倍,蠕变和滞后很小,体积也小,适于动态测量。

半导体应变计是利用半导体的压阻效应工作的。当半导体单晶的某一晶向受到压力作用时,电阻率的变化与应力成正比,其灵敏度系数远大于金属应变计的灵敏度系数。目前常用的半导体应变材料有锗和硅。由于硅的灵敏度系数和稳定性较高,使用更广。

(3) 热敏、光敏和气敏电阻式传感器

① 热敏电阻式传感器。电阻率随温度而变化的现象在许多场合是个产生误差的因素,是需要人们设法加以补偿和对付的,而这个现象正是金属热电阻和半导体热敏电阻式传感器的工作原理。

② 光敏电阻式传感器。某些半导体材料在光照射下,导带内的电子浓度和价带内的空穴浓度增大,使其电阻率减小,这个现象称为内光电效应。光敏电阻式传感器即用具有此效应的光导材料制成的,通常也称它们为光导管,其阻值随光照增强而降低。

③ 气敏电阻式传感器。某些金属氧化物半导体材料,当其表面吸附某种气体时,电导率便发生明显变化。这就是气敏电阻式传感器赖以工作的基本原理。例如,可燃性气体(属还原性气体)的离解能较小,容易失去电子,当这些电子从气体分子向 N 型(或 P 型)半导体移动时,会使半导体中的载流子浓度增加(或减小),从而使电阻减小(或增大)。当吸附氧化性气体时,电阻变化的方向正好相反。为了提高气敏电阻式传感器的灵敏度,应使气敏电阻在200～400 ℃下工作。因此,应寻找热稳定性良好的金属氧化物及其陶瓷材料。

（二）电感式传感器

电感式传感器是基于电磁感应原理，将被测量转换为自感变化或互感变化的传感器。通常可分为自感式、差动变压器式、涡流式及压磁式等几种。

（1）自感式传感器

自感式传感器将被测量转换为线圈自感的变化，分为改变气隙厚度、改变气隙截面积及可动铁芯3种形式。第一种灵敏度高，但线性差、示值范围小；后两种线性较好，但灵敏度较低一些。

（2）差动变压器式传感器

它本身是一个变压器，如图3-4-3所示，能将被测量转换成线圈互感的变化。当初级线圈5接入交流电源时，由于互感的作用在次级线圈6和3中产生输出电动势 U_1 和 U_2，其大小与铁芯4在线圈中的位置有关。由于两个线圈按差动方式串接，故此差动变压器的输出电动势 $U=U_1-U_2$。显然，当铁芯处于中间位置时 $U=0$。差动变压器式传感器的线性比自感式的好，测量准确度也高，但应消除零点残余的电动势影响。

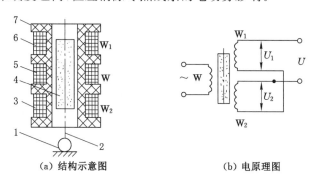

（a）结构示意图　　　　　　　　（b）电原理图

1—被测工件；2—测杆；3—次级线圈 W_2；4—铁芯；5—初级线圈 W；6—次级线圈 W_1；7—线圈架。

图 3-4-3　差动变压器式传感器

（3）涡流式传感器

根据电磁感应原理，当金属块放在变化的磁场中或在磁场中移动时，金属内会产生闭合的感应电流，这就是涡流。将被测量的位移、振幅、厚度、热膨胀系数、电导率（非铁磁材料）、转速等量转换为涡流变化的传感器称为涡流式传感器。它的特点是可以进行非接触式测量，而且灵敏度高、简便可靠。

（4）压磁式传感器

物体受外力作用时内部会产生应力，对某些铁磁物质还会引起磁导率的变化，从而使磁回路的磁阻和电感发生变化，此即压磁效应。它的规律是：承受拉力时，顺拉力方向磁导率增大，磁阻减小，垂直拉力方向的磁导率略有下降，磁阻略增；受压力时，情况相反。压磁式传感器实际上是一种具有可变磁导率的电感式传感器，它利用压磁效应将被测量转换成电信号。它的过载能力强、输出功率大、抗干扰能力强，但线性和稳定性较差，适用于恶劣的环境条件。

（三）电容式传感器

电容式传感器是将被测量转换为电容变化的传感器。两块平行金属极板间的电容 C，当忽略边缘效应时为：

$$C = \frac{\varepsilon A}{d}$$

式中　A——两极板相互覆盖的面积;

　　　d——两极板间的距离;

　　　ε——两极板间介质的介电常数。

由该式可知,当被测量造成 ε、A、d 之一改变时,均可引起电容 C 的变化。因此,它们分别是按介质变化($\Delta\varepsilon$)、面积变化(ΔA)和极距变化(Δd)的原理而工作的,从这个意义上说,电容传感器就是参数可变的电容器。

这种传感器的特点是灵敏度和分辨力均较高,响应快,耗电小,几乎不存在自热效应,但是易受外界分布电容的干扰及泄漏电容的影响。

（四）压电式传感器

晶体受机械力的作用激发出晶体表面电荷的现象,称为压电效应。这种具有压电效应的晶体,如石英(SiO_2)晶体和 PZT 压电陶瓷等,是压电传感器的敏感元件。在实验"超声声速的测定"中,就用到了压电式传感器。

利用压电效应制成的压电式传感器具有动态特性好、体积小、质量轻、结构坚实、便于安装、使用寿命长以及长期稳定性好等优点,已被广泛用来测量力、压力、加速度以及表面粗糙度等量。

目前,力和压力的石英压电式传感器已经用于测量上升时间为 $1~\mu s$ 的动态过程,石英振动传感器可以测量的最高机械振动频率达 MHz 量级,而且动态范围也很宽。这些特点都是应变式传感器所难以达到的。压电加速度计还有一个特点就是它是自发电的,无须外接电源,而且它的电阻很高,一般为 GΩ 量级,故要求与其匹配的前置放大器也必须有很高的输入阻抗。

（五）磁电传感器——霍耳器件

霍耳器件如图 3-4-4 所示,是由半导体材料制成的片状物。若在半导体薄片的两端沿 y 方向通以电流 I,在与薄片垂直的 z 方向加上磁场 B,那么在 x 方向就产生霍耳电势差 U_H:

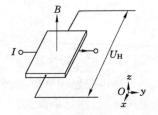

图 3-4-4　霍耳器件示意图

$$U_H = K_H I B$$

式中,K_H 为霍耳器件的灵敏度。对某一霍耳器件来说,K_H 是一个常数,所以可以通过对 I、U_H 的测量得到 B 的值。

在实验"霍耳效应"中,我们将对霍耳器件进行专门的研究。

（六）光电传感器

光电传感器可将光信号转换成电信号再进行测量。第二章中所述的各种光探测器都可以看成光电传感器。

二、光测法

将某些物理量转换为光信号进行测量,能够获得很高的精度,比如用光的干涉现象来测量物体的长度、微小位移等。另外,人们还利用声-光、电-光、磁-光等效应来进行一些特殊的测量。近年来利用光导纤维的传输特性和集成光学技术,已经研制成不少光导纤维传感器。

目前,光导纤维传感器可分为两类:一类利用光导纤维本身具有的某种敏感特性或功能,称为功能(function fiber,FF)型光导纤维传感器;另一类的光导纤维仅仅起传输光波的作用,必须在纤维端面加装其他敏感元件才能构成传感器,称为非功能(non function fiber,NFF)型光导纤维传感器。

NFF 型光导纤维传感器的基本原理如图 3-4-5 所示。FF 型光导纤维传感器的基本原理如图 3-4-6 所示,在这类传感器中,光导纤维不仅起到传光的作用,而且还利用被测外界因素(如温度、压力、力、电场、磁场等)作用改变光纤本身特性,即被测物理量、化学量的变化直接影响其传光特性,使传光特性发生变化来实现传感测量。

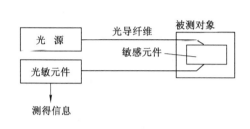

图 3-4-5　NFF 型光导纤维传感器原理图

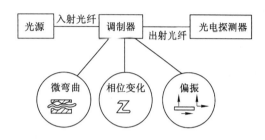

图 3-4-6　FF 型光导纤维传感器原理图

用光纤传感器可以解决许多以前认为难以解决甚至是不能解决的测试技术难题。它具有一些常规传感器无可比拟的优点,除灵敏度高、响应快、动态范围宽等以外,光导纤维中所传输的光不受周围的电磁干扰,可以用它作为传递信息的媒介;还有与电和磁存在的某些相互作用的效应,这样可以直接用它传递电、磁信号。它没有可动部分,也不含电源,所以过去在测量高电压时常常遇到的绝缘或接地等难题可以很容易地解决。光导纤维抗腐蚀性强,可用于在化学腐蚀溶液中进行测量。由于其不含电源,尤为适用于易爆场所。

光纤传感器可实现传感的物理量很多,如磁、声、力、温度、位移、旋转、加速度、速度、密度、电流、电压等。

光纤光栅传感器是一种典型的 FF 型光栅传感器。光纤光栅是一种新型的光子器件,它是在光纤中建立起的一种空间周期性的折射率分布,可以改变和控制光在光纤中的传播行为。1978 年,加拿大的 K. O. Hill 等人在实验中将波长为 488 nm 的氩离子激光入射到掺锗光纤中,观察到入射光与反射光在光纤中形成的驻波干涉条纹能够导致纤芯折射率沿光纤轴向周期性变化,形成所谓的"光栅",首先发现了光纤中的光致光栅效应,并制作出世界上第一根光纤布拉格光栅(FBG)。

现在,光纤光栅的制作已经非常成熟,并广泛地应用于各种场合,作为传感器是它的用途之一。

光纤光栅传感器的工作原理是借助某种装置将被测量的变化转化为作用于光纤光栅上的应变或温度的变化,从而引起光纤光栅布拉格波长变化。通过建立并标定光纤光栅的应变或温度响应与被测量变化的关系,就可以由光纤光栅布拉格波长的变化,测量出被测量的变化。实验测定,布拉格波长在 1 550 nm 附近的光纤光栅的应变和温度响应分别为 1.2×10^{-3} nm/10^{-6} 和 1.0×10^{-2} nm/℃ 。

第五节 模 拟 法

由于某些特殊原因,比如研究对象过分庞大,或者危险,或者变化缓慢等,我们难以对它直接进行测量,于是便制造了与研究对象有一定关系的模型,用对模型的测试代替对原型的测试,这种测试方法称为模拟法。模拟法分为以下两个类型。

一、物理模拟

可以想象,并不是任意一个模型都可以拿来代替原型进行测量的,它还必须具备一定的条件。首先,要求模型的几何尺寸与原型的几何尺寸成比例地缩小或放大,即在形状上模型与原型完全相似,这称为几何相似。除此之外,还要求模型与原型遵从同样的物理规律,只有这样才能用模型代替原型进行这种物理规律范围内的测试,这称为物理相似。值得注意的是,模型和原型不管经过怎样的变换和处理,也只能做到某些方面的物理相似,却不可能使两种型体在所有的物理性质上完全相似。

在风洞里,用大型风扇吹动空气流动,产生具有一定流速的人造风,将飞机模型静止置于其中,调整好模型与原型的尺寸比例以及风的速度,便可用模型的动力学参量的测量代替原型的动力学参量的测量。这种方法就是物理模拟。在大型水槽中,在以一定速度流动的水里放置船舶、桥梁的模型,用模型的动力学参量测量代替原型的动力学参量测量也是极其广泛应用的物理模拟。

二、数学模拟

数学模拟又称类比,它和几何相似、物理相似都不相同,原型和模型在物理形式上和实质上均毫无共同之处,但它们却遵守着相同的数学规律。例如,为了测量静电场,就常用稳恒电流场的等位线来模拟静电场的等位线。虽然稳恒电流场与静电场根本不是一回事,但是由电磁场理论可知,这两种场具有相同的数学方程式,两种场的解也自然相同。

第六节 测量宽度展延法

当待测量的数量级与测量仪器的误差较为接近时,其测量结果可信度是很低的。如何改进测量方法,增加测量值的有效数字位数,从而提高测量的准确度呢?测量宽度展延法可在一定程度上解决这一问题。

所谓测量宽度展延法,就是在不改变被测物理量性质的情况下,将被测量展延若干倍,从而增加被测量的有效数字位数,减小测量结果的相对不确定度的测量方法。这种方法在物理实验中得到广泛的应用,如欲测某均匀细丝直径,可将其并排密绕多匝(如 100 匝),量出其宽度从而求出细丝的直径;又如在单摆实验和三线摆实验中要测量摆动的周期,可以采用测量多个周期如 50 或 100 个周期的时间,然后求出摆动的周期等。

对测量宽度展延法的优点分析如下:

设用某仪器对某物理量进行单次直接测量,测得值为 x,不确定度为 $U_x = \Delta_{\text{ins}}$,则相对不确定度为:

$$E = \frac{\Delta_{\text{ins}}}{x}$$

若将该物理量展延 m 倍（m 为大于 1 的整数），仍用该仪器作单次直接测量，其测得值应为 mx，而其不确定度仍为 Δ_{ins}，则其相对不确定度为：

$$E_m = \frac{\Delta_{\text{ins}}}{mx} = \frac{1}{m}E$$

可见展延后的相对不确定度减小为原先的 $\frac{1}{m}$，x 的不确定度变为 $U_x{}'$：

$$U_x{}' = E_m \cdot x = \frac{1}{m}\Delta_{\text{ins}} = \frac{1}{m}U_x$$

也即减小为原先的 $\frac{1}{m}$。由于测量结果的不确定度减小了，故其有效数字位数增加。

必须注意：欲使用测量宽度展延法，首先在展延过程中被测量不能有变化；其次在展延过程中应避免引入新的误差因素（如将细丝并排密绕时应避免出现空隙）。

第四章　基础性实验和综合性实验

实验 1　常用物理仪器的使用

【实验目的】

① 学会使用几种常用的物理仪器。

② 用学过的关于误差、不确定度知识处理实验数据。

【实验仪器】

① 游标卡尺。

② 螺旋测微器。

③ 机械秒表。

④ 电子秒表。

⑤ 托盘天平。

⑥ 物理天平。

⑦ 指针万用表。

⑧ 数字万用表。

⑨ 待测物体和元件。

【实验内容】

① 用 50 分度游标卡尺测量大钢球的直径。要求测 5 次,求平均值、标准差、不确定度,正确表示实验结果。

② 用一级千分尺测量小钢球的直径。要求测 5 次,求平均值、标准差、不确定度,正确表示实验结果,并求出小钢球的体积及其不确定度。

③ 用机械秒表测量单摆的周期。要求测 5 次,每次测 30 个周期,求平均值、标准差、不确定度,正确表示实验结果。

④ 用电子秒表测量单摆的周期。要求测 5 次,每次测 30 个周期,求平均值、标准差、不确定度,正确表示实验结果,并结合单摆的摆长求出重力加速度及其不确定度。

⑤ 用托盘天平称量大钢球的质量。测 1 次,写出测量结果。

⑥ 用物理天平称量小钢球的质量。测 1 次,写出测量结果,并结合前面测得的小钢球体积求出钢的密度及其不确定度。

⑦ 分别用指针万用表和数字万用表测量电阻的阻值、二极管的正向电阻和反向电阻以及电池的电压。

【数据记录与处理】

(1) 大钢球直径的测量

仪器:游标卡尺　　　　$\Delta_{ins} = 0.02$ mm

表 4-1-1

次数	d/mm
1	
2	
3	
4	
5	
平均	

$S_d =$ mm

$U_d = \sqrt{\Delta_{\mathrm{ins}}^2 + S_d^2} =$ mm

$d \pm U_d =$ $\pm$ mm

（2）小钢球直径和体积的测量

仪器：千分尺 $\Delta_{\mathrm{ins}} = 0.004$ mm $\Delta_0 =$ mm

表 4-1-2

次数	d'/mm
1	
2	
3	
4	
5	
平均	

$d = d' - \Delta_0 =$ mm

$S_d = S_{d'} =$ mm

$U_d = \sqrt{\Delta_{\mathrm{ins}}^2 + S_d^2} =$ mm

$V = \dfrac{1}{6}\pi d^3 =$ mm^3

$U_V =$ $=$ mm^3

$V \pm U_V =$ $\pm$ mm^3

        $=$ $\pm$ mm^3

（3）用机械秒表测单摆周期

仪器：机械秒表 $\Delta_{\mathrm{ins}} = 0.1$ s

表 4-1-3

次数	$30T/\text{s}$
1	
2	
3	
4	
5	
平均	

$S_{30T} = \qquad$ s

$S_T = \dfrac{1}{30} S_{30T} = \qquad$ s

$U_T = \sqrt{\left(\dfrac{\Delta_{\text{ins}}}{30}\right)^2 + S_T^2} = \qquad$ s

$T \pm U_T = \qquad$ s

（4）用电子秒表测单摆周期并求重力加速度

仪器：电子秒表　$\Delta_{\text{ins}} = 0.01$ s

表 4-1-4

次数	$30T/\text{s}$
1	
2	
3	
4	
5	
平均	

$S_{30T} = \qquad$ s

$S_T = \dfrac{1}{30} S_{30T} = \qquad$ s

$U_T = \sqrt{\left(\dfrac{\Delta_{\text{ins}}}{30}\right)^2 + S_T^2} = \qquad$ s

$T \pm U_T = \qquad$ s

已知摆长 $l = 105.0 \pm 0.5$ cm

$g = 4\pi^2 \dfrac{l}{T^2}$

$g' = \qquad$ cm/s^2

$E_g = \sqrt{\left(\dfrac{U_l}{l}\right)^2 + 4\left(\dfrac{U_T}{T}\right)^2} = $

$U_g = E_g \cdot g' = \qquad$ cm/s^2

$g\pm U_g=$ 　　$\pm$ 　　cm/s^2

（5）用托盘天平测量大钢球的质量

仪器：托盘天平　$\Delta_{ins}=0.2\ g$

$m\pm U_m=$ 　　$\pm$ 　　g

（6）用物理天平测量小钢球的质量并求钢的密度

仪器：物理天平　$\Delta_{ins}=0.02\ g$

$m\pm U_m=$ 　　$\pm$ 　　g

$\rho'=\dfrac{m}{V}=$ 　　g/cm^3

$E_\rho=\sqrt{\left(\dfrac{U_m}{m}\right)^2+\left(\dfrac{U_V}{V}\right)^2}=$

$U_\rho=\rho'\cdot E_\rho=$ 　　g/cm^3

$\rho\pm U_\rho=$ 　　g/cm^3

（7）万用表的使用

表 4-1-5

指 针 万 用 表		数 字 万 用 表	
电阻阻值	$R_1=$ 　Ω	电阻阻值	$R_4=$ 　Ω
废干电池电压	$U_1=$ 　V	废干电池电压	$U_2=$ 　V
二极管正向电阻	$R_2=$ 　Ω	二极管正向电阻	$R_5=$ 　Ω
二极管反向电阻	$R_3=$ 　Ω	二极管反向电阻	$R_6=$ 　Ω

【思考题】

① 用 50 分度的游标卡尺测量物体长度，测量结果应该保留到哪一位？末位的数字有什么特点？

② 千分尺的零点读数造成的误差属于什么误差？应该用什么方法将其消除？

③ 钢球直径、单摆周期的测量都是多次直接测量，处理它们的数据的流程是怎样的？

④ 测量单摆周期时，为什么我们每次测 30 个周期？

⑤ 测量二极管的正向电阻时，你有没有发现用不同的万用表甚至用同一个万用表的不同挡位，测出的结果是不同的？这是为什么？

实验 2　刚体转动惯量的测定

转动惯量是刚体转动时惯性大小的量度，是描述刚体特性的一个重要物理量。除了与刚体的质量及质量分布（形状、大小、密度分布等）有关外，它还与转轴轴线的位置和相对刚体的方位角有关。对于几何形状规则的刚体，可用公式计算出它绕通过刚体质心的轴的转动惯量，并可按平行轴定理算出刚体绕任一特定轴的转动惯量。对于形状复杂的刚体，用数学方法计算刚体的转动惯量是非常困难的，一般

都用实验方法来测定。

转动惯量的测定对于研究机械运动的转动定律及转动性能具有重要的理论价值及实际意义(尤其对于某些工程领域的设计工作),如炮弹、飞轮、电机及发动机的叶片、卫星外形设计等。

实验测定刚体转动惯量有多种方法,如动力法、扭摆法(三线扭摆、单线扭摆)或复摆法。本实验应用刚体转动动力学原理测定刚体的转动惯量,并对刚体平行轴定理进行验证。

【实验目的】

① 学习使用刚体转动惯量实验仪,测定规则物体的转动惯量,并与理论值进行比较。

② 用实验方法验证平行轴定理。

③ 学习用作图法处理数据。

【实验仪器】

① 刚体转动惯量实验仪。

② ZKY—J1 通用电脑计时器。

③ 待测圆环和待测圆柱。

④ 可编程计算器。

【实验原理】

(1) 转动惯量的测定

由转动定律可知,绕定轴转动的刚体的角加速度 β 与它所受的合外力矩 M 成正比,与刚体的转动惯量 J 成反比,即

$$M = J\beta \tag{4-2-1}$$

用转动惯量实验仪测定转动惯量的方法,是使刚体同转动体系一起绕特定轴转动,通过测量施加在其上的合外力矩 M 及在 M 的作用下产生的角加速度 β,即可间接测定其转动惯量 J。

空实验台由承物台和塔轮组成(见图 4-2-1),该体系对转动轴的转动惯量为 J_0。设被测物(钢盘或钢环等)对中心轴的转动惯量为 J_x,则被测物与空实验台组成转动体系(即被测物放在承物台上)时,转动体系的转动惯量为 $J = J_0 + J_x$。分别测出 J_0 和 J 后,便可求出 J_x,即

$$J_x = J - J_0 \tag{4-2-2}$$

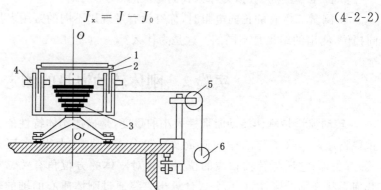

1—承物台;2—遮光细棒;3—绕线轮;4—光电门;5—滑轮;6—砝码。

图 4-2-1 空实验台

刚体转动时,受到两个外力矩作用。

一个是绳子的张力 F 作用的力矩 $M' = Fr$,r 为塔轮上绕线轮的半径。对于质量为 m_f 的砝码,按牛顿第二定律有:

$$m_f g - F = m_f a$$

由于实验设计时保证了砝码加速度 $a \ll g$ 的条件,因此上式可近似为 $F = m_f g$。因而有:

$$M' = m_f gr \tag{4-2-3}$$

另一个力矩是轴承处的摩擦力矩 M_μ。由转动定律可知:

$$M' + M_\mu = J\beta \tag{4-2-4}$$

即

$$m_f gr + M_\mu = J\beta$$

从上式可以看出,测定 J 的关键是测定 β 和 M_μ。

在转动过程中,转动体系所受到的 M_μ 基本上变化不大,可以把转动视为匀变速运动。设体系转动的初角速度为 ω_0,转动 t 时间的角位移为 θ,则有:

$$\theta = \omega_0 t + \frac{1}{2}\beta t^2 \tag{4-2-5}$$

实验中,设定在同一次运动中记录 2 个不同时间的运动参数,时间分别为 t' 和 t''(t' 和 t'' 对应不同的遮光次数预置数 N' 和 N'')。由于计时的开始时刻一样,则体系的初角速度一样,因此根据式(4-2-5)可写出:

$$\theta' = \omega_0 t' + \frac{1}{2}\beta t'^2$$

$$\theta'' = \omega_0 t'' + \frac{1}{2}\beta t''^2$$

消去 ω_0,可解得 β 为:

$$\beta = \frac{2(\theta' t'' - \theta'' t')}{t'^2 t'' - t''^2 t'} \tag{4-2-6}$$

如果我们选定当体系转过 $\theta' = 2\pi$ 和 $\theta'' = 6\pi$(即开始计时以后第 2 次挡光和第 6 次挡光时,$N' = 2$,$N'' = 6$)进行计时,对应的时间分别为 $t' = t_2$ 和 $t'' = t_6$,代入式(4-2-6),就可以得到:

$$\beta = \frac{2\pi(2t_6 - 6t_2)}{t_2 t_6 (t_2 - t_6)} \tag{4-2-7}$$

如果是体系在砝码未落地的情况下(即在 M 和 M_μ 共同作用下)测得的,我们把它标为角加速度 β,这个角加速度 β 应该是正值;如果是体系在砝码已经落地的情况下(即仅在摩擦力矩 M_μ 作用下)测得的,我们把它标为角加速度 β_μ,显然 β_μ 应为负值。

将 β 和 β_μ 代入式(4-2-4)并经整理得到体系的转动惯量:

$$J = \frac{m_f gr}{\beta - \beta_\mu} \tag{4-2-8}$$

并可求得 M_μ 为:

$$M_\mu = \frac{\beta_\mu}{\beta - \beta_\mu} m_f gr \tag{4-2-9}$$

所以,只要用实验的方法,根据式(4-2-7)求得 β 和 β_μ,就可得到体系的转动惯量 J 和摩擦力矩 M_μ。

（2）平行轴定理的验证

如果转轴通过物体的质心，转动惯量用 J_c 表示。若另有一转轴与这个轴平行，两轴之间距离为 d，绕这个轴转动时转动惯量用 J 表示。J 和 J_c 之间满足下列关系：

$$J = J_c + md^2 \tag{4-2-10}$$

式中，m 是转动体系的质量。式（4-2-10）就是平行轴定理。

（3）用作图法确定转动惯量

实验中如果转动体系由静止开始转动并同时计时，则体系的初角速度近似为零（$\omega_0 \approx 0$），则从式（4-2-5）得到：

$$\beta = \frac{2\theta}{t^2} \tag{4-2-11}$$

将式（4-2-11）代入式（4-2-4）得到：

$$m_f g r + M_\mu = 2J \frac{\theta}{t^2}$$

即

$$m_f = \frac{2J\theta}{gr} \frac{1}{t^2} - \frac{M_\mu}{gr} = K\frac{1}{t^2} - m_\mu \tag{4-2-12}$$

当体系转动时，记录时间 t，即设置一个预置数 N 后，θ 为定值，r 的大小不变，m_μ 为常数。因此，只要测定不同 m_f 作用下体系转动的时间 t，即可以用作图法确定转动惯量 J 和摩擦力矩 M_μ。

【仪器描述】

常用的刚体转动惯量实验仪如图 4-2-2 所示，分为 A、B 两种，仪器外形稍有差别，操作基本类似。转动体系由圆盘形承物台和塔轮、滑轮、砝码组成。塔轮有 5 个不同半径（分别为 $15, 20, 25, 30, 35$ mm）的绕线轮，可与大约 5 g 的砝码托及 1 个 5 g，4 个 10 g 的砝码组合，产生大小不同的力矩。承物台上有 10 个小孔[标号见图 4-2-2(a)]，可用于插待测圆柱。这些孔离中心的距离分别为 $45, 60, 75, 90, 105$ mm，便于验证平行轴定理。

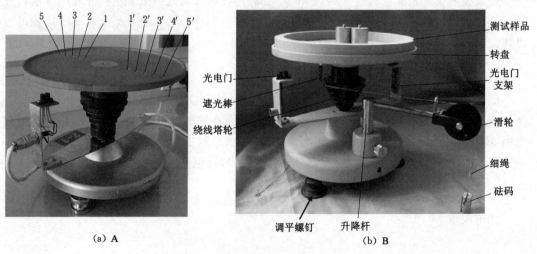

（a）A   （b）B

图 4-2-2　刚体转动惯量实验仪

图 4-2-3　ZKY—J1 型通用电脑计时器操作面板图

ZKY—J1 型通用电脑计时器操作面板如图 4-2-3 所示。测量时左边的计数显示器显示最新记录的计数次数，右边的计时显示器显示相应的时间。计时范围为 0～999.999 s，计时误差小于 0.000 5 s。

开机时或按"复位"键后，进入设置状态。计时显示器显示系统默认值 01—80。01 表明 1 个光电脉冲计数 1 次，其值可在 01～99 间修改（本实验用 01，不必调整）；80 表明共可记录 80 组数据，其值可在 01～80 间修改。对于闪烁的数码显示位，直接用面板右边的数字键输入数字，即可修改此位（本实验可不修改）。修改后或按下"↰/—"键，下一显示位闪烁，再输入数字即可进行新的修改。

如无须对默认值进行修改或已修改完毕，按"待测/＋"键进入工作等待状态，计时显示器显示 — — — —。待输入第 1 个光电脉冲后进入工作状态，开始计时和计数。测量完设定的记录组数后，计时显示器显示为 —CLOSE，测量结束并暂存所有已记录的数据。

测量结束后或测量过程中按动除"复位"以外的任意键，都将进入数据查阅状态。其中按"待测/＋"键显示记录的第 1 组数据，再次按"待测/＋"键将依次显示后续数据；按"↰/—"键显示最后一组数据，若是在测量过程中终止测量进入查阅状态，尚未记录的时间都将为零；直接用数字键输入计数 N_i，则显示相应的时间。查阅结束后或在任何状态下按"复位"键，都将消除所有数据重新进入设置状态，可开始新的设置及测量。

注意：该电脑计时器初次挡光时，挡光次数记为"0"。从此时开始，承物台每转过 π 挡光次数增加 1。即挡光次数为"02"时，承物台转过 2π；挡光次数为"06"时，承物台转过 6π。电脑计时器由初次挡光开始计时，即初次挡光的时刻为"0"。

本实验所用计算器型号为 CASIO fx—570MS，如图 4-2-4 所示。它可以进行编程，只要把公式预先键入，再键入测得的数据，计算器就会直接将实验结果计算出来。计算器的使用方法参见计算器盒上的介绍。计算器左侧为输入步骤，右侧为与该步骤相对应的应该在屏幕上显示出来的内容。

【实验步骤】

① 按照说明，学会用可编程计算器计算角加速度 β。

② 根据关于 ZKY—J1 型通用电脑计时器的介绍，调节好通用电脑计时器，使其处于工作状态。

③ 测定承物台的转动惯量 J_0。

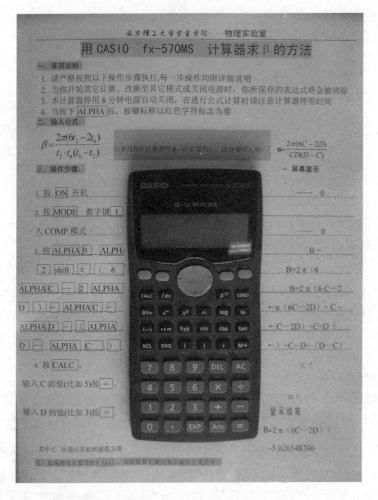

图 4-2-4　CASIO fx—570MS 型计算器

步骤一　选择塔轮上的绕线轮半径 $r=2.50$ cm，砝码质量 $m_f=50.0$ g，设置预置数（挡光板遮光次数）分别为 $N'=2$，$N''=6$，体系在动力矩作用下转动，由电脑计时器读出与挡光次数对应的 t_2 和 t_6 值。

步骤二　当砝码脱落后外力矩 $M'=0$，体系仅在摩擦力矩 M_μ 作用下继续转动。等完成上一个步骤后，迅速按下复位键，电脑计时器重新计时，由电脑计时器读出 $t_{\mu2}$ 和 $t_{\mu6}$ 值。

以上两步骤重复 3 次。由式（4-2-7）分别计算 β 和 β_μ 值。由式（4-2-8）计算 J_0 值。

④ 测定钢环对中心轴的转动惯量 J_x。

测定 J_x 的步骤及方法和测 J_0 的步骤及方法完全相同。根据式（4-2-2）计算 J_x。

⑤ 用理论公式计算出钢环对中心轴的转动惯量 $J_理$，并与实验结果比较，再求其相对误差：

$$J_理 = \frac{1}{2}m_h(R_内^2 + R_外^2)$$

式中，m_h 是钢环的质量；$R_内$ 和 $R_外$ 分别是钢环的内半径和外半径。

⑥ 验证平行轴定理。

把两个质量均为 m_z 的小钢柱分别放在承物台上的小孔 3 和 3′上（见图 4-2-2），当这 2 个小钢柱随承物台一起转动时，将其看作一个单独体系，该体系绕通过质心的轴转动，转动惯量为 J_c。按实验步骤③的方法测量出 J_1，并得到 J_c：

$$J_c = J_1 - J_0$$

式中，J_0 为承物台的转动惯量；J_1 为小钢柱在小孔 3 和 3′处时系统的转动惯量。

再把两个小钢柱放在承物台上的小孔 1 和 5′（或 1′和 5）的位置上。此时，质心与转轴距离为 d，仍按步骤③的方法测量出全系统的转动惯量 J_2，小钢柱在小孔 1 和 5′处的转动惯量为 J，则：

$$J = J_2 - J_0$$

根据平行轴定理 $J = J_c + 2m_z d^2$，则：

$$\Delta J = J - J_c = J_2 - J_1 = 2m_z d^2$$

再读出小钢柱的质量 m_z 和质心与转轴距离 d，计算出 $2m_z d^2$，根据测试数据计算 $J_2 - J_1$。如两式计算结果相同，即验证了平行轴定理。

以上步骤重复 3 次，求其平均值。

【数据记录与处理】

（1）测定钢圆环的转动惯量

$m_f=$　　　　　$g=$　　　　　$r=$　　　　　$N'=$　　　　　$N''=$　　　　　$m_h=$

表 4-2-1

转动体系	测量次数	M 作用下			M_μ 作用下		
		t_2/s	t_6/s	β/s^{-2}	$t_{\mu 2}/\mathrm{s}$	$t_{\mu 6}/\mathrm{s}$	$\beta_\mu/\mathrm{s}^{-2}$
承物台 （J_0）	1						
	2						
	3						
	平均						
全系统 （J）	1						
	2						
	3						
	平均						

计算：

$J_0=$　　　　　$J=$　　　　　$J_x=$

$R_内=$　　　　　$R_外=$　　　　　$J_理=$

$E = \dfrac{|J_x - J_理|}{J_理} \times 100\% =$

（2）验证平行轴定理

$m_z=$　　　　　$d=$　　　　　$2m_z d^2=$　　　　　$N'=$　　　　　$N''=$

表 4-2-2

次数	M 作用下			M_μ 作用下		
	t_2/s	t_6/s	β/s^{-2}	$t_{\mu2}/\text{s}$	$t_{\mu6}/\text{s}$	β_μ/s^{-2}
"3,3'" 1						
"3,3'" 2						
"3,3'" 3						
"3,3'" 平均						
"1,5'" 或 "1',5" 1						
"1,5'" 或 "1',5" 2						
"1,5'" 或 "1',5" 3						
"1,5'" 或 "1',5" 平均						

计算: $J_1=$ $J_2=$ $J-J_c=J_2-J_1=$

分别计算 $J-J_c$ 和 $2m_z d^2$,思考:通过本实验能否验证 $J-J_c=2m_z d^2$ 关系式成立。

【思考题】

① 本实验是如何验证平行轴定理的? 你的实验误差大吗? 试讨论这种方法的缺陷。

② 设计用作图法测定转动惯量的方法。

【拓展阅读】

有机会接触农用拖拉机的人会发现,在农用拖拉机的柴油发动机上有 1 个很重的、裸露在发动机外面的铁圆盘,其专业术语叫飞轮。这种飞轮一般是用铁铸造的,非常大,非常重,具有很大的转动惯量。实际上不只是农用柴油发动机,广泛使用的四缸汽油机、柴油机也都需要飞轮,只是它们的飞轮有的在发动机内部,有的在外部比较隐蔽,不容易被观察到而已。如果没有飞轮,发动机将无法运转,飞轮对于发动机至关重要,其本质就是转动惯量在发动机领域的应用。

目前市面上的发动机都是通过间歇性燃烧做功的,气缸产生的能量传递到曲轴不是连续的,飞轮的作用就是存储高速旋转时的转动惯量,推动曲轴继续转动,这样发动机才能连续工作。否则,发动机做一次功,就熄火了。同时,飞轮的转动惯性可以充分缓冲每一次做功输出的动力,使发动机输出动力尽量平顺,同时降低振动和噪声。

实验 3　用稳态法测定橡胶板导热系数

导热系数是表征物质导热能力的物理量,与物质本身的性质有关,同时还取决于物质所处的状态,如温度、湿度和压力等。导热系数通常需要用实验方法测定,测定的方法一般分为稳态法和动态法两种。本实验采用稳态法测定橡胶板的导热系数。热传导研究在工程技术、科研、生产等领域有着广泛的应用。

【实验目的】

① 掌握用稳态法测定不良导体导热系数的方法。

② 了解温度传感器及其使用。

③ 用图解法处理数据。

【实验仪器】

FD—TC—B 导热系数测定仪。

【实验原理】

"热传导"也称"导热",它是指物体各部分之间或不同物体直接接触时由于物质分子、原子及自由电子等微观粒子热运动而产生的热量传递现象。热传导的动力是温差。纯粹的导热只发生在密实的固体内部或紧密接触的固体之间。气体和液体中虽然也有导热现象,但往往伴随着自然对流,甚至受迫对流。

若热传导过程中,物体各部分的温度不随时间而变化,这样的导热称为"稳态导热"。在稳态导热过程中,对于每一个物质单元,流入和流出的热量均相等,称为"热平衡"。

与之对应的另一个概念是不稳定导热。它发生在"热平衡"建立之前或"热平衡"破坏之后。在不稳定导热过程中,对于每一个物质单元,流入和流出的热量是不相等的,因此,物体各部分的温度是随时间变化的。

图 4-3-1 给出了一种一维稳态导热的示意图。该系统由 3 块紧密接触的物体所构成,其中,上面一块物体的温度高于下面一块物体的温度,因此,热量自上往下进行传导。由于该物体的横截面积比侧面积大得多,可以忽略侧面的热量散失,从而可以认为导热过程仅沿 x 轴方向进行,为一维导热过程。当达到热平衡状态时,流入截面 $S_\text{上}$ 的热量等于流出截面 $S_\text{下}$ 的热量,建立起稳态导热。此时,物体各部分的温度不再随时间变化。比如,中间那块物体的上表面温度恒定为 T_1,下表面温度恒定为 T_2。一维稳态导热过程的导热量可用下式计算:

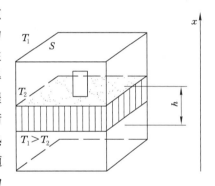

图 4-3-1 热传导示意图

$$\frac{\mathrm{d}Q}{\mathrm{d}t} = -\lambda S \frac{\mathrm{d}T}{\mathrm{d}x} \tag{4-3-1}$$

式中 $\dfrac{\mathrm{d}Q}{\mathrm{d}t}$——热流量,J/s 或 W;

S——沿热流方向的横截面积,m^2;

T——温度,K;

x——沿热流方向的坐标距离,m;

λ——导热系数,W/(m·K)。

式(4-3-1)是由法国数学家、物理学家约瑟夫·傅立叶(Joseph Fourier)研究得出的,为纪念他,该方程称为傅立叶方程。式中的负号表示热量流向温度降低的方向。由式(4-3-1)可写出:

$$\lambda = \frac{\mathrm{d}Q}{\mathrm{d}t} / (-S\mathrm{d}T/\mathrm{d}x) \tag{4-3-2}$$

式(4-3-2)就是本实验中的导热系数定义式。它表示物体的导热系数就是物体中温度梯度为 1 K/m 时通过单位横截面积的热流量。物质导热系数反映物质的导热能力。根据导热系数,可以将材料分为 3 种:热的良导体、热的不良导体和隔热材料。

金属材料属于热的良导体,其导热机理主要是金属材料中自由电子的迁移。从这个意义上讲,电的良导体也是热的良导体。纯金属的导热性能较好,纯金属掺入杂质形成合金后,金属晶格的完整性发生改变,会阻挠自由电子的移动,所以合金的导热系数比纯金属小。另外,温度升高时,晶格振动的加强也会阻挠自由电子的移动,造成导热系数的下降。各种金属的导热系数一般在 2.2~420 W/(m·K)范围内。

不导电的固体材料以晶格振动的方式传递热量,温度升高,晶格振动加快,导热系数增大。这类材料的导热系数一般小于 3.0 W/(m·K),导热系数为 0.2~3.0 W/(m·K)的材料属热的不良导体。

导热系数在 0.025~0.2 W/(m·K)范围内的材料,常被用作隔热保温材料,如泡沫塑料等。保温材料一般密度较低,这是因为这些材料内含有许多小空隙,空隙内的空气导热系数很小[$\lambda = 0.024$ W/(m·K)],从而会大大降低整体材料的导热系数。这类材料受空气湿度的影响较大,因为一旦水分渗入空隙,由于水的导热系数[$\lambda = 0.556$ W/(m·K)]比空气大得多,整体材料导热系数会增大。

从以上分析可知,导热系数与材料的性质有关,还和环境的温度、湿度等条件有关。在工程计算中,当温度变化不很大时,比如在常温范围内,常将材料的导热系数作为常数来处理,由此带来的误差并不大,却大大方便了计算。

当将 λ 视作常数时,式(4-3-1)可写成:

$$\frac{\mathrm{d}Q}{\mathrm{d}t} = -\lambda S \frac{T_2 - T_1}{h} = \lambda S \frac{T_1 - T_2}{h} \tag{4-3-3}$$

在本实验中,式中的 T_1 为上铜盘的温度,代表橡胶板上表面的温度;T_2 为下铜盘的温度,代表橡胶板下表面的温度;S 为橡胶板的截面积;h 为橡胶板的厚度。

实验测定对象是橡胶板,它属于热的不良导体。橡胶板 B 夹在铜盘 A 和 D 之间(参见图 4-3-1),铜盘 A(也称为上铜盘)固定在传热筒的底部,铜盘 D(也称下铜盘)放置在支架的 3 个螺丝上,调节螺丝可使橡胶板与上下铜盘紧密贴合。上下铜盘侧面各钻有 1 个深孔,分别用来插入温度传感器。由于上下铜盘是热的良导体,而橡胶板是热的不良导体,两者的导热系数相差很大(约 600 倍),因此,可以认为上铜盘的温度是均匀一致的,由温度传感器测出的其孔内的温度可代表与其紧密贴合的橡胶板的上表面的温度。同理,由温度传感器测出的下铜盘孔内的温度 T_2 则可代表橡胶板下表面的温度。

在建立稳态导热过程前,橡胶板和上下铜盘经历的是一个不稳定导热过程。

在做橡胶板导热实验的过程中,我们需要定时观察上下铜盘的温度变化。T_1、T_2 经过一段剧变后,变化趋于缓和,最后在一个很小的范围内上下波动。此时,可以认为系统基本上达到热平衡,已建立起稳态导热过程。每隔一段时间测 1 次 T_1、T_2,获得 1 组数据,由多组数据得出平均温度 $\overline{T}_1$、$\overline{T}_2$。

达到热平衡时,上、下铜盘的温度保持不变。这意味着在同一时间内,加热器传递给上铜盘的热量等于橡胶板的导热量,也等于下铜盘向四周散发的热量。

然而,如何求得在此情况下下铜盘的散热速率呢? 我们可以作如下分析:首先,由于铜的导热系数很大,而下铜盘向四周散热的速率比较慢,因此,可以认为下铜盘的温度是均匀一致的。其次,如果切断下铜盘上方的供热,使下铜盘的上表面处于与外界隔绝热量交换的状态,而它的侧面和下表面则保持和热平衡状态时相同的散热状态,则下铜盘每散发一部分热量,其温度就相应降低一些。由热学知识可知,下铜盘的散热速率为:

$$\frac{\mathrm{d}Q_D}{\mathrm{d}t} = -mc\frac{\mathrm{d}T}{\mathrm{d}t}\bigg|_{T=\overline{T}_2} \tag{4-3-4}$$

式中　m——下铜盘质量,kg;

　　　c——黄铜的比热容,kJ/(kg·K),$c=0.380$ kJ/(kg·K);

　　　T——下铜盘温度,K;

　　　t——时间,s;

　　　$\dfrac{\mathrm{d}T}{\mathrm{d}t}\bigg|_{T=\overline{T}_2}$——下铜盘温度为$\overline{T}_2$时的冷却速率。

$\dfrac{\mathrm{d}T}{\mathrm{d}t}\bigg|_{T=\overline{T}_2}$可用实验方法测定:把下铜盘加热后,用绝热材料将其上表面覆盖,让下铜盘放在支架上自然冷却。每隔Δt时间测1次下铜盘的温度。然后将温度随时间变化的数据画到$T-t$图上(见图4-3-2),并光滑连续连成1条曲线,在纵坐标上找到$\overline{T}_2$的位置,在曲线上定出相应的点p,过p点作切线,此切线的斜率为$\dfrac{T_m-T_n}{t_m-t_n}$,亦即$\dfrac{\mathrm{d}T}{\mathrm{d}t}\bigg|_{T=\overline{T}_2}$。

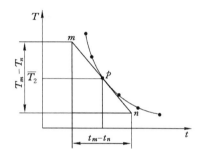

图4-3-2　下铜盘降温曲线

然后代入式(4-3-2)和式(4-3-3),即可得到:

$$\lambda = mc\frac{h}{(T_1-T_2)S}\frac{\mathrm{d}T}{\mathrm{d}t}\bigg|_{T=\overline{T}_2} \tag{4-3-5}$$

【仪器描述】

本实验使用FD—TC—B导热系数测定仪,它利用电热丝加热,加热的最高温度可以自己设定,仪器能够自动控制,到达设定温度后会断开加热电源;用温度传感器测温,温度值可由数字表直接读取。图4-3-3为它的装置图,使用方法见"实验步骤"。

【实验步骤】

① 接通电源,将2个温度传感器分别插入上下2个铜盘的孔中,注意不要错位(参看仪器装置图)。注意,温度传感器很容易损坏,所以插拔时需要十分小心。如果这些部件已接好,这步工作就可省略。实验完毕,不必将它们拔下。

以下的步骤②、③、④是测量稳态时橡胶盘上、下两面的温度。

② 松开散热盘下的3个螺丝,将橡胶盘放在加热盘与散热盘中间;调节散热盘下的3个螺丝,使橡胶盘与加热盘、散热盘接触良好,松紧适度,不宜过松或过紧。

③ 开启电源,右边数字表显示散热盘当时的温度,左边数字表显示"FDHC"→"当时温度"→"b＝·＝",其含义是告知你请设定控制温度。按升温键或降温键设定A盘的控制温度(一般设定为65℃左右较为合适);此时左边数字表显示"b XX.X"(注意:第1位是英文

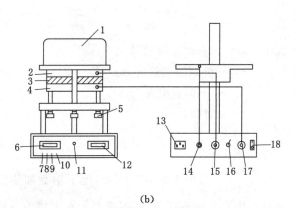

(a)　　　　　　　　　　　　　　　　　　(b)

1—加热器;2—加热盘(A 盘);3—待测橡胶盘(B 盘);4—散热盘(D 盘);5—调节螺丝;

6—温度显示器 1(显示设定温度和 A 盘温度);7—确定键;8—降温键;9—升温键;10—复位键;

11—加热指示灯;12—温度显示器 2(显示 D 盘温度);13—电源插座;14—接地;

15—温度传感器插座 1(接 A 盘);16—风扇开关;17—温度传感器插座 2(接 D 盘);18—电源开关。

图 4-3-3　FD—TC—B 导热系数测定仪装置图

字母 b,不是数字 6!)。设定完毕,按下确定键,显示变为"AXX. X",该值表示 A 盘此刻的温度值。同时,加热指示灯闪亮,仪器开始加热。

④ 当 A 盘的温度上升到设定温度时,加热器自动停止加热(由于加热器有余热,此后 A 盘温度仍会略有上升),并且将温度控制在设定温度左右。待两盘温度变化不大时,开始记录加热盘(A 盘)的温度 T_1 和散热盘(D 盘)的温度 T_2,每分钟记录 1 次。待在 5 min 内 T_1 和 T_2 的值基本保持不变(5 min 内 T_2 最大变化小于 0.3 ℃)时,就可以认为已经达到稳定状态。取该 5 次温度的平均值 $\overline{T}_1$ 和 $\overline{T}_2$ 作为稳定时的温度。

以下的步骤⑤、⑥、⑦是测量 D 盘降温时在 $\overline{T}_2$ 附近的冷却速率 $\dfrac{\mathrm{d}T}{\mathrm{d}t}\Big|_{T=\overline{T}_2}$。

⑤ 按复位键停止加热,松开调节螺丝,取走橡胶盘。拧紧调节螺丝,使 A 盘和 D 盘接触良好。再设定温度为 75 ℃并加热,使 D 盘的温度加快上升。待 D 盘的温度比稳定温度 $\overline{T}_2$ 高出约 10 ℃时停止加热。

⑥ 移去 A 盘,在 D 盘上盖以绝热的泡沫板,让 D 盘自然冷却。每 30 s 记录 1 次该盘的温度,中途不得间断。直到在 $\overline{T}_2$ 以下再记录 5 min 为止(即至少有 10 个数据比 $\overline{T}_2$ 低)。

⑦ 用图解法求出 D 盘在 $\overline{T}_2$ 附近的冷却速率 $\dfrac{\mathrm{d}T}{\mathrm{d}t}$。作 T_2-t 曲线(应为连续、光滑且无拐点的曲线);通过 $\overline{T}_2$ 作平行于 t 轴的直线,与曲线相交;过交点作曲线的切线;切线的斜率即

D 盘处于 $\overline{T}_2$ 时的冷却速率 $\dfrac{\mathrm{d}T}{\mathrm{d}t}$。

⑧ 测量 D 盘的质量,以及橡胶盘的半径、厚度。黄铜的比热容 $c = 0.38\ \mathrm{kJ/(kg \cdot K)}$。

⑨ 代入公式求出橡胶的导热系数。

注意:温度传感器极易损坏,使用时必须小心:

① 要轻插轻拔,避免传感器机械损伤。

② 要注意传感器所插的盘与仪器背面的标记一致,不要错位。

③ 传感器一定要很好地插入盘上的孔中。

以上几点如不注意,均可能造成仪器过热而损坏。

④ 实验时密切注意温度显示器,如遇异常,请立即关闭仪器电源。

【数据记录与处理】

黄铜盘 D:质量 $m_D =$ 　　　 kg

橡胶盘 B:半径 $R_B =$ 　　　 cm　　　　　厚度 $h_B =$ 　　　 cm

表 4-3-1　测量稳态时上、下铜盘的温度

t/min	1	2	3	4	5	6	7	8	9	10	11	12	13	14	15	…	…
$T_1/℃$																…	…
$T_2/℃$																…	…

表 4-3-2　测量下铜盘 D 盘降温时,在 $\overline{T}_2$ 附近的 $\dfrac{\Delta T}{\Delta t}$

$t/30\ \mathrm{s}$	1	2	3	4	5	6	7	8	9	10	11	12	…	…
$T_2/℃$													…	…

【思考题】

① 如果铜盘和橡胶盘没有夹紧,将对实验结果造成什么影响?

② 测量下铜盘的冷却速率时,为什么起始的温度要高于下铜盘平衡时的温度,而结束时的温度要低于下铜盘平衡时的温度?

【拓展阅读】

测定导热系的原理是法国数学家、物理学家约瑟夫·傅立叶给出的导热方程式。约瑟夫·傅立叶于 1768 年出生在法国中部欧塞尔(Auxerre)的一个裁缝家庭,9 岁时沦为孤儿,被人收养。

傅立叶在 1807 年写成关于热传导的基本论文《热的传播》,向巴黎科学院呈交,但经拉格朗日、拉普拉斯和勒让德审阅后被科学院拒绝,1811 年又提交了经修改的论文,该文获科学院大奖。傅立叶在论文中推导出著名的热传导方程,并在求解该方程时发现解函数可以由三角函数构成的级数形式表示,从而提出任一函数都可以展成三角函数的无穷级数。傅立叶级数(即三角级数)、傅立叶分析等理论均由此创立。

实验 4　金属弹性模量的测量

弹性模量是描述固体材料抵抗形变能力的物理量,是选定机械构件的依据之一,是工程中常用的参数。

在大学物理实验中,常用静态拉伸法和动态悬挂法测定金属的弹性模量。本实验采用的是静态拉伸法。

本实验所涉及的微小长度变化量的测量方法——光杠杆法,其原理广泛应用在许多测量技术中。光杠杆装置还被许多高灵敏度的测量仪器(如冲击电流计和光电检流计等)所采用。

【实验目的】

① 学会用静态拉伸法测量金属丝(本实验用钢丝)的弹性模量。

② 掌握用光杠杆装置测量微小长度变化量的原理。

③ 学会运用逐差法、作图法处理数据。

【实验仪器】

① 弹性模量测定装置。

② 光杠杆。

③ 尺读望远镜。

④ 钢卷尺。

⑤ 千分尺。

⑥ 砝码等。

【实验原理】

在外力作用下固体所发生的形状变化称为形变,外力撤去后能完全恢复原状的形变称为弹性形变。最简单的形变是棒状物体受外力后的伸长和缩短。如果长为 L,横截面积为 S 的金属丝(或棒),受到沿长度方向的外力 F 作用后伸长量为 ΔL,我们常把单位截面积上所受的力 F/S 叫作应力,而把单位长度的伸长量 $\Delta L/L$ 叫作应变。根据胡克定律:在弹性限度内,应力与应变成正比,即

$$\frac{F}{S} = E\frac{\Delta L}{L}$$

或

$$E = \frac{FL}{S\Delta L} \tag{4-4-1}$$

式中,比例系数 E 为该弹性材料的弹性模量。在国际单位制中,它的单位为 N/m^2。它是表征材料抵抗形变能力的一个固定参量,完全由材料的性质决定,与材料的几何形状无关。

根据式(4-4-1),若用实验的方法测定金属丝的弹性模量,只要测出 $F,L,S,\Delta L$ 的值即可。F,L,S 易用一般的测量仪器测得,而 ΔL 通常很小,用一般的测量仪器、常用的测量方法测量,不但较为困难,而且测量的准确度也较低,实验室有许多方法可以用来测量。我们采用光杠杆镜尺法测量。

光杠杆镜尺法是一种利用光学原理把微小长度的变化加以放大后,再进行测量的方法。

光杠杆是根据几何光学原理设计而成的一种灵敏度较高的,可测量微小长度或角度变化的仪器。

【仪器描述】

弹性模量测定装置(光杠杆)如图 4-4-1 所示,一个直立的平面镜 M 装在三角支架上,3 个脚尖成等腰三角形。后脚尖 f_3 与前脚尖的连线 $\overline{f_1f_2}$ 的垂直距离为 b(称为光杠杆常数)。使用时,前脚尖 f_1、f_2 放在支架平台的固定槽内,后脚尖 f_3 放在夹紧金属丝并可在平台圆孔中上下自由移动的圆上,平面镜面与安放在另一支架上的望远镜和竖直标尺对准,从望远镜中同时能看到望远镜的基准叉丝和标尺的清晰像,从而可读出叉丝在标尺像上的位置。

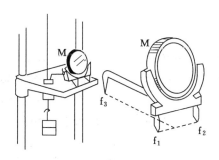

图 4-4-1 光杠杆示意图

当外力增加金属丝伸长后,f_3 随着下降,使平面镜以 $\overline{f_1f_2}$ 为轴转过一角度 θ,从而使入射光线与反射光线夹角为 2θ,对应原叉丝线在标尺刻度上的位置改变 ΔH,如图 4-4-2 所示,当 θ 角不大时由图可知:

$$\theta \approx \tan\theta = \frac{\Delta L}{b} \qquad 2\theta \approx \tan 2\theta = \frac{\Delta H}{D}$$

于是:

$$\Delta L = \frac{b}{2D}\Delta H \tag{4-4-2}$$

由此可见,光杠杆的作用是把微小长度变化量 ΔL 放大为对应原叉丝线在标尺刻度上

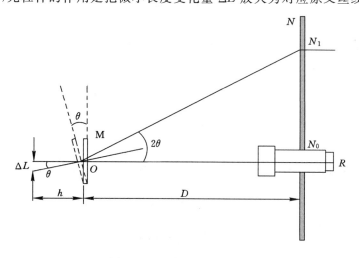

图 4-4-2 光杠杆测量原理图

的位置改变量 ΔH,其放大倍数为:

$$M = \frac{\Delta H}{\Delta L} = \frac{2D}{b} \tag{4-4-3}$$

由式(4-4-1)、式(4-4-2)和截面积 $S = \frac{1}{4}\pi d^2$,$F = mg$ 可得:

$$E = \frac{8mgDL}{\pi d^2 b \Delta H} \tag{4-4-4}$$

式中,d 为金属丝直径;m 为对应位移 ΔH 所增加的砝码质量。

【实验步骤】

(1) 调整测量装置

① 首先调节支架底部的 3 个螺钉,使平台呈水平状态(可用水准仪检查),并使轧头在平台圆孔内能自由升降;再在圆柱体挂钩上放上 1 个初载砝码,把金属丝拉直。

② 镜尺调整:先使平面镜与平台大致垂直,望远镜和标尺放在离光杠杆镜面前方 1.5～2 cm 外。调节望远镜支架的底脚螺钉,使望远镜筒大致呈水平状态,标尺大致呈铅直状态。调节望远镜支架的位置,使之与平面镜大致等高,则望远镜的光轴与平面镜大致垂直。

③ 望远镜调整:目测粗调,沿望远镜外边缘观察反射镜中是否能看到标尺的像,若无,可上下左右移动望远镜和微调平面镜角度,直到看见为止;望远镜调焦,旋转望远镜目镜,看清十字叉丝(叉丝成像于明视距离),再松开目镜筒制动螺钉,伸缩目镜筒(望远镜调焦),直到看清标尺像(标尺成像于叉丝位置)。在此基础上,进一步微调目镜筒,消视差;调节望远镜支架位置和再次微调平面镜角度,使标尺的像处于目镜叉丝中央。

(2) 测量

① 记录起始的标尺位置 H_0,然后按顺序每次增加 1 个砝码,连续增重 7 次(每次 1 kg,并注意砝码应交错放置整齐),在望远镜中观察标尺指示值的变化,逐次测量并记录相应的指示值 H_0,H_1,H_2,$\cdots$,H_7,然后按相反次序将砝码逐个取下,记录相应的指示值 H_7',H_6',$\cdots$,H_0'。

② 用米尺测量金属丝的长度 L 及平面镜到标尺的距离 D。

③ 用游标卡尺测量光杠杆后脚尖 f_3 到 $\overline{f_1 f_2}$ 的垂直距离 b(可将光杠杆放在纸上,压出 f_1,f_2,f_3 的痕迹后量取)。

④ 用千分尺测量金属丝直径 d(测量 4 次)。

【数据记录与处理】

实验采用作图法求出金属丝的弹性模量。

由式(4-4-4)有:

$$\Delta H = \frac{8LD\Delta F}{\pi d^2 bE} = k\Delta F \tag{4-4-5}$$

式中,$k = \frac{8LD}{\pi d^2 bE}$,在给定的实验条件下,$k$ 为常量。若以 $\Delta \overline{H}_i = \overline{H}_i - \overline{H}_0 (i = 0,1,\cdots,7)$ 为纵坐标,$\Delta F_i = F_i - F_0 (i = 0,1,\cdots,7)$ 为横坐标作图可得一条直线,求出该直线的斜率即可得到待测金属丝的弹性模量。

$$E = \frac{8LD\Delta F}{\pi d^2 b \Delta H} \tag{4-4-6}$$

表 4-4-1　测量钢丝的微小伸长量

次数	砝码质量 m/kg	拉力 F/N	标尺读数 H_i/mm			差值	
			增荷时 H_i	减荷时 H_i	平均值 $\overline{H}_i$	$\Delta\overline{H}_i = \overline{H}_i - \overline{H}_0$	$\Delta F_i = F_i - F_0$
0	0.000		H_0	H_0'	$\overline{H}_0$		
1	1.000		H_1	H_1'	$\overline{H}_1$		
2	2.000		H_2	H_2'	$\overline{H}_2$		
3	3.000		H_3	H_3'	$\overline{H}_3$		
4	4.000		H_4	H_4'	$\overline{H}_4$		
5	5.000		H_5	H_5'	$\overline{H}_5$		
6	6.000		H_6	H_6'	$\overline{H}_6$		
7	7.000		H_7	H_7'	$\overline{H}_7$		

表 4-4-2　测量钢丝的直径　　　　千分尺零点读数 $\Delta_0 = $ _____

次数	1	2	3	4
d/mm				
$\overline{d}$/mm				

光杠杆常数 $b = $ 　　　　平面镜到标尺的距离 $D = $ 　　　　钢丝长度 $L = $

作图后,在直线上任取两点 $G($　,　$)$、$H($　,　$)$,计算斜率 k 后求出弹性模量 E。

【注意事项】

① 在望远镜调整中,必须注意对视差的消除,否则会影响读数的准确性。

② 在实验过程中,不得碰撞仪器,更不得移动光杠杆主杆脚尖的位置。加减砝码必须轻拿轻放,系统稳定后才可读数。

③ 待测钢丝不得弯曲,加挂初载砝码仍不能将其拉直和严重锈蚀的钢丝必须更换。

④ 光杠杆平面镜是易碎物品,不得用手触摸,也不得随意擦拭,更不得将其掉落在地,以免打碎镜面。

⑤ 光杠杆后脚尖 f_3 必须立于夹紧钢丝的柱形轧头上,否则,钢丝负荷增减时,在望远镜中将看不到标尺指示值的变化。

⑥ 应经常注意平面镜是否松动,若已松动遇读数不正确,应调整后再重新测量,原测量数据无效。

【思考题】

① 你能否据实验所测得的数据,计算出所用光杠杆的放大倍数? 如何增大光杠杆的放大倍数以提高光杠杆测量微小长度变化量的灵敏度? 在你所做的实验中,光杠杆的分度值是多少?

② 如望远镜的光轴与水平面的夹角为 α,平面镜面和铅直面夹角为 β,那么对微小长度变化量有无影响?

③ 你能否利用光杠杆测量微小长度变化量的原理,测量微小角度变化、薄片厚度变化? 试写出测量原理。

【拓展阅读】

弹性模量表征材料的刚性,材料的弹性模量越大,越不容易发生形变。弹性模量是选定机械零件材料的依据之一,是工程技术设计中常用的参数。弹性模量的测定对研究金属材料、光纤材料、半导体、纳米材料、聚合物、陶瓷、橡胶等各种材料的力学性质有着重要意义,还可用于机械零部件设计、生物力学、地质等领域。

2010 年诺贝尔物理学奖授予了英国曼彻斯特大学科学家安德烈·海姆和康斯坦丁·诺沃肖洛夫,以表彰他们在石墨烯材料研究方面的卓越成就。石墨烯作为一种物质,它是全新的,不仅是最薄的而且是最硬的,其弹性模量为 1 000 GPa,固有强度为 130 GPa。作为一种电导体,它的性能可以和铜相提并论。作为一种热导体,它的表现超出了任何其他已知材料。它几乎全部是透明的,但又十分密集,甚至氦也难以穿过它。地球上最基础的物质碳再一次使人们感到意外。

实验5　混沌通信综合性实验

混沌学是 20 世纪 20 年代后发展起来的一门新兴学科。自 1963 年美国气象学家洛伦兹提出"对初始值的极端不稳定性",即"混沌",又称"蝴蝶效应"以来,不同国籍、不同领域的科学家从不同角度对混沌系统进行了艰苦的探索,在理论、实验上都作出了许多令人称奇的发现和证明,为混沌学成为一门科学奠定了基础。著名的混沌学家有费根鲍姆、曼德勃罗、洛伦兹、约克、斯梅尔、梅、茹厄勒·塔肯斯、兰福德、巴恩斯利、哈勃德、埃侬、斯特森·肖、法默、佛朗西斯·基尼、利布沙伯及该领域的始祖庞加莱、威尔逊、卡丹诺夫、尤利亚、费希尔等。混沌学使人们对客观世界的认识上升到一个全新的高度,是继相对论和量子力学以来 20 世纪物理学的又一次大革命,其覆盖面几乎广及自然科学与社会科学的各个领域。最近 20 年来,混沌学迅速走进化学、生物学、医学、云计算以至社会科学的广阔天地,成为探索非线性疑难复杂问题的有效工具,其理论与方法不仅在科学上有着特殊的意义和价值,在哲学上也引申出许多惊世骇俗的结论。怪不得人们认为,认识了混沌之后,就不再会用老眼光去看世界了。

混沌是指发生在确定性系统中的貌似随机的不规则运动。一个确定性理论描述的系统,其行为却表现为不确定性即不可重复、不可预测。它的外在表现和纯粹的随机运动很相似,即都不可预测。但和随机运动不同的是,混沌运动在动力学上是确定的,它的不可预测性来源于运动的不稳定性。或者说混沌系统对无限小的初值变动和微扰也很敏感,无论多小的扰动在长时间以后,也会使系统彻底偏离原来的演化方向。混沌系统通常是自反馈系统,出来的东西会回去,经过变换再出来,循环往复,没完没了,任何初始值的微小差别都会按指数放大,因此会导致系统内在的不可长期预测。

【实验目的】

① 了解非线性电路原理,能够测绘出非线性电阻的伏安特性曲线。

② 调节并观察非线性电路振荡周期分岔现象和混沌现象。

③ 调试并观察混沌同步波形。

④ 学会用混沌电路方式传输键控信号。

⑤ 掌握用混沌电路方式实现传输信号的掩盖与解密的原理和应用。

【实验仪器】

① 混沌通信实验仪。

② 非线性电阻模块。

③ 双通道示波器。

④ 信号发生器。

【实验原理】

（1）非线性电阻的伏安特性曲线

如果给一个元器件两端加上电压并形成电流通过时，电压与电流的比值称为该元器件的电阻。若电压与电流的比值恒定，则伏安特性曲线为一直线，该元器件称为线性元器件。若电压与电流的比值不恒定，则伏安特性曲线不再是直线，而是曲线，该元器件称为非线性元器件。

非线性电阻元件的阻值有两种表示方法：

① 静态电阻。

静态电阻也称直流电阻，它等于直流工作点 Q 的电压 U_Q 与电流 I_Q 之比：

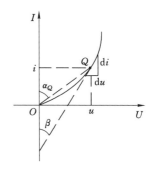

$$R_Q = U_Q/I_Q = \tan \alpha_Q \qquad (4\text{-}5\text{-}1)$$

式中，α_Q 为坐标原点与工作点 Q 的连线和纵坐标的夹角。由图4-5-1可见，静态电阻 R_Q 正比于 $\tan \alpha_Q$。

② 动态电阻。

动态电阻也称交流电阻。当非线性电阻电路加交流信号开始工作时，在工作点附近电压微变量 du 和电流微变量 di 比值的极限等于动态电阻，即

图 4-5-1　静态电阻与动态电阻

$$r = \lim_{di \to 0} \frac{du}{di} = \tan \beta \qquad (4\text{-}5\text{-}2)$$

式中，β 是 Q 点的切线与纵坐标的夹角。

需要指出的是，由于非线性电阻的伏安特性曲线不是直线，计算静态电阻和动态电阻时必须选择工作点。当所选的工作点改变时，静态电阻和动态电阻也随之改变，即非线性电阻的静态电阻和动态电阻随工作点的变化而变化。

图 4-5-2 给出的是本实验原理框图，左侧为非线性电阻 NR_1，右侧为可调电压源。可调电压源由电阻、比较器和 ± 15 V 电源构成，当改变 20K 的滑线变阻器阻值时，电压源输出电压改变，此时非线性电阻 NR_1 的阻值也会跟随着产生变化。

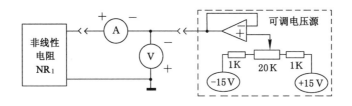

图 4-5-2　非线性电阻伏安特性原理框图

（2）混沌波形的发生

通过图 4-5-3，可以组建一个简单的混沌波形发生器，此电路可供我们观察非线性电路振荡周期分岔现象和混沌现象。图 4-5-3 中，非线性电阻 NR_1、电感器 L_1 和电容器 C_2 组成一个损耗可以忽略的振荡回路；可变电阻 W_1 和电容器 C_1 串联将振荡器产生的正弦信号移相输出。调节 W_1 示波器上将逐次出现单周期分岔（见图 4-5-4）、双周期分岔（见图 4-5-5）、四周期分岔（见图 4-5-6）、多周期分岔（见图 4-5-7）、单吸引子（见图 4-5-8）、双吸引子（见图 4-5-9）现象。

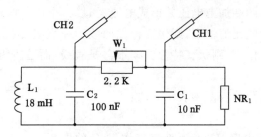

图 4-5-3　混沌波形发生器电路（混沌单元 1）

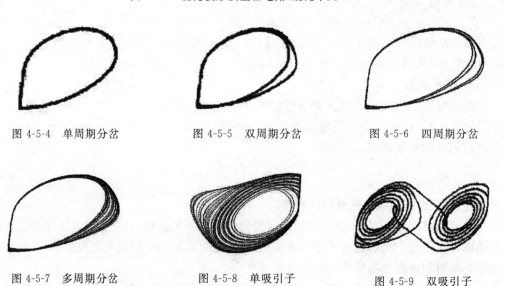

图 4-5-4　单周期分岔　　　　图 4-5-5　双周期分岔　　　　图 4-5-6　四周期分岔

图 4-5-7　多周期分岔　　　　图 4-5-8　单吸引子　　　　图 4-5-9　双吸引子

图 4-5-3 电路的非线性动力学方程为：

$$C_1 \frac{dU_{C_1}}{dt} = G(U_{C_2} - U_{C_1}) - gU_{C_1} \tag{4-5-3}$$

$$C_2 \frac{dU_{C_2}}{dt} = G(U_{C_1} - U_{C_2}) + i_L \tag{4-5-4}$$

$$L \frac{di_L}{dt} = -U_{C_2} \tag{4-5-5}$$

在正弦电流电路中，通过电路的电流除以端电压，即阻抗的倒数称为导纳。式中，导纳 $G = \dfrac{1}{W_1}$，W_1 为可变电阻阻值；U_{C_1} 和 U_{C_2} 分别表示加在 C_1 和 C_2 上的电压；i_L 表示流过电感器

L_1 的电流；g 表示非线性电阻 NR_1 的导纳。

（3）混沌电路的同步

图 4-5-10 为混沌电路同步原理框图。由于混沌单元 2 与混沌单元 3 的电路参数基本一致，它们自身的振荡周期也具有很大的相似性，只是因为它们的相位不一致，所以看起来都杂乱无章，看不出它们的相似性。

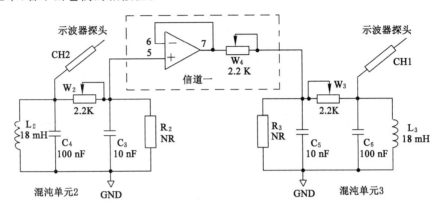

图 4-5-10　混沌电路同步原理框图

如果能让它们的相位同步，将会发现它们的振荡周期非常相似。特别是将 W_2 和 W_3 作适当调整，会发现它们的振荡波形不仅周期非常相似，幅度也基本一致。整个波形具有相当大的等同性。

让它们相位同步的方法之一就是让其中一个单元接受另一个单元的影响，受影响大，则能较快同步；受影响小，则同步较慢，或不能同步。为此，在两个混沌单元之间加入了"信道一"。

"信道一"由 1 个射随器和 1 只电位器及 1 个信号观测口组成。

射随器的作用是单向隔离，它让前级（混沌单元 2）的信号通过，再经 W_4 后去影响后级（混沌单元 3）的工作状态，而后级的信号不能影响前级的工作状态。

混沌单元 2 信号经射随器后，其特性基本可认为没发生改变，等于原来混沌单元 2 的信号。即 W_4 左方的信号为混沌单元 2 的信号，右方的为混沌单元 3 的信号。

电位器的作用：调整它的阻值可以改变混沌单元 2 对混沌单元 3 的影响程度。

【实验步骤】

（1）测量非线性电阻的伏安特性

第一步：在混沌通信实验仪面板上插上跳线 J_{01}，J_{02}，并将可调电压源处电位器旋钮逆时针旋转到头，在混沌单元 1 中插上非线性电阻 NR_1。

第二步：连接混沌通信实验仪电源，打开机箱后侧的电源开关。面板上的电流表应有电流显示，电压表也应有显示值。

第三步：按顺时针方向慢慢旋转可调电压源上电位器，并观察混沌面板上的电压表的读数，每隔 0.2 V 记录面板上电压表和电流表的读数，直到旋钮顺时针旋转到头。

第四步：以电压为横坐标、电流为纵坐标用第三步所记录的数据绘制非线性电阻的伏安特性曲线。

（2）观察非线性电路振荡周期分岔现象

第一步:拔除跳线 J_{01},J_{02},在混沌通信实验仪面板的混沌单元 1 中插上电位器 W_1、电感 L_1、电容 C_1、电容 C_2、非线性电阻 NR_1,并将电位器 W_1 上的旋钮顺时针旋转到头。

第二步:用两根 Q_9 线分别连接示波器的 CH1 和 CH2 端口到混沌通信实验仪面板上标号 Q_8 和 Q_7 处。打开机箱后侧的电源开关。

第三步:把示波器的时基挡切换到 X-Y。调节示波器通道 CH1 和 CH2 的电压挡位使示波器显示屏上能显示整个波形,逆时针旋转电位器 W_1 直到示波器上的混沌波形变为 1 个点,然后慢慢顺时针旋转电位器 W_1 并观察示波器,将示波器上出现的单周期分岔、双周期分岔、四周期分岔、多周期分岔、单吸引子、双吸引子图形描绘下来,并记录当前示波器选择量程。

(3)调试并记录每一步的混沌同步波形

第一步:插上面板上混沌单元 2 和混沌单元 3 的所有电路模块。按照(2)的方法将混沌单元 2 和混沌单元 3 分别调节到混沌状态,即双吸引子状态。电位器调到保持双吸引子状态的中点。

调试混沌单元 2 时示波器接到 Q_5,Q_6 处。

调试混沌单元 3 时示波器接到 Q_3,Q_4 处。

第二步:插上"信道一"和键控器,键控器上的开关置"1"。用电缆线连接面板上的 Q_3 和 Q_5 到示波器上的 CH1 和 CH2,调节示波器 CH1 和 CH2 的电压挡位到 0.5 V。

第三步:细心微调混沌单元 2 的 W_2 和混沌单元 3 的 W_3 直到示波器上显示的波形成为过中点约 45°的细斜线,如图 4-5-11 所示。

图 4-5-11 表明:如果两路波形完全相等,这条线将是一条 45°的非常干净的直线。45°表示两路波形的幅度基本一致。线的长度表征波形的振幅,线的粗细代表两路波形的幅度和相位在细节上的差异。所以这条线的优劣可表达出两路波形的同步程度。所以,应尽可能地将这条线调细,但同时必须保证混沌单元 2 和混沌单元 3 处于混沌状态。

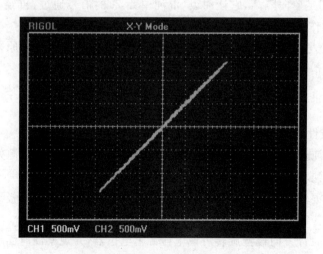

图 4-5-11 混沌同步调节好后示波器上波形状态示意图

第四步:用电缆线将示波器的 CH1 和 CH2 分别连接 Q_6 和 Q_5,观察示波器上是否存在混沌波形,如不存在混沌波形,调节 W_2 使混沌单元 2 处于混沌状态。再用同样的方法检查混沌单元 3,确保混沌单元 3 也处于混沌状态,显示出双吸引子。

第五步:用电缆线连接面板上的 Q_3 和 Q_5 到示波器上的 CH1 和 CH2,检查示波器上显示的波形为过中点约 45°的细斜线。

将示波器的 CH1 和 CH2 分别连接 Q_3 和 Q_6,也应显示混沌状态的双吸引子。

第六步:在使 W_4 尽可能大的情况下调节 W_2,W_3,使示波器上显示的斜线尽可能最细。

【数据记录与处理】

(1)测量非线性电阻的伏安特性

表 4-5-1　电压 0.2 V 步进

次数	1	2	3	4	5	6	7	8	9	10	…
电压/V											
电流/mA											

(2)作图

【思考题】

① 在伏安特性实验中如果将非线性电阻 NR_1 换成小灯泡,产生的伏安特性曲线是非线性的吗? 为什么?

② 通过本实验请阐述倍周期分岔、混沌、奇怪吸引子等概念的物理含义。

③ 在调试混沌同步波形时为什么要将 W_4 尽可能调大? 如果 W_4 很小,或者为零,代表什么意思? 会出现什么现象?

【拓展阅读】

自然界有 3 种基本运动状态,混沌是其中之一,其余两种是确定性运动状态和随机性运动状态。自从牛顿提出万有引力定律以来,科学界认为任何一种复杂的自然现象都可以用一组确定的方程来描述,物体的运动完全包含在这组方程和初始条件中,只要知道初始条件,就可确定地预言物体的未来和追溯它的过去。自然界也存在着各种各样的随机性运动状态,例如骰子的滚动、气体分子的运动、山溪的奔流等。在山溪的奔流中,不管我们已知水面上漂浮的小物块的初始条件多么精确,也不能预测其运动到下游的准确位置。这种不可预测的性质表明不存在确定的因果关系,即具有随机性的因素。19 世纪,玻耳兹曼奠定了气体动理论基础,阐明了大量分子组成的体系行为的随机性质,显然个别分子的行为难以预测,但大量分子组成的气体行为在统计上是可以预测的。在 20 世纪初量子力学产生后,人们认为在微观世界里,确定论不适用,但是在宏观力学中,确定论还是绝对正确的。混沌系统的特征在于初始条件的微小差别导致结果的巨大变化。由以上叙述可知,混沌打破了确定论和随机论这两套描述体系之间的鸿沟,在这两套描述体系之间架起了一座桥梁。现在人们开始认识到在经典力学的范围内也可以出现随机现象。混沌现象的存在,意味着精确预测能力受到一种新的根本性限制,它彻底破除了拉普拉斯式的决定论观念。所以人们认为混沌的发现是科学在 20 世纪的重大进展。

实验6 直流电桥

电桥是一种比较式仪器,将被测量与已知量进行比较从而获得测量结果,所以测量准确度比较高。在电测技术中,电桥被广泛地用来测量电阻、电感、电容等参数;在非电量的电测法中,用来测量温度、湿度、压力、质量以及微小位移等。

直流电桥的种类很多,按准确度级别分为 0.005 级、0.01 级、0.02 级、0.05 级、0.1 级、0.2 级、0.5 级、1.0 级和 2.0 级等;按测量范围分为高阻电桥(10^6 Ω 以上)、中阻电桥(10 Ω$\sim10^6$ Ω)、低阻电桥(10 Ω$\sim10^{-5}$ Ω);按使用条件分为实验室型和携带型;按平衡方式分为平衡电桥和非平衡电桥;按线路结构分为单臂电桥、双臂电桥、单双臂电桥等。

本实验只研究直流单臂电桥,即惠斯通电桥。

【实验目的】

① 掌握用单臂电桥测电阻的原理及方法。

② 测量铂电阻的电阻-温度特性曲线,了解铂电阻的特性及其应用。

③ 用图解法处理数据。

【实验仪器】

① QJ23A 型惠斯通电桥。

② 铂电阻(Pt100)。

③ 保温杯、试管(内装硅油)、搅棒、温度计。

【实验原理】

(1) 惠斯通电桥的工作原理

我们知道,在用伏安法测电阻时,无论是将电流表内接还是外接,都会给测量带来由于电工仪表内阻而引起的接入误差,故无法精确测量电阻值。为精确测量中等阻值电阻,可采用惠斯通电桥。

惠斯通电桥的原理如图 4-6-1 所示。它由电阻 R_1、R_2、R_0 和待测电阻 R_x 组成 1 个四边形 ABCD。在对角线 AC 上接电源,在对角线 BD 上接检流计。所谓"桥",是指接入检流计的对角线,它的作用是利用检流计将桥的两个端点的电位直接进行比较,当 B、D 点电位相等时,检流计中无电流通过,这种状态称作电桥平衡。电桥平衡时:

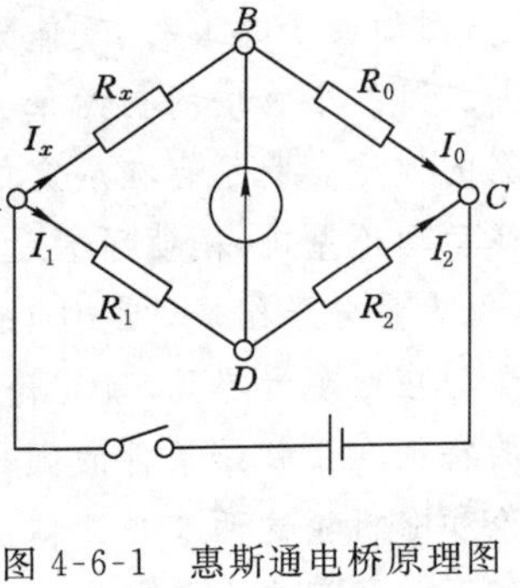

$$U_{AD} = U_{AB}, U_{BC} = U_{DC}$$

即
$$I_1R_1 = I_xR_x, I_2R_2 = I_0R_0$$

因为检流计中无电流,所以 $I_1 = I_2$,$I_x = I_0$,上列两式相除,得:

$$\frac{R_1}{R_2} = \frac{R_x}{R_0}$$

即

图 4-6-1 惠斯通电桥原理图

$$R_x = \frac{R_1}{R_2}R_0 \tag{4-6-1}$$

式(4-6-1)即电桥平衡条件。由式(4-6-1)可知,只要知道比值 R_1/R_2 和 R_0 值,便可求得 R_x。式(4-6-1)中,R_1/R_2 叫比率,R_0 叫比较电阻,4 个电阻 R_1,R_2,R_0,R_x 均为"桥臂"。

(2)铂电阻简介

铂电阻是热电阻的一种。热电阻一般用纯金属制成,其电阻温度系数较高。目前,最常用的是铂电阻和铜电阻,都已做成标准测温电阻。

热电阻所利用的是物质的电阻率随着其本身温度变化而变化的热电阻效应。它是温度敏感器件,可以用作温度传感器,用来检测随温度而变化的各种非电量,如温度、速度、浓度、密度等。

铂电阻的电阻值与温度之间的关系,在 0～650 ℃ 范围内可用下式表示:

$$R_t = R_{0℃}(1 + At + Bt^2)$$

式中,R_t 为 t ℃时的电阻值;$R_{0℃}$ 为 0 ℃时的电阻值。其分度表见本书第二章"常用实验仪器"。

当温度在 0 ℃以上变化不大时,近似地有:

$$R_t = R_{0℃}(1 + At) \tag{4-6-2}$$

(3)铂电阻的电阻-温度特性

通过改变铂电阻的温度,测出它在不同温度下的电阻值,可以研究铂电阻的电阻-温度特性。

【仪器描述】

本实验使用 QJ23A 型惠斯通电桥,如图 4-6-2、图 4-6-3 所示。

图 4-6-2 QJ23A 型惠斯通电桥实验装置图

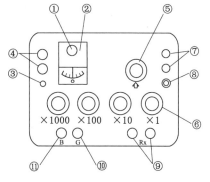

图 4-6-3 QJ23A 型惠斯通电桥面板

(1)电桥面板各部分的名称与性能

① 指零仪零位调整器。

② 指零仪。

③ 内、外接指零仪转换开关。

④ 外接指零仪接线端钮。

⑤ 量程变换器(倍率)——指示值为量程倍率,即惠斯通电桥原理图中的 $\frac{R_1}{R_2}$ 值。

⑥ 测量盘——4 个盘之和为标度盘示值,即惠斯通电桥原理图中的 R_0,单位为 Ω。

⑦ 外接电源接线端钮。

⑧ 内、外接电源转换开关。

⑨ 测试电阻器接线端钮。

⑩ 指零仪按钮(G)。

⑪ 电源按钮(B)。

(2) 使用方法

① 电桥水平放置,打开盖子,将"内、外接指零仪转换开关③"扳向"内接"(如扳向"外接",则内附指零仪短路,电桥由"外接指零仪接线端钮④"接入外接指零仪);调节"指零仪零位调整器①",使指零仪指针指向零位。

② 将"内、外接电源转换开关⑧"扳向"内接"(电桥内已装有 4.5 V 电池。如⑧扳向"外接",则由"外接电源接线端钮⑦"接入外接电源)。

③ 将待测电阻接到"测试电阻器接线端钮⑨"。

④ 调节"量程变换器(倍率)⑤"。根据待测电阻的估计值,选择合适的量程倍率。依次按下"电源按钮(B)⑪"和"指零仪按钮(G)⑩"。调节"测量盘⑥",使指零仪指向零位。

注意:当指零仪指针偏向"+"方向时,应该增加测量盘的示值。如果测量盘示值已达最大,指针仍偏向"+"方向,则应增加量程倍率。反之亦然。

当指零仪指针指向零位时,电桥平衡:

$$待测电阻值 = 量程倍率 \times 标度盘示值$$

⑤ 依次松开"指零仪按钮(G)⑩"和"电源按钮(B)⑪"。

(3) 使用注意事项

① 电桥使用完毕,应将"内、外接指零仪转换开关③"和"内、外接电源转换开关⑧"向"外接"。将"指零仪按钮(G)⑩"和"电源按钮(B)⑪"松开。

② 测量感性负载(如电机、变压器等)时,必须先按下"电源按钮(B)⑪",然后再按下"指零仪按钮(G)⑩";断开时,先放开"指零仪按钮(G)⑩",再放开"电源按钮(B)⑪"。为了养成这一习惯,要求学生在实验时都按照这一次序操作。

③ 使用时,测量盘"×1000"不允许置于"0"位。

④ 电桥长期不用时,应将内附电池取出。

【实验步骤】

① 仔细阅读教材,了解 QJ23A 型惠斯通电桥的原理、构造和使用方法。

② 将铂电阻的 2 根引线接到 QJ23A 型惠斯通电桥的"测试电阻器接线端钮⑨",铂电阻应插到试管底部,并被硅油完全浸没。

③ 在保温杯中加入适量热水,以能超过试管中的硅油为度。

④ 用搅棒上下搅动热水,使铂电阻、硅油的温度与周围水的温度一致,此时温度计的读数稳定,记下该读数 t_1。注意:搅拌必须要充分,而且不要损坏试管和温度计。

⑤ 用 QJ23A 型惠斯通电桥测量铂电阻的电阻值,方法见"实验原理"和"仪器描述"部分,记下该电阻值。

⑥ 记下温度计的读数 t_2,将此读数与步骤④的读数取平均得 $\bar{t}$,作为该次测量时的温度。这样做可以减小测电阻过程中温度变化造成的影响。

⑦ 加入适量冰块或凉水,使温度降低约 10 ℃。为达到此目的,水温高或水少时,加的冰块应该小一些;水温低或水多时,加的冰块应该大一些。重复步骤④—⑥。

⑧ 重复步骤⑦,直至温度接近 0 ℃(如果水太多,可倒掉一些,但要注意别损坏仪器),

但是并不一定要达到 0 ℃。

⑨ 作 R-t 图。如果图线接近为直线，就表明 R_t 与 t 间的关系基本满足关系式 $R_t = R_{0℃}(1 + At)$。通过图解，求出公式中的 $R_{0℃}$ 和 A 值。

图解方法如下：将实验直线反向延长，如果横轴（温度轴）的起点为 0 ℃，那么，实验直线与纵轴（R 轴）的交点对应的即 $R_{0℃}$；在直线上取两点（相隔远些），记下该两点的坐标值 (t_1, R_1) 和 (t_2, R_2)，由它们和 $R_{0℃}$ 共同求得 A 值。注意，不要用实验直接测得的数值，一定要从直线上取两点。因为在作直线的过程中，实际上已抵消部分误差的作用。在实验报告上应写明中间步骤。

【数据记录与处理】

量程倍率 $R_1/R_2 =$

表 4-6-1

次数 i	1	2	3	4	5	6	7	8	9	10
t_1/℃										
t_2/℃										
$\bar{t}$/℃										
R_0/Ω										
R_t/Ω										

$R_{0℃} =$ 　　Ω　　　　　　$A =$ 　　℃

【思考题】

① 本实验误差的主要来源是什么？我们在实验中采取了什么措施来减小这种误差？还可以采用哪些方法减小这种误差？

② 从实验原理上来分析，本实验存在什么缺陷？如何改进？

【拓展阅读】

直流单臂电桥又称惠斯通电桥，是一种可以精确测量电阻的仪器。在测量电阻及进行其他电学实验时，经常会用到惠斯通电桥的电路。很多人以为这种电桥是惠斯通发明的。其实，这是一个误会，这种电桥是由英国发明家克里斯蒂在 1833 年发明的。但是由于惠斯通第一个用它来测量电阻，所以人们习惯上就把这种电桥称作了惠斯通电桥。

利用惠斯通电桥可以制作一个电子计重器。重物触发计重器，其内置电阻（电阻应变片）的形状变化，电阻的形变必然引发电阻阻值的变化。通过惠斯通电桥可精确测量电阻阻值，将不同阻值标定不同重力，再将信号处理后就成了可视数字。

实验 7　弱电流测量及 PN 结物理特性的研究

【实验目的】

① 学习用运算放大器组成电流-电压变换器测量微弱电流。

② 测量得出 PN 结正向电流和正向电压的关系。

③ 学习求经验公式的方法。证明 PN 结正向电流和正向电压的关系符合玻耳兹曼分布，并求出玻耳兹曼常数。

【实验仪器】

PN 结物理特性测定仪。

【实验原理】

(1) PN 结物理特性及玻耳兹曼常数测量

由半导体物理学可知,PN 结的正向电流-电压关系满足:

$$I = I_0[\exp(eU/kT) - 1] \tag{4-7-1}$$

式中,I 是通过 PN 结的正向电流;I_0 是不随电压变化的常量;T 是热力学温度;e 是元电荷;U 为 PN 结正向压降。由于在常温(约 300 K)时,$kT/e \approx 0.026$ V,而 PN 结正向压降为十分之几伏,故 $\exp(eU/kT) \gg 1$,式(4-7-1)括号内第二项完全可以忽略,于是有:

$$I = I_0\exp(eU/kT) \tag{4-7-2}$$

即 PN 结正向电流随正向电压按指数规律变化。若测得 PN 结 I-U 关系,则利用式(4-7-2)可以求出 e/kT。在测得温度 T 后,就可以得到常数 e/k,把元电荷作为已知值代入,即可求得玻耳兹曼常数 k。

在实际测量中,为了减少某些系统误差,我们不采用硅二极管,而是选用性能良好的硅三极管(TIP 型),实验线路如图 4-7-1 所示。

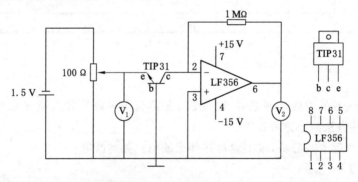

图 4-7-1　实验线路图

(2) 弱电流测量

近年来,集成电路与数字化显示技术越来越普及。高输入阻抗运算放大器性能优越,价格低廉,用它组成电流-电压变换器测量弱电流信号,具有输入阻抗低、电流灵敏度高、温漂小、线性好、设计制作简单、结构牢靠等优点,因而被广泛地应用于物理测量中。

LF356 是一个高输入阻抗集成运算放大器,用它组成电流-电压变换器(弱电流放大器),如图 4-7-2 所示,其中虚线框内的电阻 Z_r 为电流-电压变换器的等效输入阻抗。由图 4-7-2 可知,运算放大器的输出电压 U_0 为:

$$U_0 = -K_0U_i \tag{4-7-3}$$

式中,U_i 为输入电压;K_0 为运算放大器的开环电压增益,即图 4-7-2 中电阻 $R_f \to \infty$ 时的电压增益,R_f 称为反馈电阻。因为理想运算放大器的输入阻抗 $R_i \to \infty$,

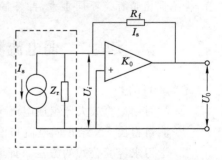

图 4-7-2　电流-电压变换器线路图

所以信号源输入电流只流经反馈网络构成的通路,因而有:

$$I_s = (U_i - U_0)/R_f$$
$$= U_i(1 + K_0)/R_f \qquad (4\text{-}7\text{-}4)$$

由式(4-7-4)可得电流-电压变换器的等效输入阻抗 Z_r 为:

$$Z_r = U_i/I_s = R_f/(1 + K_0) \approx R_f/K_0 \qquad (4\text{-}7\text{-}5)$$

由式(4-7-3)和式(4-7-4)可得电流-电压变换器输入电流 I_s 与输出电压 U_0 之间的关系式,即

$$I_s = -\frac{U_0}{K_0}(1 + K_0)/R_f = -U_0(1 + 1/K_0)/R_f$$
$$\approx -U_0/R_f \qquad (4\text{-}7\text{-}6)$$

由式(4-7-6)可知,只要测量出输出电压 U_0 和已知 R_f,即可求得 I_s。下面以高输入阻抗集成运算放大器 LF356 为例来讨论 Z_r 和 I_s。LF356 运算放大器的开环电压增益 $K_0 = 2 \times 10^5$,输入阻抗 $R_i \approx 10^{12}\ \Omega$,若 $R_f = 1.00 \times 10^6\ \Omega$,则由式(4-7-5)得:

$$Z_r = 1.00 \times 10^6\ \Omega/(1 + 2 \times 10^5) = 5\ \Omega$$

若选用四位半量程 200 mV 数字电压表,它最后 1 位变化 1 个数字为 0.01 mV,那么用上述电流-电压变换器能显示的最小电流为:

$$(I_s)_{\min} = 0.01 \times 10^{-3}\,\text{V}/(1 \times 10^6)\,\Omega = 1 \times 10^{-11}\,\text{A}$$

由此说明,用集成运算放大器组成电流-电压变换器测量弱电流,具有输入阻抗小、灵敏度高的优点。

(3) 求经验公式的方法

求经验公式时,通常先作出函数的曲线,根据经验判断它们可能服从什么函数关系,当然也可以通过其他方法作出此判断。例如,从本实验中 U_2 与 U_1 的关系曲线来看,它们可能服从幂函数关系,也可能服从指数函数关系。先假定其服从某函数关系,然后通过适当的变量代换,将其化为直线关系。再把数据代入,用最小二乘法作直线拟合,得出相关系数。相关系数的绝对值越接近 1,这个假定就越合理。本实验可分别假定它们服从直线关系 $U_2 = a_1 U_1 + b_1$、幂函数关系 $U_2 = a_2 U_1^{b_2}$ 和指数函数关系 $U_2 = a_3 \exp(b_3 U_1)$,分别进行变量代换并求出相应的相关系数。再对相关系数进行比较,相关系数绝对值大的所对应的就是比较合理的假设。

也可以通过作图法来判别,看哪种情况比较符合直线,则相应的假设比较合理。但用作图法判别时,靠的是主观判断,带有较大的随意性,不如用最小二乘法拟合客观准确。

关于最小二乘法拟合的内容,请参阅第一章内容。本实验配有计算机,机内已存入有关变量代换和最小二乘法拟合的程序,只需输入原始数据,便可得出前面所述的 3 种拟合结果。

【仪器描述】

复旦大学生产的 PN 结物理特性测定仪,如图 4-7-3 所示。它由以下 3 个主要组成部分。

(1) 直流电源与数字电压表

直流电源包括 ±15 V 直流电源 1 组(即 +15 V、0 V、−15 V)和 1.5 V 直流电源 1 组。

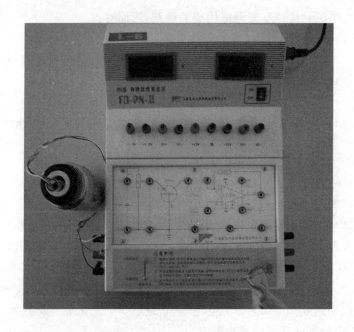

图 4-7-3　PN 结物理特性测定仪

数字电压表包括三位半($0\sim2$ V)和四位半($0\sim20$ V)数字电压表各 1 只。它们分别用于测量加在 PN 结上的正向电压和运算放大器的输出电压(该电压正比于流过 PN 结的正向电流)。

直流电源的引出端和数字电压表的引入端分别接到电源面板的相应接线柱上。V_{1+} 和 V_{1-} 是三位半数字电压表的引入端,V_{2+} 和 V_{2-} 是四位半数字电压表的引入端。

以上部件统一装在电源中。

(2) 实验板

实验板由运算放大器 LF356、反馈电阻、多圈电位器、接线柱等组成,并可外接 2 个 TIP31 型三极管,可用转换开关选择使用哪个三极管。

实验时,只使用其中的一个三极管,将它放在置于冰水混合物中的试管内,即让它处于 0 ℃的环境中;如果要使用另一个三极管,可以将它放在置于高温水中的试管内;放置三极管的试管中都应放有硅油,以保证传热良好,并且绝缘。

实验面板上绘有图 4-7-1 所示的实验线路图。图中相应的各印刷实线下都已经有引线连接,虚线下则没有引线连接。图中相应的部位还接有插座,借助它们可以用导线与电源的相应插座连接。实验板左右两侧各有 3 个插孔,分别标注"b""c""e",用于连接三极管 TIP31。当转换开关打到相应的三极管时,该三极管的"c""e"就与实验板上的"c""e"点相连接,"e"还与电位器的滑动头相连接,"b"已与地相连接。反馈电阻 $R_f = 1$ MΩ,已经接到运算放大器的"2""6"两脚上。运算放大器 LF356 已插在实验板下,它的各脚已分别与实验线路图中相应各插孔连通,并已标上编号。

(3) 恒温装置

包括保温杯(保温杯中有搅棒)、玻璃试管(内放硅油,TIP31 型三极管也插在其中)。如果要测量温度,则还需要温度计(本实验用冰水混合物,故不需要温度计)。

【实验步骤】

① 连接电路。在保温杯里放入冰水混合物,冰水混合物要漫过试管中的硅油。用搅棒上下充分搅拌。

② 接好三极管,注意各管脚的位置不要接错。转换开关打到相应位置。

③ 从 U_2 约为 0.01 V 开始测量(此时 U_1 为 0.3~0.4 V,每台仪器略有不同;为方便计算,U_1 可取 0.010 V 的整数倍),以后 U_1 每次增加 0.010 V 进行 1 次测量,记下一系列 U_1 和相应的 U_2,直到 U_2 饱和(10 V 以上)为止。

④ 用计算机进行最小二乘法拟合。

将 U_1 和 U_2 输入计算机,注意删去 U_2 小于 0.01 V 和 U_2 大于 10 V 的数据。

(a) 假定 $U_2 = a_1 U_1 + b_1$,用 U_2 和 U_1 作变量进行拟合;

(b) 假定 $U_2 = a_2 U_1^{b_2}$,即 $\ln U_2 = \ln a_2 + b_2 \ln U_1$,用 $\ln U_2$ 和 $\ln U_1$ 作变量进行拟合;

(c) 假定 $U_2 = a_3 \exp(b_3 U_1)$,即 $\ln U_2 = \ln a_3 + b_3 U_1$,用 $\ln U_2$ 和 U_1 作变量进行拟合。

计算机内已存入编好的程序,只要把 U_1 和 U_2 的值输入计算机,计算机就会自动按这 3 种情况进行拟合。拟合结果中,哪一种情况的相关系数 γ 值最大,这种假定就最合理。

【数据记录与处理】

(1) 数据表格

$t = 0$ ℃

$T = t + 273.15 =$ 　　　 K

表 4-7-1

次数 i	1	2	3	4	5	6	7	8	9	10	11	12	13	14	15	16	17	18	19	20
U_1/V																				
U_2/V																				
$\ln U_2/V$																				

处理数据时,应该先删去 U_2 太小或者 U_2 已经达到饱和的数据。

(2) 用计算机处理数据(作一元线性回归)

① 以 U_1 和 U_2 作变量,按 $U_2 = a_1 U_1 + b_1$ 拟合(即假定 U_1 和 U_2 满足直线关系)。

② 以 $\ln U_1$ 和 $\ln U_2$ 作变量,按 $\ln U_2 = \ln a_2 + b_2 \ln U_1$ 拟合(即假定 U_1 和 U_2 满足幂函数关系 $U_2 = a_2 U_1^{b_2}$)。

③ 以 U_1 和 $\ln U_2$ 作变量,按 $\ln U_2 = \ln a_3 + b_3 U_1$ 拟合[即假定 U_1 和 U_2 满足指数函数关系 $U_2 = a_3 \exp(b_3 U_1)$]。

分别得出:

$a_1 =$ 　　　　　 $b_1 =$ 　　　　　 $\gamma_1 =$ 　　　　　 $s_1 =$

$a_2 =$ 　　　　　 $b_2 =$ 　　　　　 $\gamma_2 =$ 　　　　　 $s_2 =$

$a_3 =$ 　　　　　 $b_3 =$ 　　　　　 $\gamma_3 =$ 　　　　　 $s_3 =$

其中,γ 为相关系数;s 为标准差。γ 绝对值越大,说明该假定越接近实际。

最后,分别用 U_2 和 U_1,以及 $\ln U_2$ 和 U_1 为变量作图,判别哪一种情况符合直线关系。

(3) 求玻耳兹曼常数 k

由计算机的指数拟合结果或作图法,用 $\ln U_2$ 和 U_1 为变量作图,求出直线斜率 b_3,由于 $b_3 = e/kT$,故有:

$$k = \frac{e}{b_3 T}$$

式中,e 为元电荷;T 为热力学温度。

【思考题】

如果你和其他同学用同一组实验数据,各自分别用最小二乘法拟合以及作图法求玻耳兹曼常数,你们用什么方法得到的实验结果是相同的?用什么方法得到的实验结果是不同的?为什么?

【拓展阅读】

采用不同的掺杂工艺,通过扩散作用,将 P 型半导体与 N 型半导体制作在同一块半导体(通常是硅或锗)基片上,在它们的交界面就形成空间电荷区,称为 PN 结。PN 结具有单向导电性,是电子技术中许多器件所利用的特性,如它是半导体二极管、双极性晶体管的物质基础。

1947 年,约翰·巴丁和沃尔特·布拉顿共同发明了第一个半导体三极管,此后 1 个月,威廉·肖克莱发明了 PN 结晶体管。此后,约翰·巴丁、沃尔特·布拉顿和威廉·肖克莱共同荣获 1956 年诺贝尔物理学奖。

PN 结构成的 MOS 管是电脑、手机、各种数码产品芯片的基本构成单元;PN 结也是 LED 灯、太阳能电池、光通信激光器和探测器芯片的基本部分。可以说当今世界上只要有电子电路的地方就有 PN 结的踪影。

实验 8　示波器的使用

1928 年,第一支三极枪式电子射线示波管(CRT)问世,1931 年美国无线电公司(RCA)用这种管子制造了第一台示波器。它是一种用来观察电压、电流波形并能测量其数值的电子仪器。凡能变换为电压的其他电学量以及非电量(如温度、压力等),也都能利用示波器进行观察和测量,通过示波器可把抽象的、肉眼看不见的电过程变换成具体的、看得见的图像,因而它特别有利于研究瞬变、脉冲或变化极其缓慢的过程。示波器是用途十分广泛的测量仪器。

本实验介绍和使用的是模拟示波器。随着科技的飞速发展,现在数字示波器已越来越被广泛地使用。数字示波器采用先进的数字技术和计算机技术,把输入的模拟信号先转换成数字信号,经过内部计算机的处理,再显示在屏幕上。其屏幕多数采用液晶显示器。这种示波器尤其适合观测多路数字信号波形,还可以存储瞬态信号,并有多种触发方式。虽然数字示波器和模拟示波器有着很大不同,但是两者还是有很多相同或相近之处。学会了其中的一种,对学习和使用另一种大有帮助。

【实验目的】

① 了解示波器的基本结构和工作原理及其实际应用。

② 学习示波器和函数信号发生器的调节和使用方法。

③ 用示波器观察电信号的波形,测量其电压、周期。

④ 用示波器观察李萨如图形和磁滞回线。

【实验仪器】

① 6502A 型示波器。

② SG1651A 型函数信号发生器。

③ 整流滤波实验盒。

④ 磁滞回线实验盒。

【实验原理】

示波器有多种型号,不同型号的示波器功能稍有不同,但它们的基本原理、主要电路及使用方法大致相同。

示波器由示波管、扫描和整步装置、X 轴和 Y 轴放大器及电源四大部分组成。单踪单扫示波器原理框图如图 4-8-1 所示,只要用 2 套相同的 Y 轴前置部分,加上 1 个电子开关就可用单踪示波管同时观察 2 个待测信号(电子双踪示波器)。

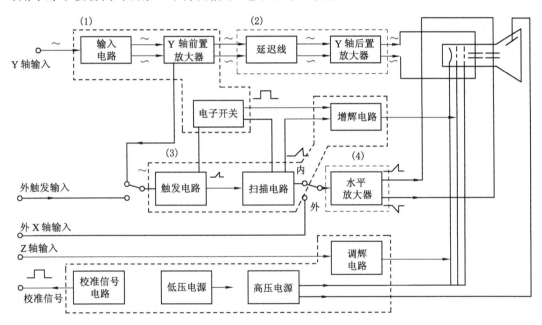

图 4-8-1 单踪单扫示波器原理框图

（1）示波管

① 基本结构:示波管是呈喇叭形的玻璃真空管,如图 4-8-2 所示。内部装有电子枪和两对相互垂直的偏转板,在喇叭口状的曲面壁上涂有荧光物质,构成荧光显示屏。当高速电子撞击在荧光屏上时,电子会使荧光物质发光,在屏上就能看到 1 个亮点。电子运动随时间而变化的情况,可在荧光屏上显示出来。

② 聚焦调节:示波管的侧视图如图 4-8-2 所示。电子枪由灯丝 F、阴极 K、控制极 M、第一阳极 A_1 和第二阳极 A_2 组成,K、M、A_1、A_2 都是圆筒状的。灯丝通电后,阴极发热而发射电子。由于阳极电位高于阴极,所以电子受阳极吸引而加速。改变阳极电压,可以使不同发

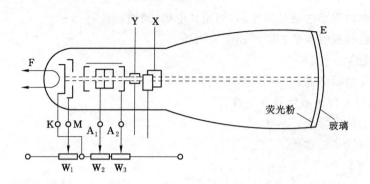

图 4-8-2　示波管示意图

射方向的电子恰好会聚在荧光屏某一点上,这种调节称为聚焦。示波器面板上"聚焦"旋钮
(FOCUS)就是用来改变阳极电位实现聚焦的。

③ 亮度调节:控制极 M 的电位较阴极 K 的电位低,它对阴极发射的电子具有抑制作
用。改变控制极电压的高低,可以控制电子枪发射电子的多少,甚至完全不使电子通过。示
波器上"亮度"旋钮(INTENSITY)就是用来调节控制极电压以控制荧光屏上亮点的亮暗程
度的,这称为辉度调节。

④ X、Y 位移调节:示波器有一对 X 偏转板(垂直放置的两块电极)和一对 Y 偏转板(水
平放置的两块电极)。当两对偏转板上都没有电位差时,从电子枪射出的电子束将保持原来
行进方向射向荧光屏。但当偏转板上有电位差时,在板间电场作用下,电子束就偏向一侧,
引起屏上光点向一侧移动。因此,只要调节偏转板上的直流电压,就能改变光点的位置。面
板上的"Y 轴移位"和"X 轴移位"旋钮分别用来调节光迹的上、下和左、右位置。

(2)扫描和整步装置

若在 Y 偏转板上加上被观察的正弦电压信号,$U_Y = U_{Ym} \sin \omega t$,我们在荧光屏上仅能看
到一条铅直的亮线,而看不到正弦曲线。只有同时在 X 偏转板上加入 1 个锯齿形电压(如
图 4-8-3 所示,如果以 $U_X = 0, t = 0$ 作为起点,则在 1 个周期内 $U_X = U_{Xm} t$),才能在荧光屏上
显示出信号电压 U_Y 和时间 t 的关系曲线,其原理如图 4-8-4 所示。

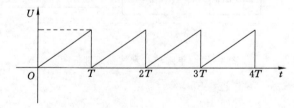

图 4-8-3　锯齿波扫描电压

设在开始时刻 a,电压 U_Y 和 U_X 均为零,荧光屏上亮点在 A 处。时间由 a 到 b,在只有电
压 U_Y 作用时,亮点在铅直方向的位移为 B_Y,屏上亮点在 B_Y 处。由于同时加了 U_X,电子束在
受 U_Y 作用而上下偏转的同时,又受 U_X 作用而向右偏转(亮点水平位移为 B_X),因而亮点不在
B_Y 处,而在 B 处。随着时间推移,以此类推,便可显示出正弦波形来。所以,在荧光屏上看到
的正弦曲线实际上是两个相互垂直的运动($U_Y = U_{Ym} \sin \omega t$ 和 $U_X = U_{Xm} t$)的合成轨迹。

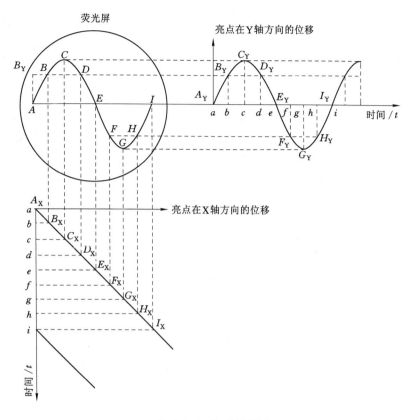

图 4-8-4 扫描原理图

由此可见,要想观测加在 Y 偏转板上的电压 U_Y 的变化规律,必须在 X 偏转板上加上锯齿形电压,把 U_Y 产生的垂直亮线"展开"。这个展开过程称为"扫描",锯齿电压又称为扫描电压。

由图 4-8-4 可见,如果正弦波电压与锯齿形电压的周期相同,正弦波到 I_Y 点时,锯齿波也正好到 I_X 点,从而亮点扫描完了整个正弦曲线。由于锯齿波这时马上复原,所以亮点又回到 A 点,开始周期性地在同位置扫描出同一条曲线,这时我们将看见这条曲线稳定地停在荧光屏上。但是,如果正弦电压与锯齿形电压的周期稍有不同,则第 2 次所扫描出的曲线将和第 1 次曲线的位置不相重合,从而在荧光屏上显示的图形不稳定或者较为复杂。如果扫描电压的周期 T_X 是正弦电压周期 T_Y 的 2 倍,在荧光屏上就显示出 2 个完整的正弦波。同理,$T_X = 3T_Y$,在荧光屏上显示出 3 个完整波形,以此类推。如果要示波器显示出完整而稳定的波形,扫描电压的周期 T_X 须为 Y 偏转板电压周期 T_Y 的整数倍。即

$$T_X = nT_Y \quad (n = 1, 2, 3, \cdots)$$

式中,n 为荧光屏上所显示的完整波形的数目。上式也可表示为:

$$f_Y = nf_X \quad (n = 1, 2, 3, \cdots)$$

式中,f_Y 为加在 Y 偏转板上的电压的频率;f_X 为扫描电压的频率。

扫描频率由扫描范围和扫描微调两旋钮来控制(6502A 型示波器的扫描频率调节是通过调节扫描周期亦称"时基调节"来完成的)。

如前所述,如果扫描信号连续工作,那么,扫描信号周期必须是输入信号周期的严格整数倍,否则示波管荧光屏上出现的信号图像是不断移动的。

为了保证扫描发生器每次开始扫描时,信号的相位都是相同的,从而保证所显示波形的稳定,示波器中加入了同步或触发电路。在现代示波器中,采用触发扫描方式实现同步要求。触发信号来自垂直信道或与被测信号同步的外触发信号源。当触发源中的信号达到由"电平"(LEVEL)旋钮所设定的触发电平时,示波器给出触发信号,扫描发生器开始扫描。这样,可保证扫描发生器每次开始扫描时信号的相位都是相同的,从而保证所显示波形的稳定。示波器显示波形的过程如图 4-8-5 所示,扫描时间由扫描时基选择开关控制。

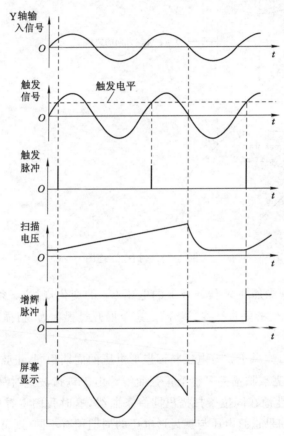

图 4-8-5　示波器显示测量波形过程

（3）放大系统

① Y 轴放大系统:待测信号幅度往往很小,直接加到 Y 偏转板上不足以引起电子束的偏转或偏转太小,故应先经 Y 轴放大器不失真地放大待测信号,同时保证示波器测量灵敏度这一指标的要求。示波器灵敏度单位为"V/DIV"或"mV/DIV"(DIV 即 division,为荧光屏上一格的长度)。但须注意,进行定量读数时"垂直灵敏度微调"电位器应顺时针拧到头,处于校准(CAL)位置。

此外,要使示波器显示稳定波形,还要求垂直放大电路有一定的频率响应、足够大的增益调整范围和比较高的输入阻抗。输入阻抗是表示示波器对被测系统影响程度的指标,输入阻抗越高,示波器对被测系统的影响越小。

　　Y 轴输入端与垂直放大电路之间有 1 个衰减器,其作用是使过大的输入信号电压减小,以适应放大器的要求。

　　② X 轴放大系统:扫描发生器产生线性良好、频率连续可调的锯齿波信号,作为波形显示的时间基线。水平放大电路将上述的锯齿波信号放大,输送到 X 偏转板,以保证扫描基线有足够的宽度。6502A 型示波器"时基选择"的单位为 s/DIV 或 ms/DIV 或 μs/DIV。但须注意在定量读数时,"时基调节"电位器应处于"CAL"位置。

　　在此情况下,观察信号波形的同时还可以测出信号的周期。

　　另外,水平放大电路也可以直接放大外来信号,这样示波器可作为显示之用。

　　(4) 电源

　　电源向示波管和示波器各部分电路提供所需的电压。

　　【仪器描述】

　　本实验使用的仪器比较多,有 6502A 型示波器、SG1651A 型函数信号发生器、整流滤波实验盒、磁滞回线实验盒等,下面对它们分别进行介绍。

1. 6502A 型示波器(见图 4-8-6 至图 4-8-8)

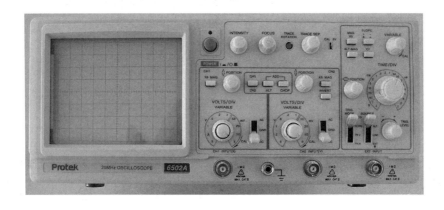

图 4-8-6　6502A 型示波器实物图

　　(1) 电源、示波管

　　把电源线插入交流插座㊳,送入规定的电压到电压转换器㊲,检查在电压选择器上指示的额定电压,并用相应的保险丝。

　　电源开关 ON/OFF①:使用前,应先核对电源电压,电源开关放在 OFF 挡,再把电源线插进电源插座。电源开关是按钮开关,若开关按下,电源打开;开关松开,电源断开。

　　电源指示灯②:当电源打开时,指示灯亮。

　　亮度旋钮③:若顺时针转,亮度增亮;在接电源之前,反时针转到底。

　　聚焦旋钮④:操作亮度旋钮,把亮度调到适当的水平,调聚焦旋钮直到光迹线最清晰,尽管聚焦是自动的,有时可能有轻微偏差,如出现可调此旋钮。

　　光标转动调节器⑤:地磁场影响可能使光迹线与水平标度线产生倾斜现象,此旋钮用于调整,使两者相互平行。

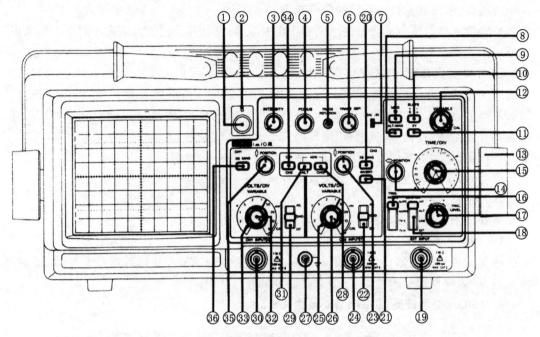

图 4-8-7　6502A 型示波器前面板及各部件介绍

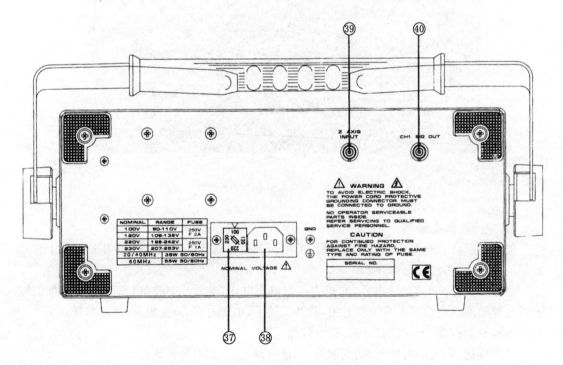

图 4-8-8　6502A 型示波器后面板及各部件介绍

刻度亮度旋钮⑥:此旋钮用来调节屏的照明亮度,若顺时针转,亮度增加,这个特点适用于黑暗处操作或拍摄图片时。

保险丝座电压转换器(后面板)㊲:选择供示波器的电源。

⑬为示波器提手按压旋钮。

交流插座(后面板)是电源线连接器㊳。

(2) 垂直轴部分

CH1 输入连接器㉚:这是 1 个垂直输入用的 BNC 连接器,当用作 X-Y 示波器时,X 信号通过此端输入。

CH2 输入连接器㉔:同 CH1。当用作 X-Y 示波器时,Y 信号通过此端输入。

AC-GND-DC 开关㉒、㉙:选择包括输入信号和垂直轴放大器的组合系统。

AC:通过电容器连接,输入信号中的直流分量被隔断,仅显示交流成分。

GND:垂直轴放大器的输入是接地的。

DC:直接输入。输入示波器的信号既包含交流分量也包含直流分量。

VOLTS/DIV 转换开关㉕、㉝:转换垂直偏转系数。根据输入信号转换量程,使得信号显示幅度便于观测。

使用 10∶1 探极时,实际信号幅度为示波器量值的 10 倍。

微调旋钮㉖、㉜:在垂直 VOLTS/DIV 挡位间连续调节垂直偏转系数。该旋钮处于反时针到底位置时,偏转系数是 VOLTS/DIV 指示值的 2.5 倍以上。通常该旋钮处于顺时针旋转到底的校正位置。

×5MAG 垂直扩展键⑳、㊱:×5MAG 键按下时,垂直增益扩大 5 倍,垂直偏转系数被扩展到 1 mV/DIV。

位移旋钮㉓、㉟:用来使扫描线在屏面中上下移动。

反相按键㉑:反相工作方式使输入 CH2 的信号被反极性显示。当比较 2 个不同极性的波形时,或者在 ADD 方式进行 CH1 和 CH2 信号差测量时需要使用反相操作。

CH1/CH2 选择按键㉞:采用单一通道工作方式时,用以选择显示 CH1 或 CH2;采用双通道工作方式时,则可用来选择内触发信号源 CH1 或 CH2。按键弹出位为 CH1,按入位为 CH2。在垂直方式和触发方式均选择 ALT 时,该键不具备选择功能,示波器处于交替触发工作方式,用以观测 2 个没有时间关系的信号。

ALT㉛:加到 CH1 和 CH2 的信号被交替地显示在屏幕上,每扫描 1 次交替 1 次。

CHOP㉘:加到 CH1 和 CH2 的信号以大约 250 kHz 的固定频率切换,断续地显示在屏幕上。

㉘、㉛同时按入,示波器工作在 ADD 方式,显示 CH1 和 CH2 信号的代数和或代数差。

CH1 信号输出连接器(后面板)㊵:输出 CH1 信号,用于频率计数器的信号输入。输出幅度大约是 CH1 信号显示幅度乘以 20 mV/DIV(负载 50 Ω 时)。

(3) 水平轴部分

TIME/DIV 扫描时基选择开关⑮:用来改变扫描时间系数,范围为 0.1 μs/DIV～0.25 s/DIV(共 20 挡位)。

XY 方式键⑪:示波器用作 XY 显示器时,X 信号经 CH1,Y 信号经 CH2 输入。此时 XY 偏转系数取决于 CH1 和 CH2 的 VOLTS/DIV 设置。

时基微调旋钮⑫:该旋钮顺时针旋转到底,到达箭头方向终止位置时,扫描时间系数为 TIME/DIV 指示的校正值。反时针旋转,则扫描时间系数处于非校正状态。反时针旋转到底时,实际扫描时间系数大于挡位指示值的 2.5 倍。

水平位置旋钮⑭:用来使扫描线在屏幕左右方向移动。

×5MAG(×10MAG)水平扩展键⑨:采用该扩展方式时,水平放大器增益扩大5(10)倍,等效于扫描时间系数转变为指示值的1/5(1/10),如图4-8-9所示。

ALT MAG交替扩展键⑧:交替扩展时,每个通道非扩展×1扫线与扩展×5扫线同时显示在屏幕上,如图4-8-10所示。

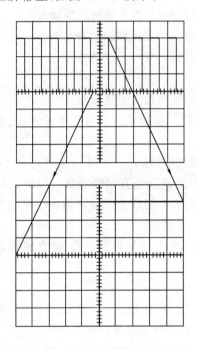

图4-8-9 水平扩展演示图

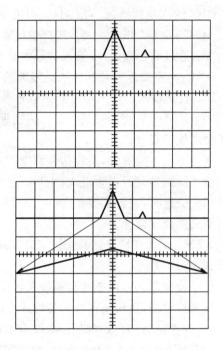

图4-8-10 交替扩展(ALT MAG)图

(4) 触发

触发源选择开关⑱:选择扫描触发信号源。

INT:内触发方式。

垂直工作在CH1/CH2单通道方式时,自动选择CH1或CH2信号为内触发信号;工作在DUAL,ADD(ALT,CHOP)双通道方式时,垂直方式CH1/CH2成为内触发选择开关,设置在CH1时选择CH1信号触发,设置在CH2时选择CH2信号触发。

ALT:交替触发。

垂直方式与触发源均在ALT方式时,组成交替触发,即垂直通道交替显示的同时触发信号通道也在交替转换,显示CH1时CH1信号触发,显示CH2时CH2信号触发。垂直工作在其他方式时,触发方式ALT与INT功能相同。

LINE:电源触发。

触发信号取自供电电源。

EXT:外触发。

经⑲输入的外触发信号作为扫描触发信号。

外触发输入连接器⑲:外触发信号的输入端。

触发电平旋钮⑰:与触发斜率选择开关共同使用,以调节触发脉冲在信号波形上形成的部位。

触发斜率选择开关⑩：开关释放位为"＋"斜率，开关按下位为"－"斜率。

选择"＋"斜率意味触发脉冲将形成在触发信号的正斜率波形段上，选择"－"斜率则意味触发脉冲将产生在触发信号的负斜率波形段上，如图4-8-11所示。

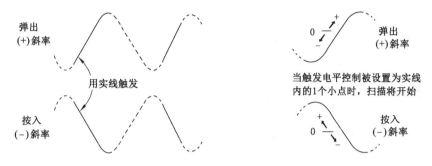

图 4-8-11　触发斜率对图形的影响

触发方式选择开关⑯：

AUTO(自动)：自动触发方式。

当无触发信号或检测不到有效触发信号时自动连续扫描，一旦触发信号出现则立即转入触发扫描状态，是示波器最经常使用的触发方式。

NORM(常态)：常态触发方式。

仅当输入信号被触发时，才会出现扫线。无信号输入或输入信号未被触发，CRT上不会出现扫线。当输入信号频率低于 25 Hz 时，应当使用 NORM 触发。

TV-H(行)：只有 Trig 方式放到 TV 时才用(H 同步)。

TV-V(帧)：Trig 方式放到 TV 时，才起作用，并且当 TV 信号的垂直信号已被同步时才使用。

注意：TV-V 和 TV-H 只有当同步信号是"－"时，才被同步。

Z-输入连接器(后面板)㊴：这是 1 个亮度调制输入端，用于整个 DC 系统，"＋"信号减少亮度，而"－"信号增加亮度。

CAL(校正)0.5 V 端⑦：这是 1 个校正用约 1 kHz、0.5 V 矩形波输出端，由于安装了CAL 端，可用来校正探头。

GND 端㉗：这是 1 个接地端。

2. SG1651A 型函数信号发生器(见图 4-8-12)

图 4-8-12　SG1651A 型函数信号发生器实物图

　　仪器的前后面板分别如图 4-8-13 和图 4-8-14 所示,其标志说明和功能见表 4-8-1。用面板右下方"50 Ω 输出"⑭来输出主信号;用背面"50 Hz 输出"⑲来输出 50 Hz 正弦信号。

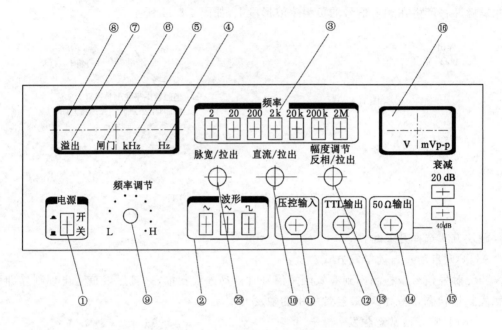

图 4-8-13　SG1651A 型函数信号发生器前面板及各部件介绍

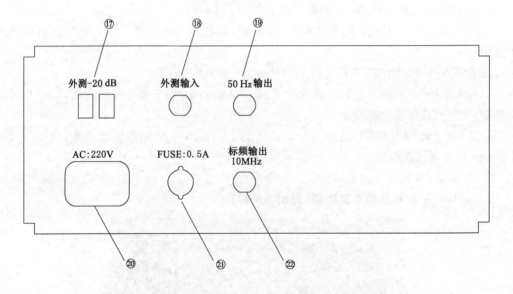

图 4-8-14　SG1651A 型函数信号发生器后面板及各部件介绍

表 4-8-1　SG1651A 型函数信号发生器标志说明和功能

序号	面板标志	名　称	作　　用
①	电源	电源开关	按下开关,电源接通,电源指示灯发亮
②	波形	波形选择	(1) 输出波形选择; (2) 与⑬、⑲配合可得到正、负向锯齿波和脉冲波
③	频率	频率选择开关	频率选择开关,与⑨配合选择工作频率; 外测频率时选择闸门时间
④	Hz	频率单位	指示频率单位,灯亮有效
⑤	kHz	频率单位	指示频率单位,灯亮有效
⑥	闸门	闸门显示	此灯闪烁,说明频率计正在工作
⑦	溢出	频率溢出显示	当频率超过 5 个 LED 所显示范围时灯亮
⑧	频率 LED	频率显示	所有内部产生频率或外测时的频率均由此 5 个 LED 显示
⑨	频率调节	频率调节	与③配合选择工作频率
⑩	直流/拉出	直流偏置调节旋钮	拉出此旋钮可设定任何波形的直流工作点,顺时针方向为正,逆时针方向为负,将此旋钮推进则直流电位为零
⑪	压控输入	压控信号输入	外接电压控制频率输入端
⑫	TTL 输出	TTL 输出	输出波形为 TTL 脉冲,可做同步信号
⑬	幅度调节反相/拉出	斜波倒置开关幅度调节旋钮	(1) 与㉓配合使用,拉出时波形反向; (2) 调节输出幅度
⑭	50 Ω 输出	信号输出	主信号波形由此输出,阻抗为 50 Ω
⑮	衰减	输出衰减	按下按键可产生－20 dB/－40 dB 衰减
⑯	V mV p-p	电压 LED	当电压输出端负载阻抗为 50 Ω 时,输出电压峰-峰值为显示值的 0.5 倍,若负载 (R_L) 变化时,则输出电压峰-峰值＝$[R_L/(50＋R_L)]×$显示值
⑰	外测－20 dB	外接输入衰减 20 dB	(1) 频率计内测和外测频率(按下)信号选择; (2) 外测频率信号衰减选择,按下时信号衰减 20 dB
⑱	外测输入	计数器外信号输入端	外测频率时,信号由此输入
⑲	50 Hz 输出	50 Hz 固定信号输出	50 Hz 固定频率正弦波由此输出
⑳	AC:220 V	电源插座	50 Hz 220 V 交流电源由此输入
㉑	FUSE:0.5A	电源保险丝盒	安装电源保险丝
㉒	标频输出 10 MHz	标频输出	10 MHz 标频信号由此输出
㉓	脉宽/拉出	脉宽调节	调节脉宽

3. 整流滤波实验盒

整流滤波电路原理图如图 4-8-15 所示。整个电路装于整流滤波实验盒内。整流滤波实验盒实物图如图 4-8-16 所示。

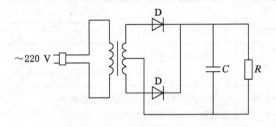

图 4-8-15　整流滤波电路原理图

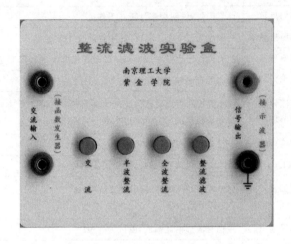

图 4-8-16　整流滤波实验盒实物图

　　整流滤波实验盒面板上左右两边有接线插孔，它们的功能已经在实验盒面板上标明。左边为交流输入，接函数发生器的 50 Ω 输出端，不分正负；右边为信号输出，黑色的必须接示波器的地端。中间有 4 个按键开关，它们的作用也已经标明；按下其中的任意一个，其余的按键便会弹起。输出的将是按下的按键所代表的信号波形，例如，按下"全波整流"按键，输出的就是交流信号经过全波整流后的信号波形。如果将信号接到示波器上，示波器将显示按下的按键所表示的波形。

4. 磁滞回线实验盒

　　图 4-8-17 为磁滞回线实验盒的电路图，其中变压器的铁芯是被研究的样品。由电磁理论可以证明，铁芯中磁场强度 H 与电势降 U_X 成正比，磁感应强度 B 与电势降 U_Y 成正比。

　　整个电路装于磁滞回线实验盒内，实物图如图 4-8-18 所示。研究的铁心材料有两种：一种是坡莫合金；另一种是硅钢片。

　　磁滞回线实验盒面板上左边 2 个插孔是交流输入，接函数发生器的 50 Ω 输出端，信号频率约 50 Hz，电压稍大一

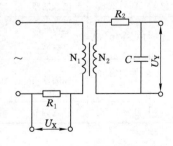

图 4-8-17　磁滞回线实验盒电路图

些。右边的 2 个插孔接到示波器的 Y 轴输入。下方靠左有 2 个插孔，接到示波器的 X 轴输入。这些插孔均有是否接地之分，不能搞错。下方靠右有 2 个按键开关，用于选择不同的磁性材料，可观察 2 种不同磁性材料的磁滞回线。

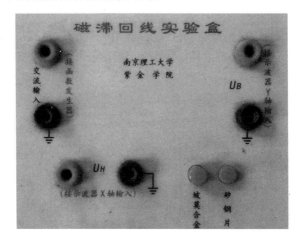

图 4-8-18　磁滞回线实验盒实物图

【实验步骤】

（1）熟悉 6502A 型示波器的使用，观察信号发生器输出信号的波形

① 了解示波器的型号，弄清面板上各旋钮和开关的作用后再开始进行实验。

② 接通示波器的电源，其余各按键均不要按下。"CH1 耦合方式"开关㉙打在中间"GND"挡，"触发方式"开关⑯打在自动扫描"AUTO"，熟悉"亮度""聚焦""X 轴位移""Y 轴位移"各旋钮的作用，使亮度适中、聚焦清晰。若荧光屏上出现一条水平横线，这是由于开关㉙打在"GND"，输入放大器输入端接地，无信号输入，故这条横线是扫描信号产生的，水平方向的距离与时间成正比，因此是一条时间基线，它可以代表时间轴。

③ 参看有关信号发生器的说明，弄清信号发生器面板上各旋钮、接线柱的作用后，将信号发生器"随时间按正弦规律变化"的电压用"探头"输入 6502A 型示波器"CH1 输入"端，开关㉙打到上方交流（AC）挡。X 轴信号采用示波器本身的扫描电压，触发方式用"自动触发"（开关⑯打到最上面），触发源选择"内触发"（开关⑱打到最上面），根据所要观察信号的频率选择适当的扫描时基（TIME/DIV），并根据信号的幅度选择合适的电压灵敏度（V/DIV），再调节触发电平至信号的幅度范围内，使信号波形能稳定显示，并使波形从合适的位置开始扫描。将 CH1 垂直灵敏度微调旋钮㉜和时基微调旋钮⑫顺时针拧到头，使它们处于校准位置"CAL"。调节信号发生器输出信号的频率，使得荧光屏上刚好显示 1 个完整的波形。测量出信号的幅度和周期。

保持信号频率不变，调节扫描时基选择开关⑮和时基微调旋钮⑫，改变扫描电压周期，分别调出扫描电压周期为信号周期 2 倍和 3 倍时的波形，并在方格坐标纸上定量描出观察到的波形。

（2）观测整流滤波信号

看清"整流滤波实验盒"面板。将函数信号发生器的主信号调到 50 Hz、20 V，将其接到

"整流滤波实验盒"的输入端,不分正负。

将"整流滤波实验盒"输出端输出的信号接到示波器"CH1 输入连接器"㉚或"CH2 输入连接器"㉔;用"CH1/CH2 选择按键"㉞选择相应的输入通道,按键弹出位为"CH1",按入位为"CH2"。

依次按下"整流滤波实验盒"上的"交流""半波整流""全波整流""整流滤波"按键,观察各种信号,定量测量它们的周期和电压,并描绘它们的波形。此时横轴代表时间 t,纵轴代表电压 U。

注意:经过整流、滤波后,信号带有直流成分,故观测整流、滤波信号时,㉒或㉙应向下打,选用直流耦合方式"DC"。

(3) 观察李萨如图形

将函数信号发生器正面输出的主信号(正弦信号)输入 6502A 型示波器的"CH1 输入连接器"㉚。

将函数信号发生器背面引出的"50Hz"输出信号输入 6502A 型示波器的"CH2 输入连接器"㉔。

按下示波器"XY 方式键"⑪。

改变函数信号发生器输出主信号的频率,观察频率比 $f_x : f_y$ 分别为 1、2、3 时的李萨如图形,并把它们描绘下来。

此时纵轴和横轴分别代表 2 个信号的振幅,可以直接写成 y 和 x。

(4) 观察磁滞回线

按下示波器"XY 方式键"⑪。看清"磁滞回线实验盒"面板。

将函数信号发生器的主信号接到"磁滞回线实验盒"的输入端;将"磁滞回线实验盒"输出的"U_H"信号接到 6502A 型示波器的"CH1 输入连接器"㉚,将"磁滞回线实验盒"输出的"U_B"信号接到 6502A 型示波器的"CH2 输入连接器"㉔,接线时请注意正端(红夹子)接红接线柱,负端(黑夹子)接黑接线柱。

分别按下"坡莫合金"和"硅钢片"按键,适当调节函数信号发生器输出正弦信号的大小(约 20V)和频率(约 50Hz),观察并描绘 2 种不同磁性材料的磁滞回线。

此时横轴代表磁场强度 H,纵轴代表磁感应强度 B。由于不能确定定量关系,故只表示相对值。

实验完毕,示波器和函数发生器上的线请不要拔下。

【实验结果记录】

将所测得的信号波形描绘下来,并画出相应的坐标轴。对正弦信号和整流滤波信号,要求记下它们的周期和电压;对李萨如图形,要记下信号的频率;对磁滞回线,只是相对测量,故不必标具体数值,但要标明坐标轴所代表的物理量。

【思考题】

① 为什么观测整流滤波信号时,开关㉒或㉙应向下打,选用直流耦合方式"DC"?

② 交流电电压的峰值和有效值之间有怎样的关系?经过整流滤波后得到的直流电电压接近交流电电压的有效值还是峰值?

【拓展阅读】

1909 年的诺贝尔物理学奖得主卡尔·费迪南德·布朗(Karl Ferdinand Braun)于 1897

年发明了世界上第一台阴极射线管示波器,至今许多德国人仍称 CRT 为布朗管。

根据 IEEE 的文献记载,1972 年英国的尼科莱(Nicolet)公司发明了第一台数字示波器(DSO),到了 1996 年惠普科技(安捷伦科技前身)发明了全球第一台混合信号示波器(MSO)。

医院使用的心电监护仪就是示波器的经典应用。它将肉眼所看不见的心电信号、呼吸频率、血压、体温、脉搏等生理参数进行精密测量,并很直观地将相关数据直接输出到显示器上面,供医护人员来对病人的病情进行判定和治疗。

实验 9　霍 耳 效 应

霍耳效应是导电材料中的电流与磁场相互作用而产生电动势的效应。1879 年美国霍普金斯大学研究生霍耳(E. H. Hall)在研究金属导电机构时发现了这种电磁现象,故称霍耳效应。后来曾有人利用霍耳效应制成测量磁场的磁传感器,但因金属的霍耳效应太弱而未能得到实际应用。随着半导体材料和制造工艺的发展,人们又利用半导体材料制成霍耳器件,由于它的霍耳效应显著而得到实用和发展,现在广泛用于非电量检测、电动控制、电磁测量和计算装置等方面。电流体中的霍耳效应也是目前研究的"磁流体发电"的理论基础。近年来,霍耳效应实验不断有新发现。1980 年德国物理学家冯·克利青(K. von Klitzing)研究二维电子气系统的输运特性,在低温和强磁场下发现了量子霍耳效应,这是凝聚态物理领域最重要的发现之一。目前对量子霍耳效应正在进行深入研究,并取得了重要应用,如用于确定电阻的自然基准,可以极为精确地测量光谱精细结构常数等。

在磁场、磁路等磁现象的研究和应用中,霍耳效应及其器件是不可缺少的,利用它观测磁场,直观、干扰小、灵敏度高、效果明显。

【实验目的】

① 了解霍耳效应原理及测量霍耳器件有关参数。

② 学习用"异号法"消除副效应产生的系统误差。

③ 测绘霍耳器件的 U_H-I_S,U_H-I_M 曲线,了解霍耳电势差 U_H 与霍耳器件控制(工作)电流 I_S、励磁电流 I_M 之间的关系。

④ 学习利用霍耳效应测量磁感应强度 B 及磁场分布。

⑤ 判断霍耳器件载流子的类型,并计算其浓度。

【实验仪器】

① ZKY—HS 霍耳效应实验仪。

② ZKY—HC 霍耳效应测试仪。

【实验原理】

(1) 霍耳效应简介

霍耳效应从本质上讲是运动的带电粒子在磁场中受洛伦兹力的作用而引起的偏转。当带电粒子(电子或空穴)被约束在固体材料中,这种偏转就导致在垂直电流和磁场的方向上产生正负电荷在不同侧的聚积,从而形成附加的横向电场。

如图 4-9-1 所示,磁场 B 位于 Z 轴的正方向,与之垂直的半导体薄片上沿 X 轴正方向通以电流 I_S(称为控制电流或工作电流),假设载流子为电子(N 型半导体材料),它沿着与电流 I_S 相反的 X 轴负方向运动。

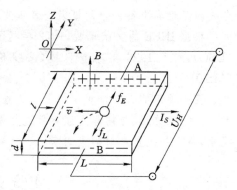

由于洛伦兹力 f_L 的作用,电子即向图中虚线箭头所指的位于 Y 轴负方向的 B 侧偏转,并在 B 侧形成电子积累,而在相对的 A 侧形成正电荷积累。与此同时,运动的电子还受到由于两种积累的异种电荷形成的电场力 f_E 的作用,随着电荷积累量的增加,f_E 增大,当两力大小相等、方向相反时,

图 4-9-1 霍耳效应原理图

电子积累便达到动态平衡。这时在 A、B 两端面之间建立的电场为霍耳电场,相应的电动势称为霍耳电势差 U_H。

设电子按均一速度 $\bar{v}$ 向图示的 X 轴负方向运动,在磁场作用下,所受洛伦兹力为 $f_L = e\bar{v}B$,指向 Y 轴负方向。式中,e 为元电荷;$\bar{v}$ 为电子漂移平均速度;B 为磁感应强度。

同时,电场作用于电子的力为 $f_E = eE_H = eU_H/l$,指向 Y 轴正方向。式中,E_H 为霍耳电场强度;U_H 为霍耳电势差;l 为霍耳器件宽度。

当达到动态平衡时,两力方向相反、大小相等:

$$f_L = f_E \qquad \bar{v}B = U_H/l \tag{4-9-1}$$

式中,l 为霍耳器件宽度。设其厚度为 d,载流子浓度为 n,则霍耳器件的控制(工作)电流为:

$$I_S = ne\bar{v}ld \tag{4-9-2}$$

由式(4-9-1)、式(4-9-2)可得:

$$U_H = E_H l = \frac{1}{ne}\frac{I_S B}{d} = R_H \frac{I_S B}{d} \tag{4-9-3}$$

即霍耳电势差 U_H(A、B 间电压)与 I_S 和 B 成正比,而与霍耳器件的厚度成反比。比例系数 $R_H = \frac{1}{ne}$ 称为霍耳系数,它是反映材料霍耳效应强弱的重要参数。根据材料的电导率 $\sigma = ne\mu$ 的关系,还可以得到:

$$R_H = \mu/\sigma = \mu\rho \tag{4-9-4}$$

式中,ρ 为材料的电阻率;μ 为载流子的迁移率,即单位电场下载流子的运动速度。一般电子迁移率大于空穴迁移率,因此制作霍耳器件时大多采用 N 型半导体材料。

当霍耳器件的材料和厚度确定时,设:

$$K_H = R_H/d = 1/ned \tag{4-9-5}$$

将式(4-9-5)代入式(4-9-3)得:

$$U_H = K_H I_S B \tag{4-9-6}$$

式中,K_H 称为器件的灵敏度,它表示霍耳器件在单位磁感应强度和单位控制电流下的霍耳电势差,其单位是 mV/(mA·T) 或 V/(A·T),一般要求 K_H 越大越好。

由于金属的电子浓度 n 很高,所以它的 R_H 或 K_H 都不大,因此不适宜做霍耳器件。此

外器件厚度 d 越小，K_H 越大，所以制作时，往往采用减小 d 的办法来增加灵敏度，但不能认为 d 越小越好，因为此时器件的输入和输出电阻将会增加，这对锗器件是不利的。

应当注意，当磁感应强度 B 和器件平面法线成一角度时（见图 4-9-2），作用在器件上的有效磁场是其法线方向上的分量 $B\cos\theta$，此时：

$$U_H = K_H I_s B \cos\theta \tag{4-9-7}$$

所以一般在使用时应调整器件两平面方位，使 U_H 达到最大，即 $\theta=0$，有：

$$U_H = K_H I_s B \cos\theta = K_H I_s B \tag{4-9-8}$$

由式（4-9-7）可知，当控制（工作）电流 I_s 或磁感应强度 B 两者之一改变方向时，霍耳电势差 U_H 的极性随之改变；若两者方向同时改变，则霍耳电势差 U_H 极性不变。

霍耳器件测量磁场的基本电路如图 4-9-3 所示，将霍耳器件置于待测磁场的相应位置，并使器件平面与磁感应强度 B 垂直，在其控制端输入恒定的工作电流 I_s，霍耳器件的霍耳电势差输出端接毫伏表，测量霍耳电势差 U_H 的值。

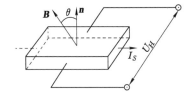 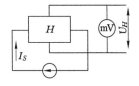

图 4-9-2　磁场与霍耳器件不垂直的示意图　　　图 4-9-3　霍耳器件测量磁场的基本电路图

（2）实验系统误差及其消除

测量霍耳电势差 U_H 时，不可避免地会产生一些副效应，由此而产生的附加电势差叠加在霍耳电势差上，形成测量系统误差，这些副效应有以下几种。

① 不等位电势 U_0：制作时，两个霍耳电势电极不可能绝对对称地焊在霍耳器件两侧 [图 4-9-4(b)]、霍耳器件电阻率不均匀、控制电流极的端面接触不良 [图 4-9-4(a)] 等都可能造成 A、B 两极不处在同一等位面上，此时虽未加磁场，但 A、B 间存在电势差 U_0，称之为不等位电势。U_0 与 I_s 成正比，且其正负随 I_s 的方向而改变，而与 B 的方向无关。

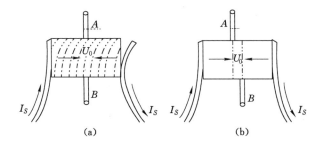

图 4-9-4　不等位电势成因示意图

② 埃廷豪森效应：如图 4-9-5 所示，当器件的 X 方向通以工作电流 I_s，Z 方向加磁场 B 时，由于霍耳器件内的载流子速度服从统计分布，有快有慢，在达到动态平衡时，在磁场的作用下慢速与快速的载流子将在洛伦兹力和霍耳电场的共同作用下，沿 Y 轴分别向相反的两

侧偏转,这些载流子的动能转化为热能,使两侧的温升不同,从而造成 Y 方向上的两侧的温差(T_A-T_B)。

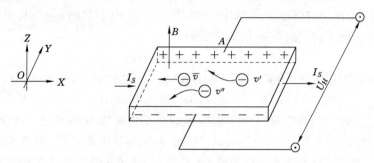

图 4-9-5 埃廷豪森效应成因示意图
($\bar{v}$ 为电子运动平均速度,图中 $v'<\bar{v}$,$v''>\bar{v}$)

因为霍耳电极和器件两者材料不同,电极和器件之间形成温差电偶,这一温差在 A、B 间产生温差电动势 U_E,$U_E \propto I_S B$,这一效应称埃廷豪森效应。U_E 的大小和正负符号与 I_S、B 的大小和方向有关,这种关系跟 U_H 与 I_S、B 的关系相同,所以不能通过异号法在测量中消除。

③ 能斯特效应:由于控制电流的 2 个电极与霍耳器件的接触电阻不同,控制电流在两电极处将产生不同的焦耳热,引起两电极间的温差电动势,此电动势又产生温差电流(称为热电流)I_Q,热电流的载流子在磁场作用下将发生偏转,结果在 Y 方向上产生附加的电势差 U_N,且 $U_N \propto I_Q B$。这一效应称为能斯特效应。由上式可知,U_N 的符号只与 B 的方向有关,而与 I_S 的方向无关。

④ 里吉—勒迪克效应:如③所述,霍耳器件在 X 方向有温度梯度 $\dfrac{\mathrm{d}T}{\mathrm{d}x}$,引起载流子沿梯度方向扩散而有热电流 I_Q 通过器件,在此过程中载流子受 Z 方向的磁场 B 作用,在 Y 方向引起类似埃廷豪森效应的温差(T_A-T_B)。由此产生的电势差 $U_S \propto I_Q B$,其符号只与 B 的方向有关,与 I_S 的方向无关。

为了减少和消除以上效应引起的附加电势差,利用这些附加电势差与霍耳器件控制(工作)电流 I_S 以及磁场 B(即相应的励磁电流 I_M)的关系,采用异号法进行测量。

当$+I_M$,$+I_S$ 时:
$$U_1 = U_H + U_0 + U_E + U_N + U_S$$

当$+I_M$,$-I_S$ 时:
$$U_2 = -U_H - U_0 - U_E + U_N + U_S$$

当$-I_M$,$-I_S$ 时:
$$U_3 = +U_H - U_0 + U_E - U_N - U_S$$

当$-I_M$,$+I_S$ 时:
$$U_4 = -U_H + U_0 - U_E - U_N - U_S$$

对以上四式作如下运算,则得:

$$\frac{1}{4}(U_1 - U_2 + U_3 - U_4) = U_H + U_E \tag{4-9-9}$$

可见,除埃廷豪森效应以外的其他副效应产生的电势差会全部消除。因埃廷豪森效应

所产生的电势差 U_E 的符号和霍耳电势差 U_H 的符号与 I_S 及 B 的方向关系相同,故无法消除。但在非大电流、非强磁场的情况下, $U_H \gg U_E$,因而 U_E 可以忽略不计,有:

$$U_H \approx U_H + U_E = \frac{U_1 - U_2 + U_3 - U_4}{4} \qquad (4\text{-}9\text{-}10)$$

注意:式中各 U 均带有正负号。

一般情况下,当 U_H 较大时, U_1 与 U_3 同号,均为正; U_2 与 U_4 同号,而且均为负。在这种情况下, $(U_1 - U_2 + U_3 - U_4)/4 = (|U_1| + |U_2| + |U_3| + |U_4|)/4$,即用 4 次测量值的绝对值之和求平均值即可。

【仪器描述】

本实验的仪器由 ZKY—HS 霍耳效应实验仪和 ZKY—HC 霍耳效应测试仪两大部分组成。

(1) ZKY—HS 霍耳效应实验仪

本实验仪外形如图 4-9-6 所示,它由电磁铁、二维移动标尺、3 个换向闸刀开关、霍耳器件及引线组成。

图 4-9-6　ZKY—HS 霍耳效应实验仪

① 电磁铁:电磁铁线包绕向见图 4-9-7。

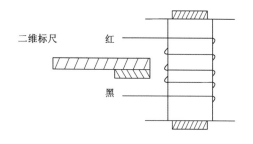

图 4-9-7　电磁铁线包绕向图

② 二维移动标尺及霍耳器件：

水平标尺：$0 \sim 50$ mm；

垂直标尺：$0 \sim 30$ mm；

霍耳器件材料：N 型砷化镓；

长度 L：300 μm；

宽度 l：100 μm；

厚度 d：2 μm。

霍耳器件上有 4 只引脚，其中编号为 1、2 的两只为霍耳器件工作电流端，编号为 3、4 的两只为霍耳器件电压输出端。同时将这 4 只引脚焊接在玻璃丝布板上，然后引到仪器换向闸刀开关上，遂能方便地进行实验，具体位置关系如图 4-9-8 所示。

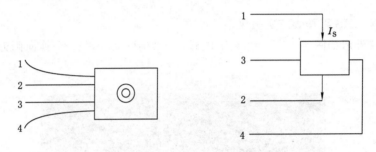

图 4-9-8　霍耳器件引脚示意图

霍耳器件灵敏度 K_H[单位为 mV/(mA·T)]、霍耳器件不等位电势 U_0 在每台实验仪面板上用标牌标示，供参考。

③ 3 个换向闸刀开关分别对励磁电流 I_M、工作(控制)电流 I_S、霍耳电势差 U_H 进行通断和换向控制，如图 4-9-9 的示。

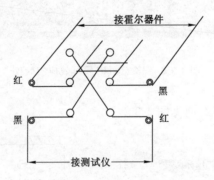

图 4-9-9　换向闸刀开关示意图

(2) ZKY—HC 霍耳效应测试仪

如图 4-9-10 所示，仪器面板分为三大部分。

① 励磁电流 I_M 输出：前面板右侧；

三位半数码管显示输出电流值 I_M(mA)；

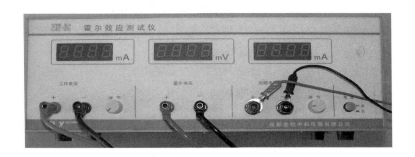

图 4-9-10 ZKY—HC 霍耳效应测试仪

输出直流恒流可调 $0\sim1\,000$ mA(用调节旋钮调节)。

② 霍耳器件工作(控制)电流输出:前面板左侧;

三位半数码管显示输出电流值 I_S(mA);

输出直流恒流可调 $1.50\sim10.00$ mA(用调节旋钮调节)。

注意:只有在接通负载时,恒流源才能输出电流,数显表上才有相应显示。

以上两组恒流源只能在规定的负载范围内恒流,与之配套的"实验仪"上的负载应符合要求。若要作他用须注意。

③ 霍耳电势差 U_H 输入:前面板中部;

四位数码管显示输入电势差 U_H(mV);

测量范围:±199.9 mV。

若要测量交流磁场和研究交流工作电流对霍耳器件的影响等,则必须另外提供有效值与以上直流恒流源相近的交流电源,方可进行实验。

仪器背部为 220 V 交流电源插座及保险丝。

(3)注意事项

① 霍耳器件及二维移动标尺易于发生折断、变形等损坏,应注意避免受挤压、碰撞等。实验前应检查两者及电磁铁是否松动、移位,并加以调整。

② 二维移动标尺的移动范围是有限的,所以,当它快移到极限位置时,就不能继续使劲拧动了,否则二维移动标尺非常容易损坏。

③ 为了不使电磁铁过热而受到损害或影响测量精度,除在短时间内测量和读取有关数据,通过励磁电流 I_M 外,其余时间最好断开励磁电源开关。

④ 仪器不宜在强光照射下,以及高温、强磁场和有腐蚀气体的环境下工作和存放。

【实验步骤】

(1)仪器的连接

按仪器面板上的文字和符号提示将 ZKY—HS 霍耳效应实验仪与 ZKY—HC 霍耳效应测试仪正确连接。

① ZKY—HC 霍耳效应测试仪面板右下方为提供励磁电流 I_M 的恒流源输出端($0\sim1\,000$ mA),接霍耳效应实验仪上电磁铁线圈电流的输入端(将连线与接线柱连接)。

② "测试仪"左下方为提供霍耳器件控制(工作)电流 I_S 的恒流源($1.50\sim10.00$ mA)输

出端,接"实验仪"霍耳器件工作电流输入端(将插头插入插座)。

③ "实验仪"上霍耳器件的霍耳电势差 U_H 输出端,接"测试仪"中部下方的霍耳电势差输入端。

④ 将测试仪与 220 V 交流电源接通。

通常仪器上的线已连好,请仔细检查后投入使用。用毕,不必将线拆下。

(2) 研究霍耳效应与霍耳器件特性

① 验证 U_H 与 I_S 间的正比关系:

(a) 移动二维标尺,使霍耳器件基本处于气隙中心位置。

(b) 调节励磁电流 I_M 为 500 mA。

(c) 调节控制(工作)电流 $I_S=2.00,3.00,\cdots,10.00$ mA,测量对应的霍耳电势差 U_H,数据填入表 4-9-1。注意每一个 U_H 均要测量 U_1,U_2,U_3,U_4,然后通过计算方能得到 U_H。

(d) 描绘 U_H-I_S 关系曲线。如其为一直线,则证明 $U_H \propto I_S$。

② 验证 U_H 与 B 之间的正比关系:

对于磁场中确定的一点,当励磁电流在适当范围内变化时,该点的磁感应强度与励磁电流 I_M 基本成正比。在此前提下,只要证明 $U_H \propto I_M$,也就证明了 $U_H \propto B$。

(a) 保持霍耳器件处于前述实验的位置。

(b) 调节控制(工作)电流 $I_S=6.00$ mA。

(c) 调节励磁电流 $I_M=100,150,\cdots,500$ mA,测量对应的霍耳电势差 U_H,数据填入表 4-9-2。注意二维标尺移动时不可超过极限位置。

(d) 描绘 U_H-I_M 曲线,由于磁感应强度 B 基本上正比于励磁电流 I_M,所以如其为一直线,则证明了 $U_H \propto B$。

③ 测量霍耳器件灵敏度 K_H,计算载流子浓度 n:

(a) 调节励磁电流 I_M 为 500 mA,使用特斯拉计测量此时气隙中心磁感应强度 B。特斯拉计的使用见其说明书或者由实验室给出该 B 值。

(b) 移动二维标尺,使霍耳器件处于气隙中心位置。

(c) 调节 $I_S=10.00$ mA,测量霍耳电势差 U_H。

(d) 据式(4-9-6)可求得 K_H,据式(4-9-5)可计算载流子浓度 n。

(3) 测量电磁铁气隙中磁感应强度 B 及分布情况

① 将霍耳器件置于电磁铁气隙中心,调节 $I_M=500$ mA,$I_S=10.00$ mA,测量相应的 U_H。

② 将霍耳器件从一侧移动到另一侧,每隔 5 mm 选 1 个点测出相应的 U_H,填入表 4-9-3。注意二维标尺移动时不可超过极限位置。

③ 由以上所测 U_H 值,用式(4-9-6)计算出各点的磁感应强度,并绘出 B-X 图,显示出气隙内 B 的分布状态。

【数据记录与处理】

必须写明必要的中间计算过程,物理量须写明单位,注意数据的有效数字位数。

(1) 测量 U_H-I_S 关系

表 4-9-1　$I_M = 500$ mA

I_S/mA	2.00	3.00	4.00	5.00	6.00	7.00	8.00	9.00	10.00
U_1/mV									
U_2/mV									
U_3/mV									
U_4/mV									
U_H/mV									

（2）测量 U_H-I_M 关系

表 4-9-2　$I_S = 6.00$ mA

I_M/mA	100	150	200	250	300	350	400	450	500
U_1/mV									
U_2/mV									
U_3/mV									
U_4/mV									
U_H/mV									

（3）测量 K_H

$I_M = 500$ mA　　　　　　$I_S = 10.00$ mA

$B =$

$U_1 =$ 　　　　　；$U_2 =$ 　　　　　；$U_3 =$ 　　　　　；$U_4 =$

$U_H = \dfrac{1}{4}(U_1 - U_2 + U_3 - U_4) =$ 　　　　　　　　　　 $=$

$K_H = \dfrac{U_H}{I_S B} =$ 　　　　　　 $=$

（4）测量电磁铁气隙中磁感应强度 B 的分布情况

表 4-9-3　$I_M = 500$ mA, $I_S = 10.00$ mA

X/mm	0	5	10	15	20	25	30	35	40	45	50
U_1/mV											
U_2/mV											
U_3/mV											
U_4/mV											
U_H/mV											
B/T											

（5）作图

【拓展阅读】

1980 年，德国物理学家冯·克利青等在研究极低温度和强磁场中的半导体时发现了量子霍耳效应,克利青为此获得了 1985 年的诺贝尔物理学奖。1982 年,美籍华裔物理学家崔琦和美国物理学家劳克林、施特默在更强磁场下研究量子霍耳效应时发现了分数量子霍耳效应,他们为此获得了 1998 年的诺贝尔物理学奖。2005 年,英国科学家安德烈·海姆和康斯坦丁·诺沃肖洛夫在实验中成功地从石墨中分离出石墨烯,在常温下观察到了量子霍耳效应,他们于 2010 年获得了诺贝尔物理学奖。2007 年,张首晟教授预言"量子自旋霍耳效应",之后被实验证实。2010 年,中科院物理所方忠、戴希带领的团队与张首晟教授等合作,从理论与材料设计上取得了突破,他们提出磁性离子掺杂的一些拓扑绝缘体能形成稳定的铁磁绝缘体,是实现量子反常霍耳效应的最佳体系。2013 年 3 月 15 日凌晨,世界著名权威学术刊物《科学》在线发表了中国科学家薛其坤团队发现"量子反常霍耳效应"的消息。2018 年 12 月 18 日,英国《自然》杂志刊登复旦大学物理学系修发贤课题组的最新研究成果《砷化镉中基于外尔轨道的量子霍耳效应》,这也是中国科学家首次在三维空间中发现量子霍耳效应。

根据霍耳效应做成的霍耳器件,就是以磁场为工作媒介,将物体的运动参量转变为数字电压的形式输出,使之具备传感和开关的功能,因此至今没有广泛应用于个人电脑和便携式计算机上。迄今为止,已在现代汽车上广泛应用的霍耳器件有:在分电器上做信号传感器、ABS 系统中的速度传感器、汽车速度表和里程表、液体物理量检测器、发动机转速及曲轴角度传感器、各种开关等。

实验 10 燃料电池综合特性的测定

燃料电池以氢和氧为燃料,通过电化学反应直接产生电力,能量转换效率高于燃烧燃料的热机。燃料电池的反应生成物为水,对环境无污染,单位体积氢的储能密度远高于现有的其他电池。因此它的应用从最早的宇航等特殊领域,到现在的电动汽车、手机电池等日常生活的各个方面,各国都投入巨资进行研发。

1839 年,英国人格罗夫(W. R. Grove)发明了燃料电池,历经近两百年,在材料、结构、工艺不断改进之后,进入了实用阶段。按燃料电池使用的电解质或燃料类型,可将现在和近期可行的燃料电池分为碱性燃料电池、质子交换膜燃料电池、直接甲醇燃料电池、磷酸燃料电池、熔融碳酸盐燃料电池、固体氧化物燃料电池 6 种主要类型,本实验研究其中的质子交换膜燃料电池。

燃料电池的燃料氢(反应所需的氧可从空气中获得)可通过电解水获得,也可由矿物或生物原料转化制成。本实验包含太阳能电池发电(光能-电能转换)、电解水制取氢气(电能-氢能转换)、燃料电池发电(氢能-电能转换)几个环节,可形成完整的能量转换、储存、使用的链条。实验内容紧密结合科技发展热点与实际应用,实验过程环保清洁。

能源为人类社会发展提供动力,长期依赖矿物能源使我们面临环境污染之害,资源枯竭之困。为了人类社会的持续健康发展,各国都致力研究开发新型能源。未来的能源系统中,太阳能将作为主要的一次能源替代目前的煤、石油和天然气,而燃料电池将成为取代汽油、柴油和化学电池的清洁能源。

【实验目的】

① 了解燃料电池的工作原理。

② 观察仪器的能量转换过程。

光能→太阳能电池→电能→电解池→氢能(能量储存)→燃料电池→电能。

③ 测量燃料电池输出特性,作出所测燃料电池的伏安特性(极化)曲线、电池输出功率随输出电压的变化曲线,计算燃料电池的最大输出功率及效率。

④ 测量质子交换膜电解池的特性,验证法拉第电解定律。

⑤ 测量太阳能电池的特性,作出所测太阳能电池的伏安特性曲线、电池输出功率随输出电压的变化曲线。获取太阳能电池的开路电压、短路电流、最大输出功率、填充因子等特性参数。

【实验仪器】

① 燃料电池综合特性实验仪。

② 氢燃料电池实验仪。

③ 可变负载。

④ 太阳能电池。

⑤ 连接导线。

⑥ 风扇。

⑦ 秒表等。

【实验原理】

(1) 燃料电池

质子交换膜燃料电池在常温下工作,具有启动快速、结构紧凑的优点,最适宜用作汽车或其他可移动设备的电源,近年来发展很快,其基本结构如图 4-10-1 所示。

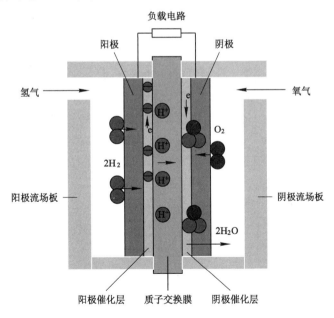

图 4-10-1　质子交换膜燃料电池结构示意图

目前广泛采用的全氟璜酸质子交换膜为固体聚合物薄膜,厚度 $0.05\sim0.1$ mm,它提供氢离子(质子)从阳极到达阴极的通道,而电子或气体不能通过。

催化层是将纳米量级的铂粒子用化学或物理的方法附着在质子交换膜表面,厚度约 0.03 mm,对阳极氢的氧化和阴极氧的还原起催化作用。

膜两边的阳极和阴极由石墨化的炭纸或炭布做成,厚度 0.2～0.5 mm,导电性能良好,其上的微孔提供气体进入催化层的通道,又称为扩散层。

商品燃料电池为了提供足够的输出电压和功率,需将若干单体电池串联或并联在一起,流场板一般由导电良好的石墨或金属做成,与单体电池的阳极和阴极形成良好的电接触,称为双极板,其上加工有供气体流通的通道。教学用燃料电池为直观起见,采用有机玻璃做流场板。

进入阳极的氢气通过电极上的扩散层到达质子交换膜。氢气分子在阳极催化剂的作用下解离为 2 个氢离子,即质子,并释放出 2 个电子,阳极反应为:

$$H_2 == 2H^+ + 2e \tag{4-10-1}$$

氢离子以水合质子 H_3O^+ 的形式,在质子交换膜中从一个璜酸基转移到另一个璜酸基,最后到达阴极,实现质子导电,质子的这种转移导致阳极带负电。

在电池的另一端,氧气或空气通过阴极扩散层到达阴极催化层,在阴极催化层的作用下,氧气与氢离子和电子反应生成水,阴极反应为:

$$O_2 + 4H^+ + 4e == 2H_2O \tag{4-10-2}$$

阴极反应使阴极缺少电子而带正电,结果在阴阳极间产生电压,在阴阳极间接通外电路,就可以向负载输出电能。总的化学反应如下:

$$2H_2 + O_2 == 2H_2O \tag{4-10-3}$$

阴极与阳极:在电化学中,失去电子的反应叫氧化,得到电子的反应叫还原。产生氧化反应的电极是阳极,产生还原反应的电极是阴极。对电池而言,阴极是电的正极,阳极是电的负极。

(2) 水的电解

将水电解会产生氢气和氧气,与燃料电池中氢气和氧气反应生成水互为逆过程。

水电解装置同样因电解质的不同而各异,碱性溶液和质子交换膜是最好的电解质。若以质子交换膜为电解质,可在图 4-10-1 右边电极接电源正极形成电解的阳极,在其上产生氧化反应 $2H_2O == O_2 + 4H^+ + 4e$。左边电极接电源负极形成电解的阴极,阳极产生的氢离子通过质子交换膜到达阴极后,产生还原反应 $2H^+ + 2e == H_2$。即在右边电极析出氧气,左边电极析出氢气。

做燃料电池和做电解器的电极在制造上通常有些差别,燃料电池的电极应利于气体吸纳,而电解器需要尽快排出气体。燃料电池阴极产生的水应随时排出,以免阻塞气体通道,而电解器的阳极必须被水淹没。

(3) 太阳能电池

太阳能电池利用半导体 PN 结接受光照射时的光伏效应发电。太阳能电池的基本结构就是一个大面积平面 PN 结。图 4-10-2 为 PN 结示意图。

P 型半导体中有相当数量的空穴,几乎没有自由电子。N 型半导体中有相当数量的自由电子,几乎没有空穴。当两种半导体结合在一起形成 PN 结时,N 区的电子(带负电)向 P 区扩散,P 区的空穴(带正电)向 N 区扩散,在 PN 结附近形成空间电荷区与势垒电场。势垒电场会使载流子向扩散的反方向做漂移运动,最终扩散与漂移达到平衡,使流过 PN 结的净

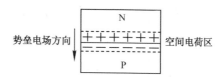

图 4-10-2　半导体 PN 结示意图

电流为零。在空间电荷区内,P 区的空穴被来自 N 区的电子复合,N 区的电子被来自 P 区的空穴复合,使该区内几乎没有能导电的载流子,又称为结区或耗尽区。

当光电池受光照射时,部分电子被激发而产生电子-空穴对,在结区激发的电子和空穴分别被势垒电场推向 N 区和 P 区,使 N 区有过量的电子而带负电,P 区有过量的空穴而带正电,PN 结两端形成电压,这就是光伏效应。若将 PN 结两端接入外电路,就可向负载输出电能。

【仪器描述】

仪器的构成如图 4-10-3 所示。

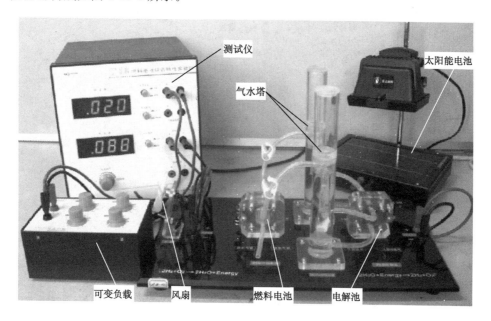

图 4-10-3　燃料电池综合特性实验仪

燃料电池、电解池、太阳能电池的原理见实验原理部分。

质子交换膜必须含有足够的水分,才能保证质子的传导。但水含量又不能过高,否则电极被水淹没,水阻塞气体通道,燃料不能传导到质子交换膜参与反应。如何保持良好的水平衡关系是燃料电池设计的重要课题。为保持水平衡,电池正常工作时排水口打开,在电解电流不变时,燃料供应量是恒定的。若负载选择不当,电池输出电流太小,未参加反应的气体从排水口泄漏,燃料利用率及效率都低。在适当选择负载时,燃料利用率约为 90%。

气水塔为电解池提供纯水(二次蒸馏水),可分别储存电解池产生的氢气和氧气,为燃料电池提供燃料气体。每个气水塔都是上下两层结构,上下层之间通过插入下层的连通管连接,下层顶部有一输气管连接到燃料电池。初始时,下层近似充满水,电解池工作时,产生的气体会汇聚在下层顶部,通过输气管输出。若关闭输气管开关,气体产生的压力会使水从下层进入上层,而将气体储存在下层的顶部,通过管壁上的刻度可知储存气体的体积。两个气水塔之间还有一个水连通管,加水时打开使两塔水位平衡,实验时切记关闭该连通管。

风扇作为定性观察时的负载,可变负载作为定量测量时的负载。

燃料电池综合特性实验仪面板如图 4-10-4 所示。实验仪可测量电流、电压。若不用太阳能电池做电解池的电源,可从实验仪供电输出端口向电解池供电。实验前需预热15 min。

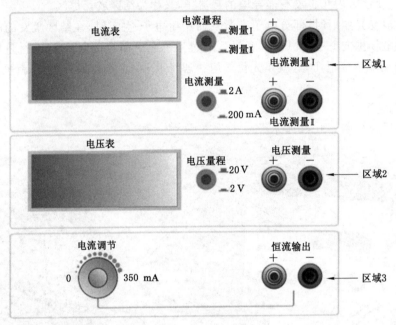

图 4-10-4　燃料电池综合特性实验仪前面板示意图

区域 1——电流表部分:作为一个独立的电流表使用。其中:

两个挡位:2 A 挡位和 200 mA 挡位,可通过电流挡位切换开关选择合适的电流挡位测量电流。

两个测量通道:电流测量Ⅰ和电流测量Ⅱ。通过电流测量切换键可以同时测量两条通道的电流。

区域 2——电压表部分:作为一个独立的电压表使用。共有两个挡位:20 V 挡位和 2 V 挡位,可通过电压挡位切换开关选择合适的电压挡位测量电压。

区域 3——恒流源部分:为燃料电池的电解池部分提供一个 0~350 mA 的可变恒流源。

【实验步骤】

(1) 质子交换膜电解池的特性测量

理论分析表明,若不考虑电解器的能量损失,在电解器上加 1.48 V 电压就可使水分解为氢气和氧气,而实际由于各种损失,输入电压高于 1.6 V 电解器才开始工作。

电解器的效率为:

$$\eta_{电解} = \frac{1.48}{U_{输入}} \times 100\% \qquad (4\text{-}10\text{-}4)$$

输入电压较低时虽然能量利用率较高,但电流小,电解的速率低。通常使电解器输入电压在 2 V 左右。

根据法拉第电解定律,电解生成物的量与输入电量成正比。在标准状态下(温度为 0 ℃,压力为 1 个大气压),设电解电流为 I,经过时间 t 生成的氢气体积(氧气体积为氢气体积的一半)的理论值为:

$$V_{氢气} = \frac{It}{2F} \times 22.4 \text{ L} \tag{4-10-5}$$

式中,$F = eN = 9.65 \times 10^4$ C/mol,为法拉第常数;$e = 1.602 \times 10^{-19}$ C,为元电荷;$N = 6.022 \times 10^{23}$,为阿伏加德罗常数;$\frac{It}{2F}$ 为产生的氢气分子的物质的量;22.4 L 为标准状态下气体的摩尔体积。

若实验时的摄氏温度为 T,所在地区气压为 p,根据理想气体状态方程,可对式(4-10-5)作修正:

$$V_{氢气} = \frac{273.16 + T}{273.16} \cdot \frac{p_0}{p} \cdot \frac{It}{2F} \times 22.4 \text{ L} \tag{4-10-6}$$

式中,p_0 为标准大气压。自然环境中,大气压受各种因素的影响,如温度和海拔等,其中海拔对大气压的影响最为明显,海拔与标准气压之间的对应关系可参考国家标准《环境条件分类 自然环境条件 气压》(GB/T 4797.2—2017)。

由于水的分子量为 18,且每克水的体积为 1 cm³,故电解池消耗的水的体积为:

$$V_{水} = \frac{It}{2F} \times 18 \text{ cm}^3 = 9.33It \times 10^{-5} \text{ cm}^3 \tag{4-10-7}$$

应当指出,式(4-10-6)和式(4-10-7)对燃料电池同样适用,只是其中的 I 代表燃料电池输出电流,$V_{氢气}$ 代表燃料消耗量,$V_{水}$ 代表电池中水的生成量。

确认气水塔水位在水位上限与下限之间。

将实验仪的电压源输出端与电流表串联后接入电解池,将电压表并联到电解池两端。

将气水塔输气管止水夹关闭,调节恒流源输出到最大(旋钮顺时针旋转到底),让电解池迅速产生气体。当气水塔下层的气体低于最低刻度线时,打开气水塔输气管止水夹,排出气水塔下层的空气。如此反复 2～3 次后,气水塔下层的空气基本排尽,剩下的就是纯净的氢气和氧气了。根据表 4-10-1 中的电解池输入电流,调节恒流源的输出电流,待电解池输出气体稳定后(约 1 min),关闭气水塔输气管。测量输入电流、电压及产生一定体积的气体的时间,记入表 4-10-1 中。

表 4-10-1　电解池的特性测量

输入电流 I/A	输入电压 U/V	时间 t/s	电量 It/C	氢气产生量测量值/L	氢气产生量理论值/L
0.10					
0.20					
0.30					

由式(4-10-6)计算氢气产生量的理论值,并与氢气产生量的测量值比较。若不管输入

电压与电流大小,氢气产生量只与电量成正比,且测量值与理论值接近,即验证了法拉第定律。

(2)燃料电池输出特性的测量

在一定的温度与气体压力下,改变负载电阻的大小,测量燃料电池的输出电压与输出电流之间的关系,如图 4-10-5 所示。电化学家将其称为极化特性曲线,习惯用电压做纵坐标,电流做横坐标。

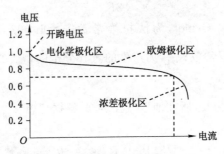

图 4-10-5　燃料电池的极化特性曲线

理论分析表明,如果燃料的所有能量都被转换成电能,则理想电动势为 1.48 V。实际燃料的能量不可能全部转换成电能,例如总有一部分能量转换成热能,少量的燃料分子或电子穿过质子交换膜形成内部短路电流等,故燃料电池的开路电压低于理想电动势。

随着电流从零增大,输出电压有一段下降较快,主要是因为电极表面的反应速度有限,有电流输出时,电极表面的带电状态改变,驱动电子输出阳极或输入阴极时,产生的部分电压会被损耗掉,这一段被称为电化学极化区。

输出电压的线性下降区的电压降,主要是电子通过电极材料及各种连接部件,离子通过电解质的阻力引起的,这种电压降与电流成比例,所以被称为欧姆极化区。

输出电流过大时,燃料供应不足,电极表面的反应物浓度下降,使输出电压迅速降低,而输出电流基本不再增加,这一段被称为浓差极化区。

综合考虑燃料的利用率(恒流供应燃料时可表示为燃料电池电流与电解电流之比)及输出电压与理想电动势的差异,燃料电池的效率为:

$$\eta_{电池} = \frac{I_{电池}}{I_{电解}} \cdot \frac{U_{输出}}{1.48} \times 100\% = \frac{P_{输出}}{1.48 \times I_{电解}} \times 100\% \tag{4-10-8}$$

在某一输出电流时,燃料电池的输出功率相当于图 4-10-5 中虚线围出的矩形区,在使用燃料电池时,应根据伏安特性曲线,选择适当的负载匹配,使效率与输出功率达到最大。

实验时让电解池输入电流保持在 300 mA,关闭风扇。

将电压测量端口接到燃料电池输出端。打开燃料电池与气水塔之间的氢气、氧气连接开关,等待约 10 min,让电池中的燃料浓度达到平衡值,电压稳定后记录开路电压值。

将电流量程按钮切换到 200 mA 挡位。可变负载调至最大,电流测量端口与可变负载串联后接入燃料电池输出端,改变负载电阻,使输出电压值如表 4-10-2 所示(输出电压可能无法精确到表中所示数值,只需相近即可),稳定后记录电压、电流值。

表 4-10-2　　燃料电池输出特性的测量　　　　　　　电解电流＝　　　mA

输出电压 U/V		0.90	0.85	0.80	0.75	0.70				
输出电流 I/mA	0									
功率 $P(=U \times I)/mW$	0									

　　负载电阻猛然调得很低时，电流会猛然升到很高，甚至超过电解电流值，这种情况是不稳定的，重新恢复稳定需较长时间。为避免出现这种情况，输出电流高于 210 mA 后，每次调节电阻减小 0.5 Ω；输出电流高于 240 mA 后，每次调节电阻减小 0.2 Ω，每测量一点的平衡时间稍长一些（约需 5 min）。稳定后记录电压、电流值。

　　作出所测燃料电池的极化曲线。

　　作出该电池输出功率随输出电压的变化曲线。

　　该燃料电池最大输出功率是多少？最大输出功率时对应的效率是多少？

　　实验完毕，关闭燃料电池与气水塔之间的氢气、氧气连接开关，切断电解池输入电源。

　　（3）太阳能电池的特性测量

　　在一定的光照条件下，改变太阳能电池负载电阻，测量输出电压与输出电流之间的关系，如图 4-10-6 所示。

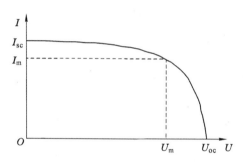

图 4-10-6　太阳能电池的伏安特性曲线

　　U_{oc} 代表开路电压，I_{sc} 代表短路电流，图 4-10-6 中虚线围出的面积为太阳能电池的输出功率。与最大功率对应的电压称为最大工作电压 U_m，对应的电流称为最大工作电流 I_m。

　　表征太阳能电池特性的基本参数还包括光谱响应特性、光电转换效率、填充因子等。

　　填充因子 FF 定义为：

$$FF = \frac{U_m I_m}{U_{oc} I_{sc}} \tag{4-10-9}$$

　　它是评价太阳能电池输出特性的一个重要参数，它的值越高，表明太阳能电池输出特性曲线越趋近于矩形，电池的光电转换效率越高。

　　将电流测量端口与可变负载串联后接入太阳能电池的输出端，将电压表并联到太阳能电池两端。保持光照条件不变，改变太阳能电池负载电阻，测量输出电压、电流值，并计算输出功率，记入表 4-10-3 中。

表 4-10-3　太阳能电池输出特性的测量

输出电压 U/V										
输出电流 I/mA										
功率 $P(=U\times I)$/mW										

作出所测太阳能电池的伏安特性曲线。

作出该电池输出功率随输出电压的变化曲线。

该太阳能电池的开路电压 U_{oc},短路电流 I_{sc} 是多少? 最大输出功率 P_m 是多少? 最大工作电压 U_m,最大工作电流 I_m 是多少? 填充因子 FF 是多少?

【注意事项】

① 使用前应首先详细阅读说明书。

② 该实验系统必须使用去离子水或二次蒸馏水,容器必须清洁干净,否则将会损坏系统。

③ 质子交换膜电解池的最高工作电压为 6 V,最大输入电流为 1 000 mA,否则将极大地伤害 PEM 电解池。

④ 质子交换膜电解池所加的电源极性必须正确,否则将会毁坏电解池并有起火燃烧的可能。

⑤ 绝不允许将任何电源加于质子交换膜燃料电池输出端,否则将会损坏燃料电池。

⑥ 气水塔中所加入的水面高度必须在上水位线与下水位线之间,以保证质子交换膜燃料电池正常工作。实验时必须关闭两个气水塔之间的连通管。

⑦ 该系统主体系有机玻璃制成的,使用时需小心,以免打坏和损伤。

⑧ 太阳能电池板和配套光源在工作时温度很高,切不可用手触摸,以免被烫伤。绝不允许用水打湿太阳能电池板和配套光源,以免触电和损坏该部件。

⑨ 配套"可变负载"所能承受的最大功率是 1 W,只能使用于该实验系统中。

⑩ 电流表的输入电流不得超过 2 A,否则将会烧毁电流表。电压表的最高输入电压不得超过 25 V,否则将会烧毁电压表。

【拓展阅读】

能源和环境问题已经成为制约各国经济发展的重要因素,世界各国都加大了对新能源技术的研究。燃料电池是将储存在反应物中的化学能不经燃烧直接转换为电能的发电装置。它由阳极、阴极及两极间的电解质组成,像一个蓄电池,但实质上它不能"储电"而是一个"发电厂"。燃料电池在工作过程中,不产生氮和硫的氧化物等污染环境的物质,因此被认为是一种对环境友好的装置。再加上它的能量转换效率高、可靠性高、可压缩性及维护性好等优异性能,燃料电池技术被认为是 21 世纪新型环保高效的发电技术之一。

燃料电池在民用领域主要包括固定式领域、交通运输领域和便携式领域三大类。从应用场景的市场结构来看,交通运输领域无疑最具潜力。我国对燃料电池汽车的发展规划早在 2001 年就已经启动,2001 年的"863 计划——电动汽车重大专项"项目,确定了"三纵三横"战略,其中"三纵"即包括纯电动、混合电动、燃料电池汽车。到 2015 年,《中国制造 2025》规划纲要出台,提出了燃料电池汽车的三步发展战略,在 2020 年,达到生产 1 000 辆燃料电池汽车并进行示范运行的目标。

实验 11　光电效应和普朗克常量的测定

　　光电效应是指一定频率的光照射在金属表面时会有电子从金属表面逸出的现象。光电效应实验对于认识光的本质及早期量子理论的发展,具有里程碑式的意义。

　　自古以来,人们就试图解释光是什么。到 17 世纪,研究光的反射、折射、成像等规律的几何光学基本确立。牛顿等人在研究几何光学现象的同时,根据光的直线传播性,认为光是一种微粒流,微粒从光源飞出来,在均匀物质内以力学规律做匀速直线运动。微粒流学说很自然地解释了光的直线传播等性质,在 17 世纪和 18 世纪的学术界占有主导地位,但在解释牛顿环等光的干涉现象时遇到了困难。

　　惠更斯等人在 17 世纪就提出了光的波动学说,认为光是以波的方式产生和传播的,但早期的波动理论缺乏数学基础,很不完善,没有得到重视。19 世纪初,托马斯·杨发展了惠更斯的波动理论,成功地解释了干涉现象,并提出了著名的杨氏双缝干涉实验,为波动学说提供了很好的证据。1818 年,年仅 30 岁的菲涅耳在法国科学院关于光的衍射问题的一次有奖征文活动中,从光是横波的观点出发,圆满地解释了光的偏振,并以严密的数学推理,定量地计算了光通过圆孔、圆板等形状的障碍物所产生的衍射花纹,推出的结果与实验符合得很好,使评奖委员会大为叹服,荣获了这一届的科学奖,波动学说逐步为人们所接受。1856—1865 年,麦克斯韦建立了电磁场理论,指出光是一种电磁波,光的波动理论得到了确立。

　　19 世纪末,物理学已经有了相当的发展,在力、热、电、光等领域都已经建立完善的理论体系,在应用上也取得巨大成果。就当物理学家普遍认为物理学发展已经到顶时,从实验上陆续出现了一系列重大发现,揭开了现代物理学革命的序幕。光电效应实验在其中起了重要的作用。

　　1887 年赫兹在用 2 套电极做电磁波的发射与接收的实验中,发现当紫外光照射到接收电极的负极时,接收电极间更易于产生放电,赫兹的发现吸引许多人去做这方面的研究工作。斯托列托夫发现负电极在光的照射下会放出带负电的粒子,形成光电流,光电流与入射光强度成正比,光电流实际是在照射开始时立即产生,无须时间上的积累。1897 年,汤姆生测定了光电流的荷质比,证明光电流是阴极在光照射下发射出的电子流。赫兹的助手勒纳德从 1889 年就从事光电效应的研究工作,1900 年,他用在阴阳极间加反向电压的方法研究电子逸出金属表面的最大速度,发现光源和阴极材料都对截止电压有影响,而光的强度对截止电压无影响,电子逸出金属表面的最大速度与光强无关。这是勒纳德的新发现,勒纳德因在这方面的工作获得 1905 年的诺贝尔物理学奖。

　　光电效应的实验规律与经典的电磁理论是矛盾的。按经典理论,电磁波的能量是连续的,电子接收光的能量获得动能,应该是光越强,能量越大,电子的初速度越大;实验结果却是电子的初速度与光强无关。按经典理论,只要有足够的光强和照射时间,电子就应该获得足够的能量逸出金属表面,与光波的频率无关;实验事实却是对于一定的金属,当光波的频率高于某一值时,金属一经照射,立即有光电子产生,当光波的频率低于该值时,无论光强多强,照射时间多长,都不会有光电子产生。光电效应使经典的电磁理论陷入困境,包括勒纳德在内的许多物理学家,提出了种种假设,企图在不违反经典理论的前提下,对上述实验事实作出解释,但都过于牵强附会,经不起推理和实践的检验。

1900年,普朗克在研究黑体辐射问题时,先提出了一个符合实验结果的经验公式。为了从理论上推导出这一公式,他采用了玻耳兹曼的统计方法,假定黑体内的能量是由不连续的能量子构成,能量子的能量为 $h\nu$。能量子的假说具有划时代的意义,但是无论是普朗克本人还是他的许多同时代人当时对这一点都没有充分认识。爱因斯坦以他惊人的洞察力,最先认识到量子假说的伟大意义并予以发展。1905年,在其著名论文《关于光的产生和转化的一个试探性观点》中写道,"在我看来,如果假定光的能量在空间的分布是不连续的,就可以更好地理解黑体辐射、光致发光、光电效应以及其他有关光的产生和转化现象的各种观察结果。根据这一假设,从光源发射出来的光能在传播中将不是连续分布在越来越大的空间之中,而是由一个数目有限的局限于空间各点的光量子组成,这些光量子在运动中不再分散,只能整个地被吸收或产生。"作为例证,爱因斯坦由光子假设得出了著名的光电效应方程,解释了光电效应的实验结果。

爱因斯坦的光子理论由于与经典电磁理论抵触,一开始受到怀疑和冷遇。一方面是因为人们受传统观念的束缚;另一方面是因为当时光电效应的实验精度不高,无法验证光电效应方程。密立根从1904年开始光电效应实验,历经10年,用实验证实了爱因斯坦的光量子理论。两位物理大师因在光电效应等方面的杰出贡献,分别于1921和1923年获得诺贝尔物理学奖。密立根在1923年的领奖演说中这样谈到自己的工作:"经过十年之久的实验、改进和学习,有时甚至还遇到挫折,在这以后,我把一切努力针对光电子发射能量的精密测量,测量它随温度,波长,材料改变的函数关系。与我自己预料的相反,这项工作终于在1914年成了爱因斯坦方程在很小的实验误差范围内精确有效的第一次直接实验证据,并且第一次直接从光电效应测定普朗克常量。"爱因斯坦这样评价密立根的工作,"我感激密立根关于光电效应的研究,它第一次判决性地证明了在光的影响下电子从固体发射与光的频率有关,这一量子论的结果是辐射的量子结构所特有的性质。"

光量子理论创立后,在固体比热容、辐射理论、原子光谱等方面都获得成功,人们逐步认识到光具有波动和粒子二象属性。光子的能量 $E=h\nu$ 与频率有关,当光传播时,显示出光的波动性,产生干涉、衍射、偏振等现象;当光和物体发生作用时,它的粒子性又突出了。后来科学家发现波粒二象性是一切微观物体的固有属性,并发展了量子力学来描述和解释微观物体的运动规律,使人们对客观世界的认识前进了一大步。

【实验目的】

① 了解光电效应实验对物理学发展的意义。

② 熟悉光电效应实验规律。

③ 研究光电管的光电流和极间电压的关系。

④ 验证光电效应第一定律,通过实验测量普朗克常量。

⑤ 了解光电管结构及其实际应用。

【实验仪器】

ZKY—GD—4型智能光电效应实验仪。

【实验原理】

光电效应的实验原理如图 4-11-1 所示。入射光照到光电管阴极 K 上,产生的光电子在电场的作用下向阳极 A 迁移构成光电流。改变外加电压 U_{AK},测量出光电流 I,即可得出光电管的伏安特性曲线。

光电效应的基本实验事实如下:

① 对应某一频率的光,光电效应的 I-U_{AK} 关系如图 4-11-2 所示。从图中可见,对一定频率的光,有一电压 U_0(U_0 为正值),当 $U_{AK} \leqslant -U_0$ 时,电流为零,这个 U_0 被称为截止电压。

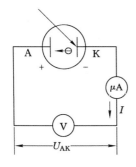

图 4-11-1　光电效应的实验原理图

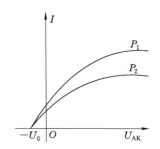

图 4-11-2　同一频率、不同光强时,
光电管的伏安特性曲线($P_1 > P_2$)

② 当 $U_{AK} \geqslant -U_0$ 后,I 迅速增加,然后趋于饱和,饱和光电流 I_M 与入射光的强度 P 成正比。

③ 对于不同频率的光,其截止电压不同,如图 4-11-3 所示。

④ 截止电压 U_0 与频率 ν 成正比关系。如图 4-11-4 所示。当入射光频率低于某极限值 ν_0(ν_0 随不同金属而异)时,不论光的强度多强,照射时间多长,都没有光电流产生。

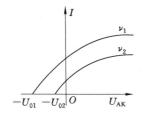

图 4-11-3　不同频率时光
电管的伏安特性曲线($\nu_1 > \nu_2$)

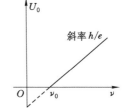

图 4-11-4　截止电压 U_0 与入射光
频率 ν 的关系图

⑤ 光电效应是瞬时效应。即使入射光的强度非常微弱,只要频率大于 ν_0,在开始照射后立即有光电子产生,所经过的时间至多为 10^{-9} s 量级。

按照爱因斯坦的光量子理论,光能并不像电磁理论所描述的那样分布在波阵面上,而是集中在被称为光子的微粒上,但这种微粒仍然保持着频率(或波长)的概念,频率为 ν 的光子具有能量 $E = h\nu$,h 为普朗克常量。当光子照射到金属表面上时,一次性地被金属中的电子全部吸收,而无须时间上的积累。电子把该能量的一部分用来克服金属表面对它的吸引力,余下的就变为电子离开金属表面后的动能,按照能量守恒原理,爱因斯坦提出了著名的光电效应方程：

$$h\nu = \frac{1}{2}mv_0^2 + A \qquad (4\text{-}11\text{-}1)$$

式中，A 为金属的逸出功；$\frac{1}{2}mv_0^2$ 为光电子获得的初始动能。

由式(4-11-1)可见，入射到金属表面的光频率越高，逸出的电子初始动能越大，所以即使阳极电位比阴极电位低时也会有电子落入阳极形成光电流，直至阳极电位低于截止电压的负值，光电流才为零，此时有关系：

$$eU_0 = \frac{1}{2}mv_0^2 \qquad (4\text{-}11\text{-}2)$$

当阳极电位高于截止电压的负值后，随着阳极电位的升高，阳极对阴极发射的电子的收集作用越来越强，光电流随之上升；当阳极电压高到一定程度，已把阴极发射的光电子几乎全收集到阳极，再增加 U_{AK} 时 I 不再变化，光电流出现饱和，饱和光电流 I_M 与入射光的强度 P 成正比。

光子的能量 $h\nu_0 < A$ 时，电子不能脱离金属，因而没有光电流产生。产生光电效应的最低频率(截止频率)是 $\nu_0 = A/h$。

将式(4-11-2)代入式(4-11-1)可得：

$$eU_0 = h\nu - A \qquad (4\text{-}11\text{-}3)$$

此式表明截止电压 U_0 是频率 ν 的线性函数，直线斜率 $k = h/e$。只要用实验方法得出不同的频率对应的截止电压，求出直线斜率，就可算出普朗克常量。

理论上，测出各频率的光照射下阴极电流为零时对应的 U_{AK}，其绝对值即该频率的截止电压。然而实际上由于光电管的阳极反向电流、暗电流、本底电流及极间接触电位差的影响，实测电流并非纯粹阴极电流，实测电流为零时对应的 U_{AK} 的绝对值也并非截止电压。

光电管制作过程中阳极往往被污染，沾上少许阴极材料，入射光照射阳极或入射光从阴极反射到阳极之后都会造成阳极光电子发射，U_{AK} 为负值时，阳极发射的电子向阴极迁移构成阳极反向电流。

暗电流和本底电流是热激发产生的光电流与杂散光照射光电管产生的光电流，可以在光电管制作或测量过程中采取适当措施以减小它们的影响。

极间接触电位差与入射光频率无关，只影响 U_0 的准确性，不影响 U_0-ν 直线的斜率，对测定 h 无大的影响。

由于本实验仪器的电流放大器灵敏度高、稳定性好，光电管阳极反向电流、暗电流较小。在测量各谱线的截止电压 U_0 时，可采用零电流法，即直接将各谱线照射下测得的电流为零时对应的电压 U_{AK} 的绝对值作为截止电压 U_0。此法的前提是阳极反向电流、暗电流和本底电流都很小，用零电流法测得的截止电压与真实值相差较小，且各谱线的截止电压都相差 ΔU，对 U_0-ν 曲线的斜率无大的影响，因此对 h 的测量不会产生大的影响。

爱因斯坦的光量子理论成功地解释了光电效应规律。

光电管是一种重要的光电探测器件，它的响应时间特别短，在科研和生产中有广泛的应用。与工业用的光电管不同，本实验所用的光电管是特制的，它不追求高灵敏度，而是侧重减小阳极反向电流、暗电流和本底电流。

在光电管的基础上设计制造的光电倍增管，具有极高的灵敏度，在科研中扮演着重要的角色。

【仪器描述】

ZKY—GD—4 型智能光电效应实验仪由汞灯及电源、滤色片、光阑、光电管、实验仪构成。仪器结构如图 4-11-5 所示。实验仪有手动和自动两种工作模式,具有数据自动采集、存贮、实时显示采集数据、动态显示采集曲线(连接普通示波器,可同时显示 5 个存贮区中存贮的曲线)以及采集完成后查询数据的功能。

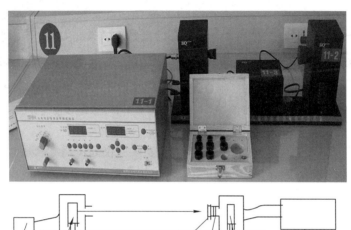

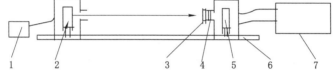

1—汞灯电源;2—汞灯;3—滤色片;4—光阑;5—光电管;6—基座;7—实验仪。

图 4-11-5　ZKY—GD—4 型智能光电效应实验仪实物图与结构图

(1)光电效应实验仪面板及基本操作介绍

① 光电效应实验仪前面板功能说明:

光电效应实验仪前面板如图 4-11-6 所示,以功能划分为 12 个区:

区①是电流量程调节旋钮及其指示。

区②是复用区,用于电流指示和自动扫描起始电压设置指示复用。当实验仪处于测试状态或查询状态时,区②是电流指示区;当实验仪处于设置自动扫描电压时,区②是自动扫描起始电压设置指示区;四位七段数码管指示电流或电压值。

区③是复用区,用于电压指示、自动扫描终止电压设置指示和调零状态指示复用。当实验仪处于测试状态或查询状态时,区③是电压指示区;当实验仪处于设置自动扫描电压时,区③是自动扫描终止电压设置指示区;当实验仪处于调零状态时,区③是调零状态指示区,显示"————";四位七段数码管指示电压值。

区④是实验类型选择区:当绿灯亮时,实验仪选择伏安特性测试实验;当红灯亮时,实验仪选择截止电压测试实验。

区⑤是调零状态区,用于系统调零。

区⑥、⑧是示波器连接区,可将信号送示波器显示。

区⑦是存贮区选择区,通过按键选择存贮区。

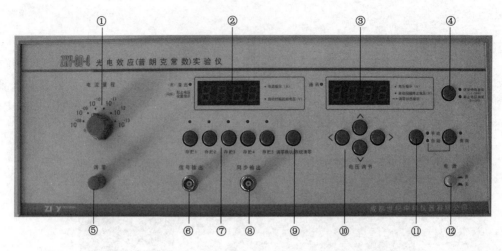

图 4-11-6　ZKY—GD—4 型智能光电效应实验仪前面板

区⑨是复用区,用于调零确认和系统清零。当实验仪处于调零状态时,按下此键则跳出调零状态;当实验仪处于测试状态或查询状态时,按下此键则系统清零,重新启动,并进入调零状态。

区⑩是电压调节区,通过按键调节电压。

区⑪是工作状态指示选择区,用于选择及指示实验仪工作状态,详细说明见相关操作说明;通信指示灯指示实验仪与计算机的通信状态。

区⑫是电源开关。

② 光电效应实验仪后面板说明:

后面板上有交流电源插座,用于连接交流 220 V 电压,插座上自带保险管座;有光电管工作电压直流输出接口,蓝色接口为输出电压参考地。

如果实验仪已升级为微机型,则通信插座可连计算机,否则该插座不能使用;后面板上有光电管的光电流信号输入接口,用于连接光电管的光电流输出端。

③ 光电效应实验仪连线说明:

在确认供电电网电压无误后,将随机提供的电源连线插入后面板的电源插座中;连接前后面板和光电管暗箱上的连接线。

务必反复检查,切勿连错!!!

④ 开机后的初始状态:

开机后,实验仪进入系统调零状态,去掉光电管光电流输入信号,前面板显示如下:

(a)电压指示为"－－－－";

(b)电流指示为零偏电流值;

(c)截止电压测试灯亮;

(d)手动测试灯亮。

⑤ 实验仪调零:

注意:当实验仪开机或变换电流量程时,均需要对实验仪进行调零。

调零时,测试信号输入连接线必须与光电管暗盒断开。当实验仪处于调零状态时,电流指示为零偏电流值,电压指示为"－－－－";旋转区⑤的"调零"旋钮,使电流指示值为"000.0"。调零完成后,按下区⑨的"调零确认/系统清零"键,实验仪跳出调零状态重新启动,进入开机测试状态。

注意:第一次开机时,应先开机 20 min 左右,预热实验仪后再进行调零。

⑥ 建议工作状态:

伏安特性测试——电流挡位:10^{-10} A;光阑:4 mm;测试距离:400 mm。

截止电压测试—— 电流挡位:10^{-13} A;光阑:4 mm;测试距离:400 mm。

(2) 手动测试

下面是用光电效应实验仪完成光电效应测试的介绍。

注意:进行测试前,必须用实验连接线把光电管暗盒的光电流输出接口与实验仪的光电管光电流信号输入接口连接正确。

① 认真阅读实验教材,理解实验内容。

② 按上述要求完成连线连接。

③ 检查连线连接,确认无误后按下电源开关,开启实验仪。

④ 检查开机状态。

⑤ 选择电流量程,进行测试调零。

⑥ 选择实验类型:按下区④的按键,可以在"伏安特性测试"和"截止电压测试"两种实验间按需要作出选择。

警告:当实验类型改变时,原有保存的实验数据均被清除,所以要慎重操作。

⑦ 选择存贮区:按下区⑦的相应按键,选择相应的存贮区,对实验数据进行保存。

注意:一经选择某一存储区,该区内原来保存的数据即被清除。

已经保存有数据的存贮区的灯长亮,正在处理的存贮区的灯闪烁,没有保存数据的存贮区的灯不亮。

⑧ 设定手动测试电压值:按下前面板区⑩上的"←/→"键,当前电压的修改位将进行循环移动,同时闪动位随之改变,以提示目前修改的电压位置。按下面板上的"↑/↓"键,电压值在当前修改位递增/递减一个增量单位。

注意:如果当前电压值加上一个增量单位电压值的和超过了允许输出的最大电压值,再按下"↑"键,电压值只能修改为最大电压值。如果当前电压值减去一个增量单位电压值的差值小于零,再按下"↓"键,电压值只能修改为零。

⑨ 测试操作与数据记录:测试操作过程中每改变一次电源电压值,光电管的光电流值随之改变。记录下区②显示的电流值和区③显示的电压值数据,待实验完成后,进行实验数据分析。

为了快速改变光电管扫描电压,可按前面叙述的方法先改变调整位的位置,从高位电压调起,再调整低位电压,可以改变调节速度。

⑩ 示波器显示输出:测试电流变化也可以通过示波器进行显示观测。

将区⑥、区⑧的"信号输出"和"同步输出"分别连接到示波器的信号通道和外触发通道,调节好示波器的同步状态和显示幅度,按上面的方法操作实验仪,在示波器上即可看到光电流的实时变化。

⑪ 存贮区清零:在手动测试状态下,按下需要清零的存贮区按键,相应的存贮区被清零。

警告:存贮区清零后,原来存贮的数据将无法恢复,所以,此功能要谨慎使用。

⑫ 系统清零:在手动测试的过程中,按下区⑨的"调零确认/系统清零"键,实验仪重新启动,进入开机测试状态。

(3) 自动测试

光电效应实验仪除可以进行手动测试外,还能自动产生光电管扫描电压,完成整个测试过程;将示波器与实验仪相连接,在示波器上可看到光电管极间电流随扫描电压变化的波形。

注意:为了保护光电管,只允许在光电管前加上光阑和滤色片后,才能打开汞灯前的遮光罩,否则光电管极易损坏。在更换光阑和滤色片时,也必须先用遮光罩遮住汞灯的光线。

【实验步骤】

(1) 测试前的准备

接通实验仪电源,接通汞灯电源(汞灯及光电管暗箱由遮光罩盖上),预热 20 min。这主要是为了使汞灯达到稳定的发光强度,同时,使整台仪器达到稳定的工作状态。

调整光电管与汞灯距离约为 400 mm 并保持不变。

用专用连接线将光电管暗箱上的电压输入端与实验仪上的电压输出端(在后面板上)连接起来(红—红,蓝—蓝)。

将"电流量程"选择开关置于所选挡位,进行测试前调零。实验仪在开机或改变电流量程后,都会自动进入调零状态。调零时应将光电管暗箱光电流输出端与实验仪微电流输入端(在后面板上)断开,旋转"调零"旋钮使电流指示为 000.0。调节好后,用高频匹配电缆将光电管暗箱光电流输出端与实验仪光电流输入端连接起来,按"调零确认/系统清零"键,系统进入测试状态。

若要动态显示采集曲线,需将实验仪的"信号输出"端口接至示波器的"Y"输入端,"同步输出"端口接至示波器的"外触发"输入端。示波器"触发源"开关拨至"外","Y 衰减"旋钮拨至约"1 V/格","扫描时间"旋钮拨至约"20 μs/格"。此时示波器将用轮流扫描的方式显示 5 个存贮区中存贮的曲线,横轴代表电压 U_{AK},纵轴代表光电流 I。

(2) 使用手动方法测量普朗克常量 h,并计算相对误差 E

测量截止电压时,"伏安特性测试/截止电压测试"状态键应为截止电压测试状态。"电流量程"开关一般应处于 10^{-13}A 挡位。

调节"手动/自动"模式键,使得仪器处于手动模式。

将直径 4 mm 的光阑及 365.0 nm 的滤色片装在光电管暗箱光输入口上,打开汞灯遮光罩。

此时电压表显示 U_{AK} 的值,单位为 V;电流表显示与 U_{AK} 对应的光电流值 I,单位为所选择的"电流量程"单位。用电压调节键"→""←""↑""↓"可调节 U_{AK} 的值,"→""←"键用于选择调节位,"↑""↓"键用于调节电压值。

调节电压,观察电流值的变化,寻找电流为零时对应的 U_{AK},以其绝对值作为该波长对应的 U_0 的值,并将数据记于表 4-11-1 中。为尽快找到 U_0 的值,调节时应从高位到低位,先确定高位的值,再顺次往低位调节。

依次换上 404.7 nm、435.8 nm、546.1 nm、577.0 nm 的滤色片,重复以上测量步骤。

由测得的实验数据,得出 U_0-ν 直线的斜率 k,即可用 $h = ek$ 求出普朗克常量,并与 h 的公认值 h_0 比较求出相对误差 $E = \dfrac{h - h_0}{h_0}$,式中 $e = 1.602 \times 10^{-19}$ C,普朗克常量公认值约为 $h_0 = 6.626 \times 10^{-34}$ J·s。

(3) 使用自动方法测量普朗克常量 h,并计算相对误差 E(选做)

按"手动/自动"模式键切换到自动模式。

此时电流表左边的指示灯闪烁,表示系统处于自动测量扫描范围设置状态,用电压调节键可设置扫描起始和终止电压。

对各条谱线,我们建议范围大致设置为:365.0 nm,$-1.90 \sim -1.50$ V;404.7 nm,$-1.60 \sim -1.20$ V;435.8 nm,$-1.35 \sim -0.95$ V;546.1 nm,$-0.80 \sim -0.40$ V;577.0 nm,$-0.65 \sim -0.25$ V。

实验仪设有 5 个数据存贮区,每个存贮区可存贮 500 组数据,并有指示灯表示其状态。灯亮表示该存贮区已存有数据,灯不亮为空存贮区,灯闪烁表示系统预选的或正在存贮数据的存贮区。

设置好扫描起始和终止电压后,按动相应的存贮区按键,仪器将先清除存贮区原有数据,等待约 30 s,然后按 4 mV 的步长自动扫描,并显示、存贮相应的电压、电流值。

扫描完成后,仪器自动进入数据查询状态,此时查询指示灯亮,显示区显示扫描起始电压和相应的电流值。用电压调节键改变电压值,就可查阅到在测试过程中,扫描电压为当前显示值时相应的电流值。读取电流为零时对应的 U_{AK},以其绝对值作为该波长对应的值,并将数据记于表 4-11-1 中。

按"查询"键,查询指示灯灭,系统回复到扫描范围设置状态,可进行下一次测量。

在自动测量过程中或测量完成后,按"手动/自动"模式键,系统回复到手动测量模式,模式转换前工作的存贮区内的数据将被清除。

数据处理方法与手动测量相同。

(4) 测绘不同频率入射光($\lambda = 365.0$ nm、404.7 nm、435.8 nm、546.1 nm、577.0 nm)对应的伏安特性曲线

此时,"伏安特性测试/截止电压测试"状态键应为"伏安特性测试状态"。"电流量程"开关一般应调至 10^{-10} A 挡位,并重新调零。

将直径 4.0 mm(或 2.0 mm)的光阑及所选谱线的滤色片装在光电管暗箱光输入口上。

测伏安特性曲线可选用"手动/自动"两种模式之一,测量的最大范围为 $-1 \sim 50$ V,自动测量时步长为 1 V,仪器功能及使用方法同前所述。

采用手动模式,测量并描绘 3 种不同波长谱线在同一光阑、同一距离下的伏安特性曲线。数据记入表 4-11-2。

(5) 测量同频率、不同光强入射光对应的伏安特性曲线

选用 $\lambda = 404.7$ nm 的谱线进行测量。电流量程一般应调至 10^{-10} A 挡位;光阑直径分别选用 8.0 mm、4.0 mm、2.0 mm,测绘它们对应的伏安特性曲线。

数据记入表 4-11-3。由此可验证光电管饱和光电流与入射光强度之间的关系。

【数据记录与处理】

必须写明必要的中间计算过程,物理量须写明单位,注意数据的有效数字位数。

(1) 测定普朗克常量

表 4-11-1　U_0-ν 关系　　　　　　　　　　　　　　　光阑 $\phi = 4.0$ mm

波长 λ/nm		365.0	404.7	435.8	546.1	577.0
频率 ν/($\times 10^{14}$ Hz)		8.213	7.408	6.879	5.490	5.196
截止电压 U_0/V	手动					
	自动					

作 U_0-ν 关系曲线(请仔细阅读教材第一章中之"图示法和图解法"内容),在图中直线上取两点 A 和 B,该两点坐标为 $A($ 　,　 $)$、$B($ 　,　 $)$。

求直线斜率:

$$k = \frac{\qquad \overline{\qquad\qquad} \qquad}{\qquad\qquad\qquad} = $$

普朗克常量 $h = ek = \qquad\qquad = $

$$E = \frac{|h - h_0|}{h_0} \times 100\% = \qquad\qquad = $$

(2) 测定不同波长的伏安特性曲线

表 4-11-2　不同 λ 时的 I-U 关系

光阑 $\phi = 4.0$ mm,距离 $L = 400$ mm

波长 λ/nm	U/V							
365.0								
404.7								
435.8	I/($\times 10^{-10}$A)							
546.1								
577.0								

(3) 测定同一波长,不同光强时的伏安特性曲线

表 4-11-3　不同 ϕ 时的 I-U 关系

波长 $\lambda = 404.7$ nm,距离 $L = 400$ mm

ϕ/mm	U/V							
2.0								
4.0	I/($\times 10^{-10}$A)							
8.0								

注:其中 $\phi = 4.0$ mm 的数据可直接引自表 4-11-2。

【思考题】

① 用零电流法测量截止电压的前提是什么？

② 从理论上讲，光的强度对截止电压有没有影响？本实验用的滤光片基本属于截止型滤光片，即波长大于某值的光可以通过滤光片，例如标明 546 nm 的滤光片，允许波长 577 nm 的光通过，但不允许波长 436 nm 的光通过。这一点对截止电压的测量是否有影响？

【拓展阅读】

乌黑的夜晚，在没有任何光源的帮助下，人眼很难在黑夜中精确观察目标。利用夜晚的掩护，自古以来的战争中都有利用夜晚进行突袭和反突袭的攻防较量。随着科技的进步，特别是微光夜视仪的出现，让夜晚仿佛变身为白昼，是敌是友可以分得清清楚楚。

微光夜视仪是一种被动式成像系统，已经在军事领域进行广泛的应用。其原理是利用夜间的微弱月光、星光、大气辉光、银河光等自然界发出的少量光子进行收集放大（光子数太少人眼无法看清物体），可避免主动光源发光暴露自己的位置。借助光电增强器把目标反射回来的微弱光子放大，经过仪器内部的光电效应后，将少量的光子增强为成千上万倍的电信号，再将电信号处理后转化成图像输出到屏幕上，以实现夜间观察。

实验 12　超声声速的测定

超声波是频率大于 20 kHz 的机械波，它的频率高于可闻波而波长小于可闻波。它具有如下几种特性：

① 束射特性——由于波长短，超声波可以和光线一样，能够反射、折射，也能聚焦，而且遵守几何光学中的定律。

② 吸收特性——对于同一物质，声波的频率越高，吸收越强。对于一个频率一定的声波，在气体中传播时吸收最强，在液体中传播时吸收比较弱，在固体中传播时吸收最小。

③ 能量传递特性——超声波的频率比可闻波可以高很多，在相同的振幅下，声波的能量与频率的平方成正比，所以它可以使物质分子获得很大的能量。

④ 声压特性——当超声波通入某物体时，声波振动可使物质产生很大的瞬时压力，可以达到几千甚至几万个大气压。当超声波进入液体后，液体中的微小气泡（空化核）可以在超声场的作用下，产生强烈振荡、膨胀及崩溃的一系列动力学过程。该过程产生的瞬时强压力和局部温度升高，能对液体中悬浮的粒子产生强烈的声化学效应。我们常称之为超声空化现象。

因此，超声波的应用非常广泛。在医学上可用于超声诊断、超声治疗等；在工业中可用于超声检测、超声加工、超声处理等。超声在科研领域也得到越来越多的应用。机械运动是最简单也是最普遍的物质运动，它和其他形式的物质运动以及物质结构之间的关系非常密切。超声振动本身就是一种机械运动，因此，超声方法是研究物质结构的一个重要途径。从 20 世纪 40 年代起，人们在研究媒质中超声波的声速和声衰减随频率变化的关系时，陆续发现它们与各个分子弛豫过程及微观谐振动之间的关系，从而形成了分子声学的分支学科。目前，超声波的频率已接近点阵热振动频率，利用高频超声的量子化声能——声子，来研究原子间的相互作用、能量传递等问题是十分有意义的。它可以用来研究金属和半导体中声子与电子、声子与超导结、声子与光子的相互作用。当前,超声和电磁辐射、粒子轰击一起被列为研究物质微观结构和微观过程的三大重要手段,与其有关的一门新分支学科——量子声学正在形成。

本实验涉及超声的产生、传播和接收,并且用几种不同方法测量超声波的传播速度。

【实验目的】

① 了解压电换能器的工作原理和功能。

② 复习并熟练掌握示波器的使用。

③ 用共振干涉法和相位比较法测量声速。

④ 学习用逐差法处理数据。

⑤ 了解超声波的应用。

【实验仪器】

① ZKY—SS 型声速测定仪。

② 示波器。

【实验原理】

(1) 声波在空气中的传播速度

在理想气体中声波的传播速度为:

$$v = \sqrt{\frac{\gamma R T}{M}} \tag{4-12-1}$$

式中,γ 为比热容比,$\gamma = \frac{c_p}{c_V}$,即气体比定压热容与比定容热容的比值;M 是气体的摩尔质量;T 是绝对温度;R 是普适气体常数,$R = 8.314\ 41$ J/(mol·K)。

由式(4-12-1)可见,声速和温度有关,又与摩尔质量 M 和比热容比 γ 有关,后两个因素与气体成分有关。因此,测定声速可以推算出气体的一些参量。利用式(4-12-1)的函数关系还可制成声速温度计。

在正常情况下,干燥空气成分的质量比为氮气:氧气:氩气:二氧化碳 = 78.084:20.946:0.934:0.033,它的平均摩尔质量 $M_a = 28.964 \times 10^{-3}$ kg/mol。在标准状态下,干燥空气中的声速为 $v_0 = 331.45$ m/s。在室温 T 下,干燥空气中的声速为:

$$v = v_0 \sqrt{\frac{T}{T_0}} \tag{4-12-2}$$

式中,$T_0 = 273.15$ K。由于空气实际上并不是干燥的,总含有一些水蒸气,经过对空气平均摩尔质量 M_a 和比热容比 γ 的修正,在温度为 T、相对湿度为 r 的空气中,声速为:

$$v = 331.45 \sqrt{\frac{T}{T_0} \left(1 + 0.31 \frac{r p_s}{p}\right)} \tag{4-12-3}$$

式中,p_s 是温度为 T 时空气的饱和蒸气压,可从饱和蒸气压和温度的关系表中查出;p 是大气压;r 是相对湿度,可从干湿温度计上读出。

由这些气体参量可以计算出声速,故式(4-12-3)可作为空气中声速的理论计算公式。如果考虑要简单些,也可用式(4-12-2)来计算声速。本实验中,我们就采用这一公式。

（2）压电陶瓷换能器

压电陶瓷换能器可将实验仪器输出的正弦振荡电信号转换成超声振动,其结构示意图如图 4-12-1 所示。压电陶瓷片是换能器的工作物质,它是用多晶体结构的压电材料(如钛酸钡、锆钛酸铅等)在一定的温度下经极化处理制成的。在压电陶瓷片的前后表面粘贴由两块金属组成的夹心型振子,就构成换能器。由于振子是以纵向长度的伸缩直接带动头部金属作同样纵向长度伸缩,所以发射的声波方向性强,平面性好。

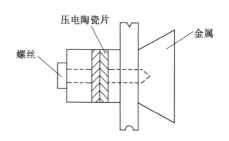

图 4-12-1　压电陶瓷换能器
结构示意图

每一只换能器都有其固有的谐振频率,换能器只有在其谐振频率上才能有效地发射(或接收)。实验时用一个换能器作为发射器,另一个作为接收器,两换能器的表面互相平行,且谐振频率匹配。

（3）共振干涉(驻波)法测声速

到达接收器的声波,一部分被接收并在接收器电极上产生电压输出,一部分被向着发射器方向反射。由波的干涉理论可知,两列反向传播的相干波干涉可以形成驻波,驻波中振幅最大的点称为波腹,振幅最小的点称为波节。任何两个相邻波腹(或两个相邻波节)之间的距离都等于半个波长。两只换能器之间有一段空气柱,这段空气柱的两端是两只换能器,所以都是固定端。改变两只换能器间的距离(本实验是移动接收换能器),当这个距离等于超声波半波长的整数倍时,这段空气柱就产生共振,形成稳定的驻波。在此情况下,接收器接收到的信号达到极大。如果不满足这个条件,接收器接收到的信号就比较小。如果在改变两只换能器之间距离的同时,用示波器监测接收器上的输出电压幅度变化,就可以观察到电压幅度随距离的改变而周期性地变化。记录下相邻两次出现极大电压数值时接收换能器的位置,该位置可以通过游标尺的读数读出,两读数之差的绝对值即等于声波波长的 1/2,据此可以测出声波的波长。实际测量中为提高精度,可连续多次测量并用逐差法处理数据。由仪器读出声波的频率,两者结合即可计算声速。

（4）相位比较(行波)法测声速

当发射器与接收器之间距离为 L 时,在发射器发射的正弦振动与接收器接收的正弦振动之间将有相位差 $\varphi=2\pi L/\lambda=2n\pi+\Delta\varphi$。

若将驱动发射器的正弦信号与接收器接收到的正弦信号分别接到示波器的 X 及 Y 输入端,则为两个相互垂直的同频率正弦波干涉,其合成轨迹称为李萨如图形,如图 4-12-2 所示。

当接收器和发射器的距离变化等于 1 个波长时,则发射与接收信号之间的相位差也正好变化 1 个周期(即 $\Delta\varphi=2\pi$),相同的图形就会出现。因此,准确测量相位差变化 1 个周期时接收器移动的距离,即可得出其对应声波的波长,再根据声波的频率,遂可求出声波的传播速度。为便于观测,通常选用 $\Delta\varphi=0$(此时,李萨如图形为第一、第三象限里的一条直线)和 $\Delta\varphi=\pi$(此时,李萨如图形为第二、第四象限里的一条直线)作为参考。

若以接收器在某一位置 L_0 时荧光屏上呈直线图形为测量的起点,当相对该点移动接收器并对每出现一次直线图形进行位置读数和计数时,接收器的位置读数 L 和计数 n 将有下

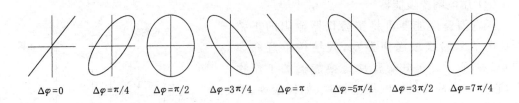

$$\Delta\varphi=0 \qquad \Delta\varphi=\pi/4 \qquad \Delta\varphi=\pi/2 \qquad \Delta\varphi=3\pi/4 \qquad \Delta\varphi=\pi \qquad \Delta\varphi=5\pi/4 \qquad \Delta\varphi=3\pi/2 \qquad \Delta\varphi=7\pi/4$$

图 4-12-2　不同相位差的李萨如图形

列关系：

$$L = L_0 + \frac{\lambda}{2}n$$

即 L 和 n 为线性关系，该直线的斜率为 $\lambda/2$。因此实验还可以通过 L 和 n 的函数关系来确定波长 λ（注意：$n=0$ 时的读数 L_0 也是个测点）。

【仪器描述】

实验仪器由超声实验装置和声速测定信号源组成，其实物图和示意图如图 4-12-3 和图 4-12-4所示。实验时将实验装置与信号源按图 4-12-4 连接，将接收监测端口连接到示波器的 Y 输入端。

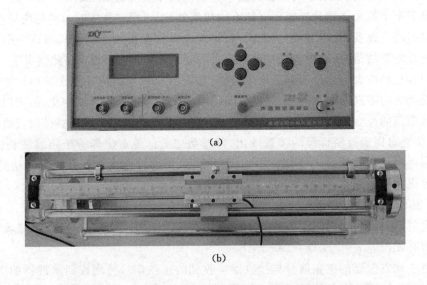

(a)

(b)

图 4-12-3　ZKY—SS 型声速测定实验仪实物图

超声实验装置中发射器固定，摇动丝杆摇柄可使接收器左右移动，以改变发射器与接收器之间的距离。丝杆上方安装有游标尺，可准确显示接收器位置。

声速测定信号源具有选择、调节、输出超声发射器驱动信号，接收处理超声接收器信号，显示相关参数，提供发射监测和接收监测端口连接到示波器或其他仪器等功能。

开机显示欢迎界面后，自动进入按键说明界面。按"确认"键后进入模式选择界面，可选择驱动信号为连续波（共振干涉法与相位比较法）或脉冲波（时差法）。若选择连续波，按"确认"键后进入频率与增益调节界面；若选择脉冲波，按"确认"键后进入时差显示与增益调节

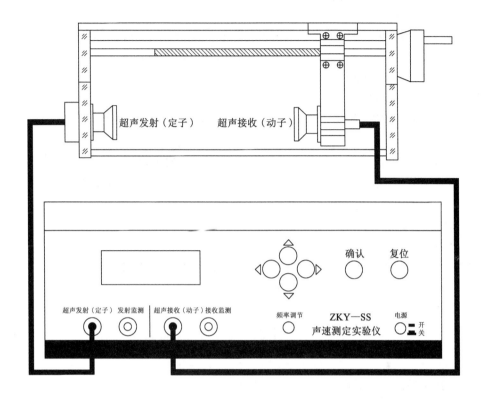

图 4-12-4 ZKY—SS 型声速测定实验仪示意图

界面。用"频率调节"旋钮可以调节频率。在连续波模式下显示屏将显示当前驱动频率;增益可在 0～3 之间调节,初始值为 2。发射增益调节的是驱动信号的振幅,接收增益则将接收器信号放大后由接收监测端口输出。以上调节完成后就可进行测量了。改变测量条件可按"确认"键,仪器将交替显示"模式选择界面"或"频率(时差显示)"与"增益调节"界面。再按"复位"键将返回欢迎界面。

【实验步骤】

① 使仪器进入待测状态。

打开声速测定实验仪和示波器电源,开机预热约 20 min 后再进行测量,以保证仪器输出信号的幅度和频率比较稳定。将声速测定实验仪的"发射监测"和"接收监测"分别与示波器的"CH1"和"CH2"连接,示波器工作在扫描状态。

② 调节换能器系统谐振频率。

为了得到较清晰的接收波形,应将输出信号频率调节到换能器的谐振频率。信号源选择"连续波(sin-wave)"模式,发射增益调到 2,接收增益调到 2。将 2 个换能器靠近,但不要接触。在 36.5 kHz 左右,调节输出信号频率,使换能器共振。仔细观察示波器,当CH2 信号最强时(由于接收器的信号输入示波器 CH2,所以要将示波器"CH1/CH2"按键按下,以观察 CH2 的信号),输出信号频率等于换能器谐振频率。以后实验中该频率保持不变。

③ 测量频率 3 次(间隔时间长一些),取平均值。

④ 用共振干涉法测波长。

摇动超声实验装置丝杆摇柄,在发射器与接收器距离为 5 cm 附近处,找到共振位置(振幅最大),作为第 1 个测量点。记下游标尺读数,摇动摇柄使接收器远离发射器,每到共振位置均记录位置读数,共记录 20 组数据。

⑤ 用相位法测波长。

将信号源的发射监测接到示波器的 X 输入端,使示波器工作在"XY"合成状态下。信号源设置保持不变。

在发射器与接收器距离为 5 cm 附近处,找到 $\Delta\varphi = 0$ 的点,作为第 1 个测量点。记下游标尺的读数。摇动摇柄使接收器远离发射器,每到 $\Delta\varphi = (2K+1)\pi$ 和 $\Delta\varphi = 2K\pi(K=0,\pm1,\pm2,\cdots)$ 时均记录位置读数,共记录 20 组数据。

⑥ 用逐差法处理数据,求出声速。

⑦ 用作图法处理数据。

要求每改变 π 相位测 1 个点,用 n 作为横坐标,对应的接收器的位置 L 为纵坐标,作 L-n 图线,由斜率求得声波的波长 λ,再求出声速 v。

⑧ 计算不确定度和相对误差:

$$U_\lambda = \sqrt{S_\lambda^2 + U_B^2} \qquad U_B = 0.006 \text{ mm}$$

$$U_v = \sqrt{\lambda^2 U_f^2 + f^2 U_\lambda^2} \approx f U_\lambda$$

记下实验时的温度,用式(4-12-2)计算声速的理论值,并计算相对误差,写出测量结果。

【数据记录与处理】

必须写明必要的中间计算过程,物理量须写明单位,注意数据的有效数字位数。请仔细阅读第一章之逐差法。

(1) 用共振干涉法测量空气中的声速

谐振频率 $f_0 =$ kHz   温度 $t =$ ℃

表 4-12-1

i	1	2	3	4	5	6	7	8	9	10	
l_{i+10}/mm											$\bar{\lambda}$/mm
l_i/mm											
$\lambda = \dfrac{l_{i+10} - l_i}{5}$/mm											

$S_\lambda =$

$U_B = 0.006$ mm

$U_\lambda = \sqrt{S_\lambda^2 + U_B^2} =$ $=$

$v = f\lambda =$ $=$

$U_v = \sqrt{\lambda^2 U_f^2 + f^2 U_\lambda^2} \approx f U_\lambda =$ $=$

$v \pm U_v =$

$$v_{理}=331.45\sqrt{1+\frac{t}{273.15}}=\qquad =$$

$$E=\frac{|v-v_{理}|}{v_{理}}\times100\%=\qquad =$$

（2）用相位比较法测量空气中的声速

谐振频率 $f_0=$　　　　kHz　　　　　　温度 $t=$　　　　　℃

表 4-12-2

n	0	1	2	3	4	5	6	7	8	9
L										

作 L n 关系曲线（请仔细阅读教材第一章中之"图示法和图解法"内容），在图中直线上取两点 A 和 B，该两点坐标为 $A($　　，　　$)$、$B($　　，　　$)$。

求直线斜率：

$$k=\frac{\qquad-\qquad}{\qquad-\qquad}=$$

波长 $\lambda=2k=$　　　　$=$

$v=f\lambda=$　　　　$=$

$$v_{理}=331.45\sqrt{1+\frac{\tau}{273.15}}=\qquad =$$

$$E=\frac{|v-v_{理}|}{v_{理}}\times100\%=\qquad =$$

【思考题】

① 实验开始时为何要调节输出频率使其达到系统谐振频率？如何调节和判断系统是否处于谐振状态？

② 你在测量超声声速过程中，分别采用了共振干涉法和相位法，你认为哪种测量方法更准确，为什么？除了这两种方法，还有没有其他方法可以使测量结果更精确，如果有，请简要叙述下。

【拓展阅读】

超声波由于频率高，因而具有许多特点：首先是功率大，其能量比一般声波大得多，因而可以用来切削、焊接、钻孔等。其次，由于它的频率高，波长短，衍射不严重，具有良好的定向性，可以应用于舰艇的水下定位与通信、地下资源勘查等。诊断学方面的应用：A 型、B 型、M 型、D 型、双功及彩超等也是其经典的应用；治疗学方面的应用：可用于理疗、治癌、外科、体外碎结石、牙科清洗等。

中国科学院声学研究所超声技术中心是由我国著名物理学家和教育家应崇福院士创立的超声室。目前共有五大研究方向，分别是检测声学与海洋装备无损检测、固体声学与海洋深部钻测、微声学与微器件、医用声学、计算声学与声能应用。2019 年 2 月中国科学院苏州生物医学工程技术研究所崔崤峣带领的团队，研发出一种适用于人体消化道和肠道病变检查的超声内窥镜微探头。

实验 13　全息照相

1948 年盖伯(D. Gebar)提出用 1 个合适的相干参考波与 1 个物体的散射波叠加,则可以将此散射波的振幅和相位的分布以干涉图样的形式记录在感光板上,所记录的干涉图称为全息图。如移出被摄物体,用相干光照射全息图,透射光的一部分就能重新模拟出原物的散射波前,于是重现一个非常逼真的三维图像。1960 年激光的出现促进了全息照相术的发展,全息技术得到了不断完善。盖伯为此荣获 1971 年诺贝尔物理学奖。

现在全息技术已经得到非常广泛的应用,全息学已成为一门成熟的、有重大应用前景的学科。全息照相的应用从信息储存到图像识别,从干涉计量到无损检测,从物体表面的研究到振动分析,渗透到了军事以及工农业生产的各个领域,甚至进入我们的日常生活,如产品商标、书籍装帧以及小工艺品等。

【实验目的】

① 了解全息技术的发展历史和实际应用。

② 了解全息照相的特点和基本原理。

③ 了解全息照相实验系统的要求和实验注意事项。

④ 学习实验光路的搭设,掌握拍摄全息照片的技术。

⑤ 学会全息照片的再现方法。

【实验仪器】

① 全息照相实验台,包括台上的光学元件。

② He-Ne 激光器。

③ 曝光定时器。

④ 暗房设备。

【实验原理】

(1) 全息照相的基本原理

物体发出的光是电磁波,它具有振幅分布(反映光的强弱)及相位分布两个方面的信息。普通的照相只记录了物体在成像平面上的光强分布,即振幅的空间分布,而丢失了相位分布的信息;全息照相则利用干涉方法记录物体抵达摄影底片时的光波的振幅与相位的全部信息。它记录的不是物体的几何图像,而是物光与另一束与之相干的参考光抵达照相底片的干涉条纹。所以,全息照片上一般看不到原物体的像,必须用原来的参考光照明,方可得到原物体的立体像,这被称为全息底片的再现。

全息照相的基本原理如图 4-13-1(a)所示。从物体上反射的物光和参考光都射到胶片上,胶片把它们干涉所形成的极为复杂的干涉图记录下来,得到了一张物体的全息照片。全息照片上复杂的干涉图样形状记录了物光与参考光的相位关系,而干涉图样明暗对比度记录了物光与参考光的强度(振幅)关系。所以物光波的全部信息都被记录下来了。这就是为什么称为"全息"图或"全息"照片。顺便讲一下,普通彩色相片只记录了物光的强度(振幅)和波长,没有记录物光的相位,故图像是平面的。

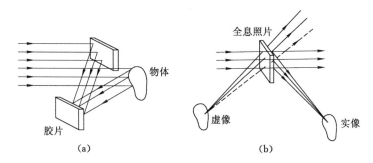

图 4-13-1 全息照相基本原理

再现过程如图 4-13-1(b)所示。当用与照相时的参考光束一样的光束照射全息照片,全息照片也放在原照相底片位置上时,光束被全息照片上的干涉图样所衍射,在其后出现了一系列衍射波。其中一列和物体在原位置发出的光波完全一样,构成物体的虚像;还有一列形成原物体的实像,可用感光胶片拍下来,这个实像与原物体前后倒置。

(2) 全息照相的特点

① 能再现十分逼真的立体像,它与观察实物完全一样,具有相同的视觉效果(立体感强)。

② 把全息照片分成若干小块,每一块都可再现原物完整的像。

③ 同一张底片上,经过多次曝光,可以重叠许多物体的像,每个像能不受干扰地单独显示出来。

④ 易于复制,仍保持和原来像完全一样。

(3) 全息照片的拍摄

全息照相利用干涉方法,记录的是物体发出的光(物光)与另一束与之相干的光(参考光)同时到达记录介质时,在上面所形成的干涉条纹。下面以比较简单的方式加以说明。

① 平面全息:

如图 4-13-2 所示,设参考光为平面余弦波,垂直照射到全息感光干版上,它在干版上各点的振动的振幅相同,相位也相同,可用三角函数式表示为 $R = A_R \cos(\omega t + \varphi_R)$,也可用复数式表示为:

$$R = A_R \exp[\mathrm{i}(\omega t + \varphi_R)]$$
$$= A_R \exp(\mathrm{i}\varphi_R)\exp(\mathrm{i}\omega t) \qquad (4\text{-}13\text{-}1)$$

式中,$\exp(\mathrm{i}\omega t)$ 对各相干光都是一样的,可以省略不记。令:

$$R = A_R \exp(\mathrm{i}\varphi_R) \qquad (4\text{-}13\text{-}2)$$

为参考光的复数振幅,它同时包含参考光的振幅信息和相位信息。

又设在干版的小区域 $\{x\}$ 内所接收到的物光也接近平行光,它的入射角是 θ,在 $\{x\}$ 区域内各点相应的相位差为 $\dfrac{2\pi}{\lambda}x \cdot \sin\theta$。物光的复数式表示为:

$$O = A_0(x,y)\exp\left\{\mathrm{i}\left[\omega t + \varphi_0 - \left(\frac{2\pi}{\lambda}\right)x \cdot \sin\theta\right]\right\}$$

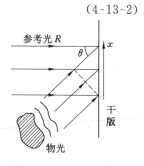

图 4-13-2 全息记录

$$= A_0(x,y)\exp\left\{i\left[\varphi_0 - \left(\frac{2\pi}{\lambda}\right)x \cdot \sin\theta\right]\right\}\exp(i\omega t)$$

令：

$$O(x,y) = A_0(x,y)\exp\left\{i\left[\varphi_0 - \left(\frac{2\pi}{\lambda}\right)x \cdot \sin\theta\right]\right\} \tag{4-13-3}$$

为物光的复数振幅,它同时包含物光的振幅信息和相位信息。

物光和参考光在 $\{x\}$ 区域叠加,合成光波的光强分布可用合成光波复数振幅的平方表示：

$$\begin{aligned}
I(x,y) &= [R + O(x,y)]^2 \\
&= \left\{A_R\exp(i\varphi_R) + A_0(x,y)\exp\left\{i\left[\varphi_0 - \left(\frac{2\pi}{\lambda}\right)x \cdot \sin\theta\right]\right\}\right\}^2 \\
&= A_R^2 + A_0^2(x,y) + A_R A_0(x,y)\left\{\exp\left\{i\left[\varphi_R - \varphi_0 + \left(\frac{2\pi}{\lambda}\right)x \cdot \sin\theta\right]\right\} + \right. \\
&\quad \left. \exp\left\{-i\left[\varphi_R - \varphi_0 + \left(\frac{2\pi}{\lambda}\right)x \cdot \sin\theta\right]\right\}\right\} \\
&= A_R^2 + A_0^2(x,y) + 2A_R \cdot A_0(x,y) \cdot \cos\left[\varphi_R - \varphi_0 + \left(\frac{2\pi}{\lambda}\right)x \cdot \sin\theta\right]
\end{aligned} \tag{4-13-4}$$

由式(4-13-4)可以看出,沿 x 方向合成光波的光强在最大值 $(A_R + A_0)^2$ 和最小值 $(A_R - A_0)^2$ 之间变化,这就形成了明暗相间的干涉条纹。变化的空间周期可由下式决定：

$$\frac{2\pi}{\lambda} \cdot x \cdot \sin\theta = 2k\pi \tag{4-13-5}$$

相邻两条纹间的间距为：

$$d = \frac{\lambda}{\sin\theta} \tag{4-13-6}$$

这样的光强分布 $I(x,y)$ 在照相干版上记录下来,经过后面还要讲到的显影、定影和冲洗照相底片的处理过程后,就得到了我们所要的全息底片。它的干涉条纹包含物光振幅 A_0 和相位 φ_0 的两方面信息。

② 体积全息：

上述的平面全息及其再现,实际上只考虑了二维光波的记录,把记录介质也看作二维的,没有考虑厚度的影响。这对常用的较薄介质,如 5 μm 以下的全息乳胶是完全适用的。然而,对 5～20 μm 甚至更厚的乳胶,沿厚度方向可有数层条纹分布,则必须看作体积全息。如图 4-13-3 所示,物光和参考光从乳胶两面以接近 180° 的交角入射,则条纹间距约为 $\lambda/2$,小于 1 μm。故沿厚乳胶层形成多层等间距干涉条纹层。底片冲洗好后,就得到一张体积全息照片。当用光照明时,体积全息照片就像一个半波堆叠型的干涉滤波器,对入射光波有较强的选择性。所以,这种体积全息可以用白光来再现。因为只有白光中的某些特定波段的光才能使干涉条纹叠层满足布拉格条件,故再现像为一与条纹间距相应的彩色像。如用 $\lambda = 632.8$ nm 的激光拍摄体积全息照片,用白光再现时,本应看到红色的像,但因在显影、定影时乳胶产生收缩,条纹间距变小,实际观察到的反射全息像的颜色向短波长方向移动,因此常看到呈黄绿色的像。

(4) 全息照片的再现

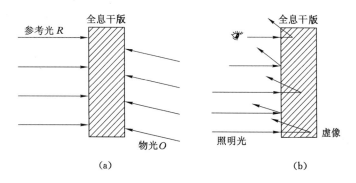

图 4-13-3　体积全息

用光波照明全息底片时,底片上各点光振幅的透射率可表示为:

$$\tau(x,y) = \frac{\text{透射振幅}}{\text{入射振幅}} = \tau_0 + \beta I(x,y)$$

如图 4-13-4 所示,若以原参考光垂直照射到全息底片上,那么透过全息底片的透射光波的复数振幅可表示为:

$$U(x,y) = \tau \cdot A_R \exp(\mathrm{i}\varphi_R) = [\tau_0 + \beta I(x,y)]A_R \exp(\mathrm{i}\varphi_R)$$

将式(4-13-4)代入上式得到:

$$
\begin{aligned}
U(x,y) &= (\tau_0 + \beta A_R^2 + \beta A_0^2)A_R \exp(\mathrm{i}\varphi_R) + \\
&\quad \beta A_R A_0 \cdot \left\{ \exp\left\{ \mathrm{i}\left[\varphi_R - \varphi_0 + \left(\frac{2\pi}{\lambda}\right)x \cdot \sin\theta \right] \right\} + \right. \\
&\quad \left. \exp\left\{ -\mathrm{i}\left[\varphi_R - \varphi_0 + \left(\frac{2\pi}{\lambda}\right)x \cdot \sin\theta \right] \right\} \right\} A_R \exp(\mathrm{i}\varphi_R) \\
&= (\tau_0 + \beta A_R^2 + \beta A_0^2)A_R \exp(\mathrm{i}\varphi_R) + \\
&\quad \beta A_R^2 \exp(\mathrm{i}\varphi_R) \cdot A_0 \exp\left\{ -\mathrm{i}\left[\varphi_0 - \left(\frac{2\pi}{\lambda}\right)x \cdot \sin\theta \right] \right\} + \\
&\quad \beta A_R^2 \cdot A_0 \exp\left\{ \mathrm{i}\left[\varphi_0 - \left(\frac{2\pi}{\lambda}\right)x \cdot \sin\theta \right] \right\}
\end{aligned}
\tag{4-13-7}
$$

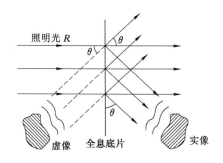

图 4-13-4　全息底片再现

式(4-13-7)中的第 1 项与原来照明光波仅差 1 个因子,它是直接透射过全息底片的照明光波;式(4-13-7)中的第 3 项和式(4-13-3)相比,可见它与原物光的复数振幅仅差 1 个常数因子,因此在视觉效果上两者完全一样,它在 θ 角方向再现原物体的立体像(虚像);式

(4-13-7)中的第 2 项与原物光的复数振幅相比较,其振幅部分差 1 个常数因子,相位部分也差 1 个常数因子,而且符号相反,它在负 θ 角方向形成共轭实像。这样,我们可以把全息底片的干涉条纹比作一种形状复杂的光栅,当照明光波入射时,除了零级透射光波外,其+1 级衍射波就像是从原来的虚物发出的光波一样,而其-1 级衍射波则形成原物的共轭实像。

(5) 拍好全息照片的条件

① 具有一定功率的相干光源。本实验用小型 He-Ne 激光器(功率为 1~2 mW)。

② 具有稳定的系统。干涉条纹移动超过半个条纹的宽度,就记录不清。本实验采用高阻尼全息照相实验台,在拍摄时还要尽可能避免振动。

③ 要有合适的光路。参考光与物光的光程差要尽量小(或等于激光管长度的偶数倍);物光与参考光的夹角为 30°~50°;物光与参考光在全息干版上的照度比为 1∶4 左右。

④ 要有合适的记录介质。本实验使用天津全息 I 型干版。分辨率为 3 000 条/mm,对于绿光不敏感,灵敏度较低,曝光时间需 25 s 左右(视仪器、药液情况、气温等而略有变动)。

(6) 全息照相的光路布置

我们用图 4-13-5 所示的光路拍摄漫反射全息照片。若被拍摄物体较大,用 100 倍的显微镜前片做扩束镜;若被拍摄物体较小,则用 40 倍显微镜前片做扩束镜,使整个被拍摄物体照明均匀。

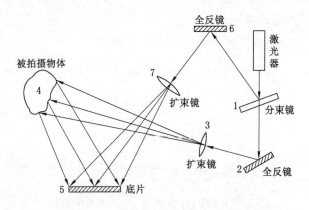

图 4-13-5 拍摄漫反射全息照片的光路

【仪器描述】

本实验所用的全息照相实验台和曝光定时器由重庆大学物理系生产提供。全息照相实验台实物如图4-13-6所示。光学元件包括:1 个分束镜、2 个全反镜、2 个扩束镜、1 个被摄物载物台、1 个底片架。除此以外,还有 1 个光开关。它们都可以通过磁性表座固定在钢板上。钢板下有泡沫减振垫。全息照相实验台采用了高阻尼减振,外界的振动会被很快地吸收衰减,以满足实验的要求。

曝光定时器面板如图 4-13-7 所示。曝光定时器电源打开后,可以用来控制光开关的通光与否。钮子开关打到"通光"一侧,光开关一直处于通光状态。打到"遮光"一侧,光开关一般处于遮光状态,光线不能通光。在遮光状态下,如果按动"启动"按键,光开关便开启,到达设定时间后又自动关闭。开启时间的长短可以事先由"定时选择"波段开关设定。

所用的 He-Ne 激光器,功率为 1~2 mW,波长为 632.8 nm,单模。激光电源输出系高

图 4-13-6　全息照相实验台

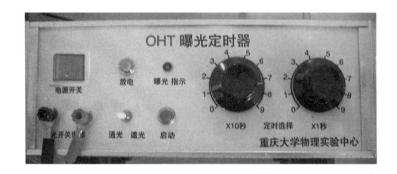

图 4-13-7　曝光定时器面板图

压,使用时,必须高度重视,注意安全。激光电源上电流指示一般宜调到 5～6 mA(视激光管而异)。注意,每一支激光管都有最佳工作电流,大于或小于这个电流,激光管的发光强度都会下降,并非电流越大激光越强。实验室工作人员会预先调好激光管的工作电流,切勿擅自调节,以免损坏激光管。

激光器电源的面板如图 4-13-8 所示。

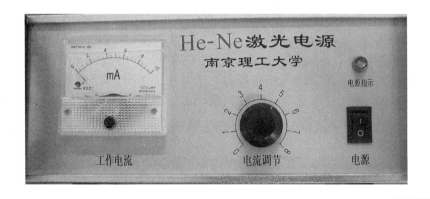

图 4-13-8　激光器电源面板图

【实验步骤】

（1）搭设光路

搭设光路之前，一定要认真参阅照相光路图 4-13-5，然后按照以下步骤搭设光路。

① 布置元件。先看清光路图，了解各元件应处的位置。还要认清元件，了解其功能。按光路图把分束镜、全反镜、被摄物、底片架放到相应位置（扩束镜先不放）。

注意：a. 保持光束等高；b. 物光与参考光夹角 30°～50°；c. 被摄物与底片架距离 10～15 cm；d. 各元件之间的距离尽可能按比例拉大一些。

② 调节等光程。由激光器发出的激光经分束后得到两束光：一束为物光；另一束为参考光。按照激光原理，当它们的光程差为零或为激光管长度的偶数倍时，两束光最相干。所以我们要使两束光尽量满足这一条件。最简单的方法就是使两束光之间的光程差为零，即等光程。这两束光是从分束镜开始分开的，最后都到达底片所在处。所以量光程时都应该从分束镜开始，最后量到底片架。如果两束光的光程不相等，就要调节元件间的距离，使物光与参考光的光程相等。调好以后，将磁性表座打到"ON"，让这些元件固定在钢板上。

③ 对光。调节相关光学元件，将激光光斑分别对准底片架和被摄物。然后将扩束镜放入光路中相应的位置，使底片架和被摄物均得到均匀照明。

（2）装底片、拍摄、显影、定影

① 装底片。装底片时，必须处于熄灯状态。所以在装底片以前，要做好各项准备。要调好曝光定时器，并将钮子开关打到"遮光"一侧，试验光开关是否正常；要取下底片架上的白屏，准备在这个位置装底片；要拿好夹底片的夹子，放在自己知道的地方，等曝光后用来夹住底片去显影；一定要仔细观察好实验室的情况，并清除走动路线上的障碍物，以免在黑暗中发生意外。等全体同学做好准备后，再关闭照明灯。由实验指导教师发给底片。拿到底片后，应该尽快地把底片装到底片架上。底片的药膜面应该对着激光射来的方向。在装底片时，必须注意不要碰动各光学元件。

② 拍摄。等全体同学装好底片后，静待 1 min 左右。静待的时间由实验指导教师控制，其目的是让全息照相实验台稳定下来。等教师发出"曝光"指令后，必须轻缓而及时地按动曝光定时器的"启动"按钮，实现曝光。按动过程中，必须注意不要碰动全息照相实验台上的元件。按好以后，要安静地坐在座位上。在整个曝光过程中，不允许制造振动，不允许讲话，必须统一行动。

③ 显影、定影。等全体同学曝光完成后，由实验指导教师发出指令，同学们听到指令后，将底片从底片架上取下，用事先准备好的夹子夹住底片的下部，到显影罐处去显影。显影时间约 1 min（视温度、显影液等情况有变化，由实验指导教师掌握，一般显影至底片呈黑灰色），停止显影 10 s，定影 10 min，然后水洗、干燥。

（3）全息照片的再现

根据原理部分所述，观察全息照片时，要用与原来的参考光相似的光，以拍摄时所用的入射角照明拍摄后处理好的全息底片。如果拍摄成功、调节恰当，通过衍射就能观察到被摄物体的像。我们可以用扩束后的激光照明冲洗好的全息底片；全息底片的上下、正反都要和拍摄时相同；然后一边转动全息底片，调整全息底片与激光之间的夹角，一边透过全息底片注意观察全息底片的后方，当该夹角与拍摄情况下的夹角相同时，就可以看到物体的像了。

再现光路图如图 4-13-9 所示。

【注意事项】

① 眼睛不要正对激光束,避免眼睛被激光灼伤。

② 激光电源有高压,谨慎使用。

③ 激光电源上电流指示 5～6 mA,切勿擅自调节。

④ 不要用手触摸光学元件的光学面。

⑤ 在暗室中应注意安全。

【思考题】

① 如果在实验中不小心将已冲洗好的全息底片打碎,还能看到所拍摄的像吗? 为什么?

② 通过你做的实验分析一下,物光与参考光的光强之间满足什么样的关系时拍摄效果最好?

③ 这个实验你成功了,还是失败了,分析一下成败的原因。

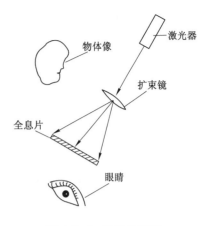

图 4-13-9 再现光路图

【拓展阅读】

我们看到的世界是三维的、彩色的,这是因为每个物体发射的光被人眼接收时,光的强弱、射向和距离、颜色都不同。从波动光学的观点看,是由于各物体发射的特定的光波不同,光的特征主要取决于光波的振幅、相位和波长。如果能看到景物光波的完全特征,就能看到景物逼真的三维像,这就是全息技术。

激光全息技术在眼科疾病诊治的应用中获得了成功,一张全息照片提供的信息相当于 480 张普通眼底照片所提供的信息。在眼科疾病的诊断过程中,利用激光全息成像技术可以提供整个眼睛的三维立体图像,并可以用显微镜对整个眼睛图像的不同位置(如角膜、前房、晶状体、玻璃体以及视网膜等)进行逐层观察和研究。也可以利用激光全息成像技术提供眼睛各个部位单独的三维立体图像以作深入的检查。

实验 14 牛 顿 环

牛顿为了研究薄膜颜色,曾经仔细研究过由凸透镜和平面玻璃组成的实验装置,并获得了极大的成功。19 世纪初,托马斯·杨用光的干涉原理解释了牛顿环,并参考牛顿的测量,计算了与不同颜色的光所对应的波长和频率。劈尖干涉和牛顿环干涉都是用分振幅方法产生的干涉,是等厚干涉中两个典型的干涉现象,其原理在科研和工业生产技术上有着广泛的应用。它们可用于检测透镜的曲率及研磨质量;测量光波波长;精确地测量微小长度、厚度和角度;检验物体表面的粗糙度和平整度等。

【实验目的】

① 了解等厚干涉的原理和实际应用。

② 学习用牛顿环测定平凸透镜曲率半径的方法。

③ 掌握读数显微镜的使用方法。

④ 学习用逐差法处理数据。

【实验仪器】

① 牛顿环仪。

② 读数显微镜。

③ 钠灯。

【实验原理】

如图 4-14-1 所示,牛顿环仪是由一块曲率半径较大的平凸玻璃透镜,将其凸面放在一块光学平玻璃片(又称平晶)上构成的。平凸透镜的凸面与玻璃片之间的空气层厚度从中心接触点到边缘逐渐增加,若将单色平行光垂直照射到牛顿环仪上,则经空气层上、下两表面反射的两束光就产生光程差,它们在平凸透镜的凸面处相遇后将发生干涉。当我们用显微镜进行观察时,可以清楚地看到一个中心是暗圆斑,而周围是许多明暗相间、间隔逐渐减小的同心环,如图 4-14-2 所示,这称为牛顿环。它属于等厚干涉条纹。若用 CCD 摄像机代替眼睛,则在监视器屏幕上可同时看到更为清晰的牛顿环图样。

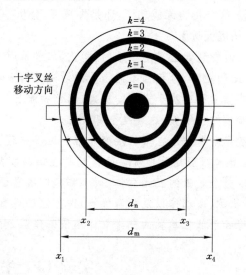

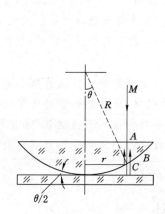

图 4-14-1　牛顿环仪

图 4-14-2　牛顿环及其直径的测量方法

考虑垂直照射牛顿环仪上的单色平行光中任一光线 MA(图 4-14-1),从 A 射到 B 时被反射了一部分,另一部分穿过空气层射到 C,在 C 点又被部分地反射回来。从 B 与 C 反射回来的光束之间产生光程差 $2n|BC|$,又因光是从光疏媒质向光密媒质垂直反射的(C 点),要产生半波损失 $\lambda/2$,所以,这两条反射光的总光程差为:

$$\Delta = 2n \mid BC \mid + \frac{\lambda}{2} \tag{4-14-1}$$

式中,n 为空气的折射率,$n=1$。由图中所示的几何关系可知:

$$|BC| = R - \sqrt{R^2 - r^2}$$
$$= R - R\left[1 - \frac{1}{2}\left(\frac{r}{R}\right)^2 + \frac{1}{8}\left(\frac{r}{R}\right)^4 - \cdots\right]$$

因 $R \gg r$，略去 $\left(\dfrac{r}{R}\right)^4$ 以下的高阶小量，可得：

$$|BC| = R - R\left[1 - \frac{1}{2}\left(\frac{r}{R}\right)^2\right] = \frac{r^2}{2R} \tag{4-14-2}$$

根据光的干涉条件，当光程差为半波长 $\lambda/2$ 的偶数倍时，两束光相互加强形成亮条纹；当光程差为半波长 $\lambda/2$ 的奇数倍时，两束光相互减弱形成暗条纹。对于球面透镜，同一级干涉条纹是一个圆环。考虑亮度最小的地方要比亮度最大的地方容易测得准确，选择暗环中心（或暗环的内缘，或暗环的外缘，但必须始终用同一选择）作为测量基准比较有利，则有：

$$\Delta = \frac{r^2}{R} + \frac{\lambda}{2} = (2k+1)\frac{\lambda}{2}$$
$$r^2 = k\lambda R \quad (k = 0,1,2,3,\cdots) \tag{4-14-3}$$

式中，k 表示干涉暗纹的级数。如已知 λ，测出 k 级暗环的半径 r，就可由上式求出平凸透镜的曲率半径 R（或已知 R 求出波长 λ）。

实际上，由于玻璃的弹性形变，平凸透镜的凸面与平晶之间的接触点不可能是一个理想的点，而是一个不甚清晰的暗的圆斑。其原因是当平凸透镜接触平晶时，接触压力引起的形变使接触处为一圆面，从而使实际的干涉半径与理想的半径不等，这样会给测量带来较大的系统误差，解决的办法可以有两种：

① 测量第 m 个和第 n 个暗环的直径为 D_m 和 D_n，经简单计算得平凸透镜的曲率半径为：

$$R = \frac{D_m^2 - D_n^2}{4(m-n)\lambda} \tag{4-14-4}$$

这样可以减弱和消除由接触压力引起的形变所带来的系统误差。

② 由此前已计算得到的暗纹半径 $r^2 = k\lambda R$，写成直径 D_m 的关系式，可得：

$$D_m^2 = 4\lambda Rm \tag{4-14-5}$$

本实验采用第②种方法计算曲率半径 R，通过拟合 D_m^2 与 m 的线性关系，从所得斜率中确定曲率半径 R。本实验已知钠光波长为 589.3 nm。

【仪器描述】

本实验使用的仪器中，牛顿环仪和钠灯比较简单，故不再专门介绍。这里主要介绍读数显微镜。

读数显微镜是将显微镜和螺旋测微装置组合起来，用于测量长度的精密仪器。它主要用来测量微小的或不能用夹持仪器（如游标卡尺和千分尺）测量的对象，如毛细管的内径、狭缝宽度、干涉条纹宽度等。读数显微镜的型号很多，这里以 JCD—Ⅱ型为例，其量程为 50 mm，最小分度为 0.01 mm。图 4-14-3 为读数显微镜的实物图，图 4-14-4 为读数显微镜的结构图。

在图 4-14-4 中，目镜①用锁紧圈②和锁紧螺丝③固紧于镜筒内，物镜⑥用丝扣拧入镜筒内，镜筒可用调焦手轮④调节，使其上下移动而调焦。测量架上的方轴⑬可插入接头轴⑭的十字孔中，接头轴可在底座⑪内旋转、升降。弹簧压片⑦插入底座孔中，用来固定待测件。

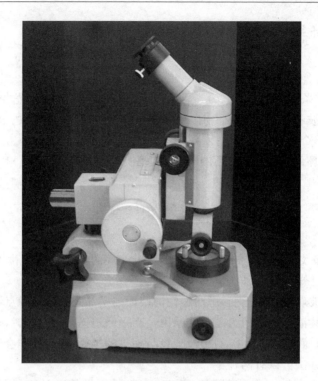

图 4-14-3　JCD—Ⅱ型读数显微镜实物图

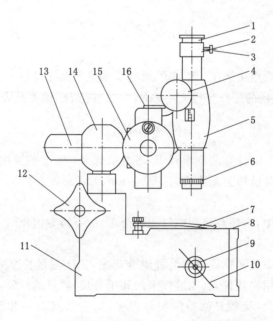

1—目镜;2—锁紧圈;3—锁紧螺丝;4—调焦手轮;5—镜筒支架;6—物镜;7—弹簧压片;
8—台面玻璃;9—旋转手轮;10—反光镜;11—底座;12—旋手;13—方轴;
14—接头轴;15—测微鼓轮;16—标尺。

图 4-14-4　JCD—Ⅱ型读数显微镜结构图

反光镜⑩可用旋转手轮⑨转动。

显微镜与测微螺杆上的螺母套管相连,旋转测微鼓轮⑮,就转动了测微螺杆,从而带动显微镜左右移动。测微螺杆的螺距为 1 mm,测微鼓轮圆周上刻有 100 个分格,分度值为 0.01 mm。读数方法类似千分尺,毫米以上的读数从标尺⑯上读取,毫米以下的读数从测微鼓轮上读取。如图 4-14-5 所示,标尺读数为 29 mm,测微鼓轮读数为 0.726 mm,最后读数为 29.726 mm。

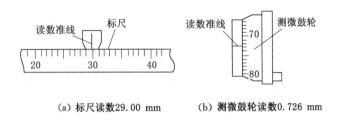

(a) 标尺读数29.00 mm   (b) 测微鼓轮读数0.726 mm

图 4-14-5 读数显微镜读数装置

由于螺纹配合存在间隙,所以螺杆(由测微鼓轮带动)由正转到反转时会有空转,反之亦然。这种空转会造成读数误差,故测量过程中必须避免空回,应使测微鼓轮始终朝同一方向旋转读数。

读数显微镜使用方法为:

① 一般情况下,利用工作台下面附有的反光镜,使显微镜有明亮的视场。

但在做牛顿环实验时,由于用反射光的效果优于用透射光,我们要用两束反射光的干涉来产生牛顿环。故在物镜下方装有反射镜,此时不要再用上述反光镜,不要让反光镜反射的光射入镜筒。详见实验步骤。

② 调节目镜,看清叉丝,调节叉丝方向,使其中的横丝平行于读数标尺,亦即平行于镜筒移动方向。

③ 调节物镜,先从外部观察,降低物镜使待测物处于物镜下方中心,并尽量与物镜靠近。然后通过目镜观察,并通过调焦手轮④使镜筒缓慢升高,直至清晰地看清待测物,此时待测物已基本成像于叉丝平面。

④ 消除视差,当眼睛上下或左右少许移动时,叉丝和待测物的像之间不应有相对移动,否则表示存在视差,说明叉丝和待测物的像还不在同一平面内。此时要反复调节目镜和物镜,直至视差消除。此时,叉丝和待测物的像严格地在同一平面内了。

⑤ 读数,先让叉丝对准待测物上一点(或一条线),记下读数,注意这个读数反映的只是该点的坐标。转动测微鼓轮,使叉丝对准另一个点,记下读数。两次读数的差值就是这两点间的距离。读数时一定要防止空回。

测量显微镜的构造和工作原理与读数显微镜基本相同,但它的载物台除了能作横向移动外,还能作纵向移动以及转动。纵向移动的装置和读数方法与千分尺相同,转动的角度可通过刻度盘上的刻度(和游标)读出。

【实验步骤】

(1) 在显微镜视场中找到牛顿环

读数显微镜装置及光路布置如图 4-14-6 所示。由于牛顿环的范围较小（一般约几毫米），一般直接从显微镜中寻找牛顿环较困难。利用显微镜观察物体必须同时满足两个条件："对准"被观察物体和"调焦"。实验调整、操作可按下列顺序进行：

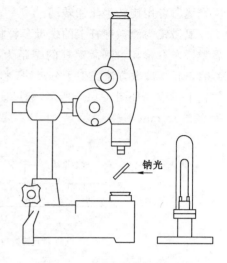

图 4-14-6　读数显微镜装置
及光路布置示意图

① 照明——点亮钠灯，移动读数显微镜装置，使光线射向显微镜物镜下方 45° 的反射玻璃片上。镜筒下方放置牛顿环仪。仔细调节 45° 反射玻璃片，以及读数显微镜与钠灯之间的相对位置，使得钠灯射来的光线能够垂直反射到牛顿环仪上。这时，由牛顿环仪反射回来的光能够回到显微镜物镜的镜筒中。做到这一点后，在显微镜目镜中就可以观察到明亮的视场。

注意：不要使工作台下的反光镜所反射的光进入显微镜物镜镜筒。

② 调节目镜——使目镜在镜筒内转动，直至十字叉丝成像清晰，并使其中的一根叉丝与镜筒移动方向平行。

③ 调焦——等厚干涉条纹定域在空气隙上表面附近，故在观察时，显微镜必须对准此面调焦。旋转调焦手轮，先使显微镜镜筒接近牛顿环仪。然后自下而上地移动，与此同时，在目镜中观察，找到牛顿环的像，并消除它和叉丝间的视差。之所以要自下而上地移动镜筒，是为了防止挤破牛顿环仪。

④ 对准——找到并对准牛顿环中心。由图 4-14-1 可知，牛顿环的中心暗斑位于平凸透镜顶点接触处。所以，一般只要将显微镜调焦到凸面上方后，将显微镜筒对准顶点，牛顿环即跃然而出（也可先用肉眼观察牛顿环仪，找到牛顿环，再放在显微镜筒下）。如不够清楚，则再重新细微调焦，直到条纹最清楚且与叉丝间无视差为止。

（2）测定牛顿环直径

① 将显微镜的十字叉丝交点与牛顿环中心调整得大致重合。

② 转动测微鼓轮，使显微镜架移动。借助牛顿环，再仔细观察十字叉丝是否一条与镜架移动方向垂直，另一条与镜架移动方向平行。做到这一点以后，移动显微镜架时，牛顿环不会上下错动。如果不符，则适当转动目镜，使之达到上述状态。再观察显微镜中十字叉丝交点能否超过牛顿环的 13 条暗圈（两边都要超过），以便顺利完成下面的测量任务。

③ 在测量各干涉环的直径时，只可沿同一方向旋转鼓轮，不能进进退退，以避免测微螺距间隙引起的空回误差。如实验测量第 4～20 条暗环的直径时，应先使显微镜中叉丝交点超过第 20 条暗环，然后再退回到第 20 条暗环，开始记下第 1 个数据；再转动鼓轮使叉丝交点依次对准第 18,16,14,…,4,到另一边的 4,6,8,…,20 条暗环，并记下数据。

④ 根据 $D_m^2 = 4\lambda Rm$，以 D_m^2 为 y 轴，以 m 为 x 轴，作 D_m^2-m 关系图线；进行 $y = ax$ 线性拟合，从所得的斜率 a 中确定 R 的测量结果。

【数据记录与处理】

（1）数据表格

表 4-14-1

环数	显微镜读数/mm		环的直径 D_m/mm （|左方读数－右方读数|） /mm	D_m^2/mm²
	左方	右方		
4				
6				
8				
10				
12				
14				
16				
18				
20				

（2）作图处理

根据 $D_m^2 = 4\lambda Rm$，以 D_m^2 为 y 轴，以 m 为 x 轴，作 D_m^2-m 关系图线；进行 $y = ax$ 线性拟合，求出斜率 a，由 $a = 4\lambda R$ 算出 R 的实验值。

$a=$　　　　；$R=$　　　　mm

与曲率半径标准值 R_0 比较，计算相对误差：

$$E = \frac{\Delta R}{R_0} = \frac{|R - R_0|}{R_0} \times 100\%$$

【思考题】

① 为什么从投射方向观察到的牛顿环中心是暗斑？如果对着透过牛顿环仪的方向观察牛顿环时，中心斑纹是暗斑还是亮斑？为什么？两种不同情况下观察到的圈纹清晰程度有何不同？为什么？

② 用牛顿环测定平凸透镜的曲率半径 R，为什么计算时不用 $R = \dfrac{r^2}{k\lambda}$ 而要用 $R = \dfrac{D_m^2 - D_n^2}{4(m-n)\lambda}$？

③ 反射光干涉的牛顿环中心为亮纹，是由于平凸透镜与平面玻璃没有紧密接触，设其间空气隙厚度为 a，试证明计算平凸透镜曲率半径 R 的公式仍为：

$$R = \frac{D_{k+m}^2 - D_k^2}{4m\lambda} \quad (R \gg a)$$

④ 如果两条叉丝都不与显微镜架移动方向平行，对测量结果会造成什么影响？

⑤ 为什么本实验要用反射光，而不用透射光？

【拓展阅读】

牛顿环实验是大家熟悉的一种空气薄膜产生的等厚干涉实验，尽管实验原理并不复杂，却有不少著名物理学家从不同角度对它进行过细致研究，因而在历史上发挥过重要作用。

牛顿深入研究了这种实验现象,进行了精确测量,找出了环的直径分布规律;但由于过分偏爱他的微粒说,因而他始终无法正确解释这个实验现象。杨氏最初提出的光的干涉理论,反射光所形成的牛顿环的中心应当是亮的,因为此时两束光的光程差为零,但实际上其中心却是暗的,为此他假定了光从光疏到光密媒质反射时会发生相位突变,并最终通过实验验证了相位跃变理论。阿喇果由检验牛顿环的偏振状态,对微粒说理论提出了怀疑。斐索用牛顿环仪测定了钠黄光双线的波长差。

物理学家利用牛顿环实验所做的工作推动了光学理论特别是波动理论的确立和发展。他们这种孜孜不倦、踏踏实实的作风为后人树立了光辉榜样,值得我们学习和思考。

实验 15 旋 光 效 应

光的偏振反映光具有横波特性。旋光效应是指旋光物质能够使通过它的偏振光的振动面产生旋转。旋光仪是用来测量旋光物质使偏振光振动面转过角度的仪器,它在工业、科研、医疗等方面有着广泛的应用。

【实验目的】

① 了解光的偏振现象及其实际应用。

② 了解起偏、检偏的原理和方法。

③ 了解 1/2 波片的作用和三分视场原理。

④ 了解旋光仪结构并掌握其使用方法。

⑤ 用旋光仪测量蔗糖溶液的旋光率和浓度。

【实验仪器】

① 旋光仪。

② 装有已知浓度蔗糖溶液且长度不同的试管 3 根。

③ 装有未知浓度蔗糖溶液的试管 1 根。

【实验原理】

旋光物质能够使通过它的偏振光的振动面产生旋转。旋光物质分右旋物质和左旋物质两种。迎着光看,能使振动面沿顺时针方向旋转的为右旋物质,能使振动面沿逆时针方向旋转的为左旋物质。蔗糖溶液是右旋物质。转过的角度称为旋光度,用 Q 表示:

$$Q = \alpha c L$$

式中,α 为旋光率;c 为溶液浓度;L 为溶液的长度。如果 c 和 L 已知,测出 Q 就可以求得 α;如果 α 和 L 已知,测出 Q 就可以求得 c。如果 c 的单位为 g/cm^3,L 的单位为 dm,那么 α 的单位就是 $[(°) \cdot cm^3]/(dm \cdot g)$。

在仪器描述部分将介绍,为了提高人眼判断的灵敏度,在起偏器中间部分的后面加了一片 1/2 波片,1/2 波片的光轴和偏振光的振动面之间有一夹角 θ(约 $5°$)。偏振光通过 1/2 波片后,其振动面会转过 2θ。这样,通过检偏器看到的中间部分与两边的光强就可能不同,从而形成三分视场。转动检偏器时,三分视场会出现如图 4-15-1 所示的几种情况。处于 (c) 图时,人眼判断最灵敏,因此应该以此作为判断的标准。

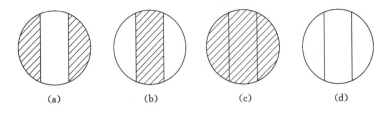

图 4-15-1 转动检偏器时三分视场的几种情况

【仪器描述】

本实验仪器旋光仪的实物图如图 4-15-2 所示。

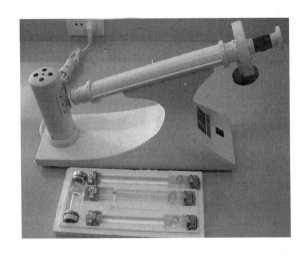

图 4-15-2 旋光仪实物图

旋光仪结构如图 4-15-3 所示,起偏器 4 和检偏器 7 全是透明的尼科耳棱镜,钠黄光经过聚光镜 3 和起偏器 4 就成为振动方向和尼科耳棱镜透振方向平行的线偏振光,其振动方向如图 4-15-4(a) 中 P_0 所示。

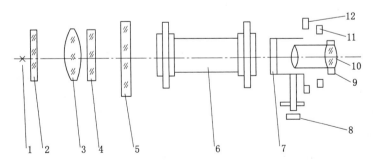

1—钠灯;2—毛玻璃;3—聚光镜;4—起偏器;5—半影片;6—样品管;7—检偏器;
8—刻度盘转动手轮;9—目镜调焦手轮;10—目镜;11—放大镜;12—刻度盘及游标。

图 4-15-3 旋光仪结构图

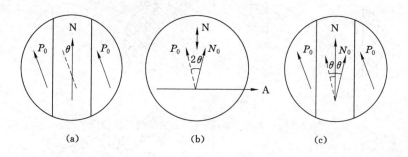

图 4-15-4　半影分析法

图 4-15-3 中,半影片 5 两侧是透明玻璃,中间是由石英制成的对钠黄光的 1/2 波片,3 块粘在一起形成平面圆片,以产生三分视场;1/2 波片光轴 N 与起偏器透振方向 P_0 夹一很小的 θ 角(约 5°),如图 4-15-4(b)所示。线偏振光经 1/2 波片后仍为线偏振光 N_0,但其振动方向和通过玻璃片的线偏振光振动方向 P_0 夹角为 2θ。经过图 4-15-3 中半影片 5 以后的光分为两个区域,从迎着光的方向看去,两区域的线偏振光振动方向如图 4-15-4(c)那样,是对称于 1/2 波片光轴 N,夹角为 2θ 的线偏振光。

　　人眼对于判断两个区域的暗度是否相同,要比判断亮度是否相同灵敏得多。所以在未放旋光物质时,我们可以旋转刻度盘转动手轮 8 将检偏器透振方向 A 非常准确地调节到如图 4-15-4(b)所示的方位上。根据马吕斯定律,视场中两部分光(一部分是透过 1/2 波片的光,另一部分是不透过 1/2 波片而透过玻璃片的光)的强度同时处于很弱的情况,整个视场一样暗,分界线消失,如图 4-15-1 中的(c),我们将它作为参考视场。此时记下标识检偏器方位的游标刻度 Q_0。由于仪器的调整状态,Q_0 不一定为零。如果检偏器 7 透振方向 A 调节到与上述方向相垂直的方向上(图中方向 N),视场中两部分光的强度同时都很强,整个视场一样明亮,分界线也消失,如图 4-15-1(d)所示。由于人眼在此情况下的辨别能力不高,所以不用它作为判别的参考视场。如果检偏器透振方向在其他位置,视场中间和两边明暗分明,如图 4-15-1(a)、(b)所示。利用这种半影分析法可使 Q 的测量精度优于 0.05°。然后放入长度为 L 的盛有旋光物质的玻璃管,则在检偏器 7 前的线偏振光 P_0 和 N_0 都将沿某一方向转过一个角度 Q,这时视场将出现分界线,两个区域的明暗度不同。我们将检偏器 7 沿该方向也转过一个角度 Q,两部分视场又会一样暗。读出此时游标刻度 Q',显见 $Q=|Q'-Q_0|$。

　　为了消除"偏心差",圆盘上设立了 2 个游标读数窗,应该将 2 个读数窗中的读数都记下来,由于偏心差,它们之间可能会有微小差别。它们的平均值即当前的读数。

【实验步骤】

　　① 开启旋光仪电源,使钠灯达到正常发光强度,这一般需要 10~15 min。调节旋光仪,使其处于工作状态。

　　② 学习角度游标的用法,读取零位误差 Q_0,即旋光仪内不放试管时的读数。该读数可能为正,也可能为负。测量时,调节刻度盘转动手轮 8(在目镜下方),找到参考视场。注意参考视场的选择,否则会造成比较大的误差。然后进行读数,注意读数时要用双游标。

　　③ 利用 3 根不同长度、注满已知浓度蔗糖溶液的试管,测量蔗糖溶液的旋光率。测量时,将浓度已知的待测试管放入旋光仪样品管内;如果视场不清晰,可以调节目镜调焦手轮

9(黑色),使视场清晰;然后再调节刻度盘转动手轮,找到参考视场。找到参考视场以后就可以用双游标进行读数了。

④ 测量未知浓度蔗糖溶液的浓度。方法同③,只是样品管内放入的是未知浓度蔗糖溶液的待测试管。

【数据记录与处理】

(1) 数据表格

表 4-15-1

零位误差 Q_0:左_____ 右_____

试管长度 L /dm	浓度 c /(g/cm³)	读数 Q/(°)						平均值 $\overline{Q'}$/(°)	旋光度 $(Q=\overline{Q'}-Q_0)$ /(°)	旋光率 $[\alpha]_\lambda^t$/ {[(°)·cm³]/ (dm·g)}	平均值 $\overline{[\alpha]_\lambda^t}$/ {[(°)·cm³]/ (dm·g)}
		1		2		3					
		A	B	A	B	A	B				
	c									c=	g/cm³

(2) 数据处理

按公式计算旋光率:

$$[\alpha]_\lambda^t = \frac{Q}{Lc} =$$

按公式计算蔗糖溶液浓度:

$$c = \frac{Q}{[\alpha]_\lambda^t L}$$

【思考题】

① 为什么要用 3 根不同长度的试管来测量蔗糖溶液的旋光率?只用 1 根试管可以吗?本实验所用的蔗糖溶液是左旋物质还是右旋物质?

② 为什么要选择图 4-15-1 的(c)图作为参考视场?选图 4-15-1 的(d)图可以吗?请通过实验做对比,看看两种情况下的判别灵敏度差多少。

【注意事项】

玻璃试管易碎,千万小心!

【拓展阅读】

液体浓度是表征介质溶液特性的主要参量之一,对液体浓度的测量与控制在造纸、化工、制糖、食品、制药、环境监测等行业中有着广泛的应用。旋光性是糖类物质等手性化合物的重要性质,利用手性化合物物质溶液的旋光效应可以实现对液体浓度的测量。旋光法测定糖浓度可应用到许多方面。如在饮料生产方面,可以利用旋光法对果汁和碳酸饮料等的品质进行检测,实现饮料的品质管理和发货前检验。在农业方面,糖浓度是衡量产品质量的一个重要依据,利用旋光法可以准确便捷地测定水果的收采时期以及给水果的甜度作分级分类,对农业市场的发展具有举足轻重的意义。在医学领域,血糖浓度的测量对病情的分析、合理用药等方面都具有重要的指导意义。较传统的抽血测量,利用旋光性测量血糖具有无创伤、快速、准确的特点。简而言之,旋光法在糖浓度测量方面应用广泛,具有重要的研究意义。

实验 16　衍 射 光 栅

衍射光栅由大量相互平行、等宽、等间距的狭缝(或刻痕)组成,它利用多缝衍射原理使光波发生色散。由于它具有较大的角色散率和较高的分辨本领,故已被广泛地应用于各种光谱仪器中。本实验使用的是透射式激光全息光栅。利用分光计测量衍射光栅的光栅常数和光波的波长。

【实验目的】

① 掌握光栅衍射的规律。

② 了解分光计结构,掌握分光计的调节和使用方法,熟悉分光计读数方法。

③ 测量光栅常数和光波波长。

【实验仪器】

① JJY—1 型分光计。

② 全息光栅。

③ 高压汞灯。

【实验原理】

(1) 光栅方程

如图 4-16-1 所示,当一束平行光垂直照在平面透射光栅上时,相邻两缝在衍射角 φ 方向上的光程差为 $d\sin\varphi$(d 为光栅常数)。而当:

$$d\sin\varphi = k\lambda \quad (k = 0, \pm 1, \pm 2, \cdots) \tag{4-16-1}$$

时,在 φ 方向上将得到波长为 λ 的 k 级主极大。如果将被多色光照明的狭缝置于透镜物方

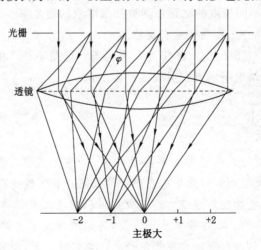

图 4-16-1　光栅的衍射

焦平面上,经透镜形成的平行光束垂直照射在光栅上,光栅刻痕和狭缝平行,再用一正透镜将衍射后的平行光会聚在像方焦平面上,就得到各个波长、各个级次的亮线,称为光栅光谱。图 4-16-2 所示的是汞灯光源的光栅光谱。当 $\varphi=0,k=0$ 时,对应焦平面上的 0 点,任何波长都在这里形成零级主极大,所以没有色散。对于其他同一个 k 级,不同波长的主极大将有不同的衍射角 φ,因此在焦平面上将出现对称于零级主极大,以及由近及远、从短波向长波排列的各级彩色谱线。

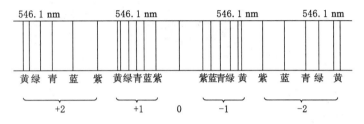

图 4-16-2　汞灯的光栅光谱简图

用分光计测量某一级已知波长的衍射角 φ,就可由式(4-16-1)求得光栅常数 d。测出某一级待测波长的衍射角,则可由已知的 d 算出 λ。

(2) 两个重要参数(供参考用)

除了用光栅常数 d 描述光栅的特性外,分辨本领和角色散率也是描述光栅的重要参数。

① 分辨本领 R：

依照瑞利提出的分辨判据,即波长 λ 的 k 级主极大恰好和 $\lambda-\Delta\lambda$ 的 k 级主极大外侧第 1 个零光强点相重合时,则 λ 和 $\lambda-\Delta\lambda$ 两条谱线恰可分辨。定义分辨本领 $R=\dfrac{\lambda}{\Delta\lambda}$,可以推导出光栅分辨本领 R 的表达式：

$$R = \frac{\lambda}{\Delta\lambda} = kN \tag{4-16-2}$$

实际使用的光栅总刻痕数 N、衍射级 k 越大,分辨本领 R 就越大,可分辨的 $\Delta\lambda$ 就越小。

② 角色散率 D：

定义角色散率 D 为同一级次中两谱线主极大衍射角之差 $\Delta\varphi$ 和波长差 $\Delta\lambda$ 的比。将式(4-16-1)取微分,得：

$$D = \frac{\Delta\varphi}{\Delta\lambda} = \frac{k}{d\cos\varphi} \tag{4-16-3}$$

角色散率用于描述分光元件将光谱散开的能力。光栅角色散率正比于 k,即二级光谱比一级光谱散得更开,这在图 4-16-2 中已经有所表示。光栅常数 d 越小,光栅越密,散开光谱的能力越强。若光谱的波长范围不大,则 $\cos\varphi$ 可近似看作常数,这时角色散率 D 就近似是常数,所以称光栅光谱为正比光谱。和非线性色散的棱镜分光元件相比,光栅有它独特的优越性。

【仪器描述】

本实验使用 JJY—1 型分光计,其实物图如图 4-16-3 所示。

(1) 结构

图 4-16-3　JJY—1 型分光计实物图

　　分光计又称光学测角仪，是一种能精密测量平行光线偏转角的光学仪器。它常被用于测量棱镜顶角、折射率、光栅衍射角、光波波长和观测光谱等。其结构如图 4-16-4 所示。分光计主要由带"＋"叉丝的自准直望远镜、平行光管、刻度盘、游标读数装置、小平台及机座等组成。望远镜、平行光管和刻度盘有共同的转轴。其中平行光管固定,望远镜和度盘可自由转动。

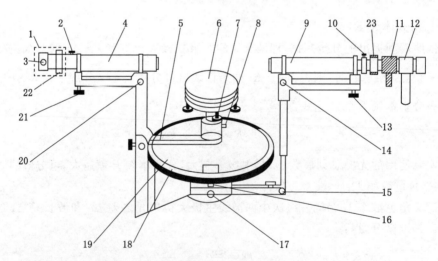

　　　1—狭缝装置;2—狭缝装置锁紧螺丝;3—狭缝宽度调节手轮;4—平行光管;5—制动架;

　　6—载物台;7—载物台调平螺丝(3 只);8—载物台锁紧螺丝;9—望远镜;10—目镜筒锁紧螺丝;

　　　11—阿贝式自准直目镜;12—目镜视度调节手轮;13—望远镜光轴俯仰调节螺丝;

　　14—望远镜光轴水平方位调节螺丝;15—望远镜微调螺丝;16—转座与刻度盘止动螺丝;17—望远镜止动螺丝;

　　　18—刻度盘;19—游标盘;20—平行光管光轴水平方位调节螺丝;21—平行光管光轴俯仰调节螺丝;

　　　　　22—平行光管狭缝套筒伸缩手轮;23—目镜套筒伸缩手轮。

图 4-16-4　分光计结构图

　　① 自准直望远镜(阿贝式):由目镜、分划板及物镜组成,如图 4-16-5(a)所示。分划板刻有如图 4-16-5 所示的两横一竖的叉丝准线,在其下部粘有一块 45°全反射小棱镜,其表面涂了不

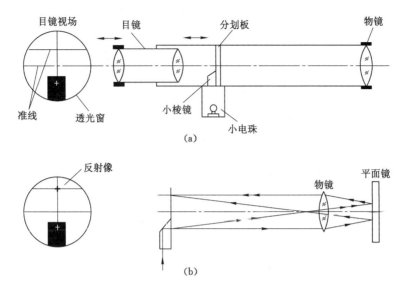

图 4-16-5 自准直望远镜

透明薄膜,薄膜上刻了一个空心"十"字窗口。点亮小电珠,在目镜视场内可看到一个亮的"十"字。在物镜前放一个平面镜,且与物镜垂直。前后调节目镜(连同分划板)与物镜的间距,使分划板位于物镜焦平面上。此时,由小电珠发出透过空心"十"字窗口的光经物镜后成为平行光,此平行光射向平面镜,经平面镜反射后,又射回进入望远镜物镜。平行光经物镜会聚后在物镜焦平面(即分划板平面)上形成"十"字窗口的像,该像为一个明亮的"十"字。若平面镜镜面与望远镜光轴严格垂直,此像将落在分划板准线上部的交叉点上,如图 4-16-5(b)所示。

② 载物台:载物台用于放置待测物体,台上有一弹簧压片夹,用以夹紧物体,台下有 3 个螺丝 a_1、a_2、a_3,可调节平台水平,如图 4-16-6 所示。

③ 读数装置:读数装置由刻度盘和沿圆盘边相隔 180° 对称安置的游标组成。刻度盘共 360°,分成 720 格,最小分度为半度(30′)。所以,大于半度的读数可以在刻度盘上读出,小于半度的读数利用游标读出。游标上有 30 格,故游标上的读数单位为 1′。角游标读数方法与一般游标相似,如图 4-16-7 所示。两个游标对称放置,是为了消除刻度盘中心与分光计中心轴线之间的偏心差。测量时,要同时记下两个游标所示的刻度,再取它们的平均值。左右两个读数之差在 180° 附近。

关于偏心差,其产生的原因及消除它的原理如下:由于仪器中心轴和刻度盘刻度中心在制造及装配时不可能完全重合,且轴套之间也总存在间隙,故望远镜的实际转角 φ 与刻度盘读数窗上读得的角度 θ 不尽一致,如图 4-16-8 所示。图中 O 为转轴中心,O' 为刻度盘刻度中心,φ 为望远镜实际转角,θ_1 及 θ_2 分别为从两游标读数窗中读出的角度。显见 φ 和 θ_1、θ_2 不相等,这种误差就是测角仪器的"偏心差"。它是一种系统误差,一般可以

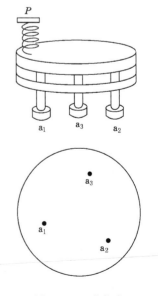

图 4-16-6 载物台

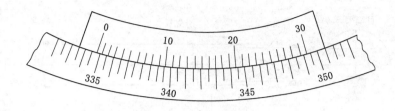

图 4-16-7 读数装置

通过安置在转轴直径上的两个对称的游标读数窗来消除。
显然,从图中的几何关系可知:

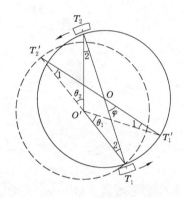

$$\varphi + \angle 1 = \theta_1 + \angle 2$$
$$\varphi + \angle 2 = \theta_2 + \angle 1$$

两式相加得:

$$2\varphi + (\angle 2 + \angle 1) = \theta_2 + \theta_1 + (\angle 1 + \angle 2)$$

故: $\quad 2\varphi = \theta_2 + \theta_1, \varphi = \dfrac{\theta_2 + \theta_1}{2}$

④ 平行光管:平行光管的一端装有会聚透镜,另一端
内插入一套筒,其末端为一宽度可调的狭缝,如图4-16-9所
示。当狭缝位于透镜的焦平面上时,就能使照在狭缝上的
光经过透镜后成为平行光。

图 4-16-8 偏心差的示意及消除

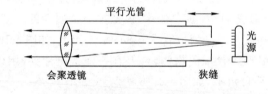

图 4-16-9 平行光管

(2) 调整要求和步骤

① 调整要求:

(a) 望远镜能接收平行光。

(b) 平行光管能发出平行光。

(c) 望远镜的光轴和平行光管的光轴均垂直于旋转主轴。

② 调整步骤:

(a) 目测粗调(凭眼睛观察判断):用眼睛从仪器侧面观察,使望远镜光轴、平行光管光
轴和载物台面均大致垂直于仪器主轴;目镜套筒位置合适。

虽然这一步并非必须,但却是很重要的一步,有助于我们顺利地调好分光计,在后面的
叙述中将会讲到其重要性。

(b) 调节望远镜能接收平行光,并准确地与仪器中心轴垂直:

首先要找到由载物台上放置的小反射镜反射回来,又在望远镜中形成的"十"字反射像。
要做到这一点其实很简单,关键是要使"十"字刻痕通过望远镜物镜后射出的光,能够由小反

射镜反射回望远镜中。也就是要使载物台上放置
的小反射镜与望远镜光轴垂直。为了调节方便,可
如图 4-16-10(a)所示,在载物台上放置双面反射镜,
并改变双面反射镜与望远镜之间的相对方位,如固
定望远镜,转动载物台,带动放在上面的双面反射
镜,当反射镜镜面与望远镜光轴基本垂直时,就能
够在目镜中观察到"+"字反射像。有时候,不管如
何改变双面反射镜与望远镜之间的相对方位,都找

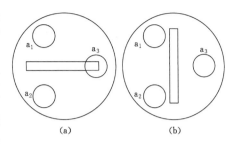

图 4-16-10　反射镜放置位置

不到"+"字反射像,这时,我们要检查一下望远镜下的小灯是否点亮了。如果望远镜下的小
灯已经点亮,则可能是目测粗调没有做好,建议重新目测粗调,再进行此项工作。

　　然后用自准直法调节目镜(连同分划板)与物镜的间距,使分划板位于物镜焦平面上。
具体调节步骤为:找到"+"字反射像后,仔细调节目镜(连同分划板)与物镜的间距,使目镜
视场中能同时看清分划板准线与"+"字反射像,且使两者无视差。此时分划板已经位于物
镜焦平面上,即望远镜已能接收平行光。

　　接下来要调节望远镜的光轴垂直于分光计主轴。调节望远镜下的望远镜光轴俯仰调节
螺丝 13,使"+"字反射像与叉丝的上交点完全重合,此时,望远镜光轴与反射镜镜面严格垂
直。如果旋转载物台,带动反射镜旋转 180°,反射回来的像仍与叉丝的上交点重合,则说明
望远镜的光轴已垂直于分光计主轴。但是通常情况下,改变反射镜时反射回来的像的高低
会改变。这是由于分光计的主轴与反射镜不平行,虽然望远镜光轴与反射镜垂直了,但与分
光计主轴并不垂直。为了使望远镜光轴垂直于分光计光轴,必须再仔细调节。这往往是调
节的难点。虽然是难点,但掌握了正确的方法,也并不难解决。

　　做好前面的调节以后,转动载物台 180°,再找到由反射镜另一面反射回来的"+"字像
(如果找不到第 2 个面反射回来的"+"字像,其原因基本上是目测粗调未做好,要重新目测
粗调。由此可见目测粗调的重要性)。此时,通常"+"字反射像与叉丝的上交点不会完全重
合,两者之间会有一点距离,其原因前面已经讲到。我们用各半调节法进行调节。先调载物
台下的前后调平螺丝 a_1 或 a_2,使"+"字像与叉丝上交点之间的距离减小一半,再调节望远
镜下的望远镜光轴俯仰调节螺丝 13,使像重合。然后转动载物台 180°,进行同样调节。反
复几次便可很快调好。至此望远镜的光轴已经垂直于分光计的主轴。

　　如果还要使得载物台垂直于分光计的主轴,可把反射镜转过 90°[如图 4-16-10(b)放
置],调节载物台下的螺丝 a_3(望远镜光轴俯仰调节螺丝 13 不可再调),使两个面的反射像仍
与叉丝的上交点重合。

　　(c) 调整平行光管产生平行光,并垂直于分光计的主轴:

　　调节平行光管时,可以已调好的望远镜为基准,所以非常简单。但必须注意,望远镜已
经调好,望远镜光轴俯仰调节螺丝 13 和目镜(连同分划板)与物镜的间距均不可再调。

　　打开光源和狭缝,将望远镜对准狭缝像。从望远镜中观察,同时调节平行光管狭缝套筒
到平行光管物镜之间的距离,使狭缝像最清晰。此时狭缝位于透镜的焦平面上,即平行光管
能产生平行光了。

　　接着调节望远镜光轴与平行光管共轴。把狭缝调成水平方向,调节平行光管下的平行
光管光轴俯仰调节螺丝 21,使狭缝像与准线中心重合,这时平行光管与望远镜共轴,也即与

中心轴垂直。

为了更好地掌握分光计的调节方法,我们把以上调节步骤用图表的形式表现出来,如表 4-16-1 所示。

表 4-16-1 分光计调节步骤

次序	调节内容	调节方法	现象
粗调	使望远镜与载物台均基本水平,目镜套筒位于合适的位置	调节望远镜下的望远镜光轴俯仰调节螺丝及载物台下的调节螺丝;伸缩目镜筒	
调节望远镜	调节目镜看到清晰的分划板	旋转目镜视度调节手轮	
	望远镜的调焦,即在目镜中看到清晰的"+"字反射像	载物台上放上反射镜	
		开启小照明灯;缓慢转动载物台,找到"+"反射像后,调节目镜套筒伸缩手轮,使之最清晰,且与叉丝无视差(如看不到反射像则说明粗调不好,重新粗调)	
	调节望远镜光轴垂直于分光计主轴	调节望远镜下的望远镜光轴俯仰调节螺丝13,使"+"字反射像与叉丝的上交点完全重合	
		将小平台旋转180°,仍能看到反射像,但"+"字反射像与叉丝的上交点不重合,有一定距离(如找不到"+"字反射像,一般是目测粗调未调好,重新目测粗调)	
		调节载物台前后调平螺丝 a_1 或 a_2,使像与目标位置距离减小一半;再调望远镜下的望远镜光轴俯仰调节螺丝13,使像与目标位重合;来回重复多次,直至旋转载物台180°时,两反射像都与叉丝的上交点重合,此方法也称各半调节法	
		将反射镜转过90°,调节载物台下的调平螺丝 a_3(望远镜光轴俯仰调节螺丝13不可再调),使两个面的反射像仍与叉丝的上交点重合	

表 4-16-1(续)

次序	调节内容	调节方法	现象
调节平行光管	平行光管的调焦:把狭缝调整到物镜的焦平面上,即平行光管出射平行光	打开光源,调节平行光管狭缝套筒伸缩手轮,在望远镜中看到清晰的狭缝像	
	调整平行光管的光轴垂直于分光计主轴(当望远镜与平行光管共轴时,此要求即得到满足)	望远镜对准狭缝的像	
		使狭缝转过 90°,调节平行光管下的平行光管光轴俯仰调节螺丝,使狭缝像位于分划板中心线上	
		将平行光管狭缝调成垂直的	

【实验步骤】

① 打开高压汞灯,使其达到正常发光强度,这通常需要 $10\sim15$ min。

② 调节分光计到使用状态,调节方法参见本实验的"仪器描述"部分。

③ 正确放置光栅,放置光栅时注意:入射光要垂直入射到光栅上;左右光谱线要一样高(以上两点可借助分光计,具体方法请自己思考);谱线宽窄要合适;严禁触摸光学表面;应轻拿轻放。

④ 已知绿谱线波长为 546.07 nm,测量绿谱线的衍射角,测出光栅常数 d。注意读数时要使用双游标。

⑤ 测量蓝谱线的衍射角,并根据前面测得的光栅常数 d 测出蓝谱线的波长。

【数据记录与处理】

(1)测定光栅常数 d

表 4-16-2

衍射级	游标读数			衍射角		$\sin \bar{\varphi}_k$	已知光波波长 λ/nm	$d\left(d=\dfrac{k\lambda}{\sin \bar{\varphi}_k}\right)$/nm	$\bar{d}$/nm
	θ	θ'	$\bar{\theta}$						
$k=0$				φ_k	$\bar{\varphi}_k$				
$k=+1$									
$k=-1$							546.07		
$k=+2$									
$k=-2$									

（2）测定光波波长

表 4-16-3

衍射级	游标读数			衍射角		$\sin \overline{\varphi_k}$	已知光栅常数 d/nm	$\lambda\left(\lambda=\dfrac{d\sin\varphi_k}{k}\right)/\mathrm{nm}$	$\overline{\lambda}/\mathrm{nm}$
	θ	θ'	$\overline{\theta}$	φ_k	$\overline{\varphi_k}$				
$k=0$									
$k=+1$									
$k=-1$									
$k=+2$									
$k=-2$									

【思考题】

① 实验中,为什么要使入射光垂直入射到光栅上? 如何做到这一点? 如果没有做好的话,对实验结果会产生什么影响?

② 为什么有时候光谱线左右不一样高? 如何将它们调到一样高?

③ 谱线宽度太宽或者太窄会有什么后果?

④ 本实验所用的光栅,每毫米有多少条纹?

【拓展阅读】

光栅光谱仪,是将成分复杂的光分解为光谱线的科学仪器。通过光谱仪对光信息的抓取,以照相底片显影,或电脑化自动显示数值仪器显示和分析,从而测知物品中含有何种元素。其基本原理是:元素的原子在激发光源的作用下发射谱线,谱线经光栅分光后形成光谱,每种元素都有自己的特征谱线,谱线的强度可以代表试样中元素的含量,用光电检测器将谱线的辐射能转换成电能。检测输出的信号,经加工处理,在读出装置上显示出来,然后根据相应的标准物质制作的分析曲线,得出分析试样中待测元素的含量。

光栅光谱仪被广泛应用于颜色测量、化学成分的浓度测量或辐射度学分析、膜厚测量、气体成分分析等领域。

实验 17 用迈克耳孙干涉仪测波长

1883 年美国物理学家迈克耳孙和莫雷合作,为证明"以太"是否存在而设计制造了世界上第一台用于精密测量的干涉仪——迈克耳孙干涉仪。它是在平板或薄膜干涉现象基础上发展起来的,在科学发展史上起了很大作用。迈克耳孙用该干涉仪所做的重要工作有:否定了"以太"的存在;发现了真空中的光速为恒定值,为爱因斯坦的相对论奠定了基础;用镉红光为光源来测量标准米尺的长度,建立了以光波

长为基准的绝对长度标准;推断了光谱精细结构;还用该仪器测量出了太阳系以外星球的大小。迈克耳孙因在"精密光学仪器和用这些仪器进行光谱学的基本量度"研究中的卓著成绩,获得了 1907 年度诺贝尔物理学奖。

现在,根据迈克耳孙干涉仪的原理研制的各种精密干涉仪已广泛用于近现代物理和计

量技术中。

【实验目的】

① 了解迈克耳孙干涉仪结构、工作原理和实际应用。

② 了解干涉图样的形成和分类以及时间相干性等概念。

③ 掌握迈克耳孙干涉仪调节方法及注意事项。

④ 用迈克耳孙干涉仪测量半导体激光的波长。

【实验仪器】

① WSM—100 型迈克耳孙干涉仪。

② 半导体激光器。

【实验原理】

图 4-17-1 是迈克耳孙干涉仪的光路图。从光源 S 发出的光束射到玻璃板 G_1 上,G_1 的前后两个表面严格平行,后表面镀有铝或银的半反射膜。光束被半反射膜分为强度相同的两支,图中用(1)表示反射的一支,用(2)表示透射的一支。因为 G_1 和平面镜 M_1 与 M_2 均成 45°角,所以两光束分别近于垂直入射到全反射镜 M_1 和 M_2 上。两光束经反射后再在 E 处相遇,形成干涉条纹。G_2 为一补偿板,其材料和厚度与 G_1 相同,方向也与 G_1 严格平行。G_2 的作用是补偿光束(2)的光程,使光束(2)和光束(1)在玻璃中的光程相等(都通过玻璃3次)。

反射镜 M_2 是固定的,反射镜 M_1 可在精密导轨上前后移动以改变两束光之间的光程差。M_1 的移动采用了涡轮蜗杆传动系统,其最小分度为 10^{-4} mm(见图 4-17-2),可估读到 10^{-5} mm。反射镜 M_1、M_2 的背面各有 3 个螺丝,用以调节 M_1、M_2 平面的倾斜度。反射镜 M_2 的下端还附有 2 个方向互相垂直的微调螺丝,用以精确地调节反射镜 M_2 的倾斜度。

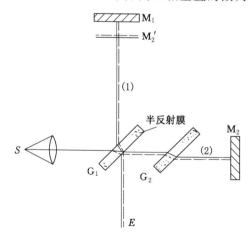

图 4-17-1　迈克耳孙干涉仪光路图

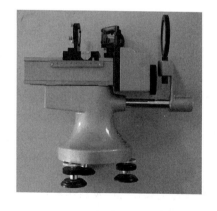

图 4-17-2　迈克耳孙干涉仪外形图

（一）干涉图样的形成和分类

迈克耳孙干涉仪所产生的两相干光束是从 M_1 和 M_2 反射而来的,因此可以先画出 M_2 被 G_1 反射所成的虚像 M_2',研究干涉花样时,M_2' 和 M_2 完全等效,见图 4-17-1。

（1）点光源产生的非定域干涉花样

用凸透镜会聚后的激光束,可以看作一个线度小、强度足够的点光源。点光源经平面镜 M_1、M_2' 反射后,相当于两个虚光源 S_1、S_2',如图 4-17-3 所示。S_1 和 S_2' 的距离为

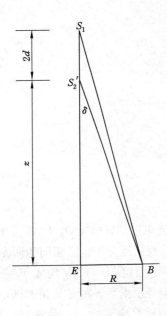

图 4-17-3　点光源干涉示意图

M_1 和 M_2' 的距离 d 的 2 倍,即 $2d$。虚光源 S_2、S_2' 发出的球面波在它们相遇的空间处处相干涉,因此是非定域的干涉花样。用平面屏观察干涉花样时,不同的地点可以观察到圆、椭圆、双曲线、直线状的条纹。当 M_1 和 M_2' 严格平行,平面屏垂直于 S_1S_2' 延长线时,干涉花样应为同心圆。通常,把屏放在垂直于 S_1、S_2' 的连线上,对应的干涉花样是一组同心圆,圆心在 S_1S_2' 延长线和屏的交点 E 点。

如图 4-17-3 所示,由 S_1、S_2' 到屏上任一点 B,两光束的光程差 L 为:

$$L = \sqrt{(z+2d)^2 + R^2} - \sqrt{z^2 + R^2}$$
$$= \sqrt{z^2 + 4zd + 4d^2 + R^2} - \sqrt{z^2 + R^2}$$
$$= \sqrt{z^2 + R^2}\left[\sqrt{1 + \frac{4zd + 4d^2}{z^2 + R^2}} - 1\right] \quad (4\text{-}17\text{-}1)$$

当 $z \gg d$ 时,把式(4-17-1)展开,得:

$$L = \sqrt{z^2 + R_2}\left[\frac{1}{2}\frac{4zd + 4d^2}{z^2 + R^2} - \frac{1}{8}\frac{16z^2d^2}{(z^2 + R^2)^2}\right]$$
$$= \frac{2zd}{\sqrt{z^2 + R^2}}\left[1 + \frac{dR^2}{z(z^2 + R^2)}\right]$$
$$= 2d\cos\delta\left[1 + \frac{d}{z}\sin^2\delta\right] \quad (4\text{-}17\text{-}2)$$

由式(4-17-2)可知:

① $\delta = 0$ 时的光程差最大,即圆心 E 点所对应的干涉级次最高。摇动涡轮蜗杆移动 M_1,若 d 增加时,可以看到圆环一个个自中心生出而后往外扩张;若 d 减小时,圆环逐渐缩小,最后消失在中心处。每"生出"一个或"消失"一个圆环,相当于 S_1S_2' 的距离改变了一个波长 λ,即 M_1 移动了 $\lambda/2$。设 M_1 移动了 Δd 距离,相应地"生出"或"消失"的圆环数目为 N,则:

$$\Delta d = \frac{1}{2}\Delta L = \frac{1}{2}N\lambda \quad (4\text{-}17\text{-}3)$$

从仪器上读出 Δd 及数出相应的 N,就可以测出光波的波长 λ。

② d 增大时,光程差 L 每改变一个波长 λ 所需的 δ 的改变值减小,即两亮环(或两暗环)之间的间隔变小,看上去条纹变细变密;反之,d 减小时,条纹变粗变稀。

(2) 等倾干涉花样

此时 M_1、M_2' 互相平行,如图 4-17-4 所示。入射角为 δ 的光线经 M_1、M_2' 反射成为 (1)、(2)两支,(1)和(2)相互平行,(1)、(2)两光线的光程差 L 计算如下。过 B 作光线(2)的垂直线 BD:

$$L = AC + CB - AD$$
$$= \frac{2d}{\cos\delta} - 2d\tan\delta \cdot \sin\delta$$

$$= 2d\left(\frac{1}{\cos\delta} - \frac{\sin^2\delta}{\cos\delta}\right)$$

$$= 2d\cos\delta \qquad (4\text{-}17\text{-}4)$$

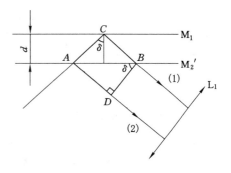

可见,当 d 一定时,光程差只取决于入射角(出射角)。若用透镜 L_1 把光束会聚,则出射角相同的光线在透镜 L_1 的焦平面上发生干涉,干涉花样将是一个以透镜光轴为圆心的一组明暗相间的同心圆。

和非定域干涉花样类似,等倾干涉的花样中,干涉级次以圆心为最高。当 d 增加时,圆环从中心"生出"条纹,条纹变细变密;当 d 减小时,圆环缩回中心,条纹变粗变稀。

图 4-17-4 等倾干涉示意图

产生等倾干涉条纹需要用什么光源呢?从图 4-17-4 可知,自光源发出的光应该能够从不同方向入射到 M_1、M_2',这样才能在 L_1 焦平面上形成完整的干涉花样。例如,在靠近镜面 M_2' 处放置一点光源,在采用点光源的情况下,等倾干涉实际上就是非定域干涉中屏放到无限远的特例。可见,式(4-17-2)在 $z\to\infty$ 时转化为式(4-17-4)。但是,等倾干涉并不一定要用点光源,它完全可以用扩展光源,而且扩展光源发光面上的各发光点之间可以不相干。这一特点使得等倾干涉比较容易实现,特别是在激光光源还未出现之前更是如此。

(3)等厚干涉花样

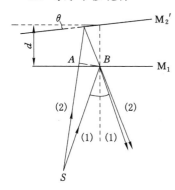

图 4-17-5 等厚干涉示意图

当 M_1、M_2' 有一个很小的夹角时,M_1、M_2' 之间形成楔形空气薄层,就会出现等厚干涉条纹,如图 4-17-5 所示。光源 S 发出的不同方向的光线(1)和(2)经 M_1、M_2' 反射后在镜面附近相交,产生干涉。把眼睛聚焦在 M_1 镜附近(也可用透镜),可以观察到干涉条纹。当夹角 θ 很小时,光线(1)和(2)的光程差仍然可以近似地用 $L = 2d\cos\delta$ 表示,其中 d 为观察点 B 处的空气层的厚度,δ 仍为入射角。在 M_1、M_2' 两镜相交处,$d = 0$,如果不考虑(1)光束在 G_1 镜反射时附加的相位差,光程差仍为零,应出现亮的直线条纹,称为中央条纹。如果入射角不大,$\cos\delta \approx 1 - \frac{1}{2}\delta^2$。

故:

$$L \approx 2d\left(1 - \frac{1}{2}\delta^2\right) = 2d - d\delta^2 \qquad (4\text{-}17\text{-}5)$$

在中央条纹附近,干涉条纹是大体上平行于中央条纹的直线。随视角 δ 的增大,花纹逐渐发生弯曲。从式(4-17-5)可知,要保持同样的光程差 L,必需增大 d,即弯曲的方向是凸向中央花纹的。

观察等厚干涉条纹时,光源应采用扩展光源,从而使得反射后能有各方向的光线,以便于观察到整个花样。

(二)时间相干性问题

时间相干性是光源相干程度的一种物理描述,迈克耳孙干涉仪则是观测光源时间相干性的典型仪器。

为简便起见,本实验仅讨论入射角 $\delta = 0°$ 时的情形。因为 $\Delta L = 2d$,故当 d 增大到某一数值 d' 时,将可能不出现干涉现象。与此对应的 $2d' = \Delta L_m$,称为光源的相干长度。而光束通过这一段光程所需要的时间称为相干时间:

$$\Delta t = \frac{\Delta L_m}{c} \tag{4-17-6}$$

ΔL_m 和 Δt 的物理意义:

① 实际光源发射的光波大多是原子发光,被激原子从高能态跃迁至低能态时,总有一定的时间发出光波,但都只能是有限长度的光波波列。当光波波列长度比光程差小时,入射至干涉仪被分光板分割成的两部分波前就不可能相遇,因而也就不可能发生干涉现象。所以,相干长度 ΔL_m 是波列长度的表征值。

② 实际光源发出的光波不可能是绝对的单色光,一般总存在着一个波长范围,通常用谱线宽度 $\Delta \lambda$ 表示。它表示中心波长为 λ_0,谱线宽度为 $\Delta \lambda$ 的光波,即由 $\lambda_0 - \frac{\Delta \lambda}{2} \sim \lambda_0 + \frac{\Delta \lambda}{2}$ 之间所有光波的组合。发生干涉时,每一种成分的单色光波都对应一套干涉图像。以只有两种成分的双波长单色光(如钠黄光)为例,只有在光程差 $\Delta L = 0$ 时,干涉条纹的分布才与 λ 无关,$\lambda_0 + \frac{\Delta \lambda}{2}$ 和 $\lambda_0 - \frac{\Delta \lambda}{2}$ 两种单色光的干涉条纹完全重合。当 d 增加时,$\lambda_0 + \frac{\Delta \lambda}{2}$ 和 $\lambda_0 - \frac{\Delta \lambda}{2}$ 各自形成的干涉条纹将逐渐错开。如果 d 增大 Δd 时,两者会错开一个条纹宽度,即 $\lambda_0 + \frac{\Delta \lambda}{2}$ 的亮条纹落到 $\lambda_0 - \frac{\Delta \lambda}{2}$ 的暗条纹的位置上了,干涉条纹完全消失,在此意义上,Δd 就是相干长度。由此可求得:

$$\Delta L_m = \frac{\lambda_0^2}{\Delta \lambda} \tag{4-17-7}$$

式(4-17-7)表明,谱线宽度 $\Delta \lambda$ 越窄,光源的单色性越好,其相干长度越长,能观察到的干涉级数就越高,也就是光源的时间相干性越好。激光就是这样一种相干性好的光源。

图 4-17-6 示出了利用只有两种波长的光源的光入射至干涉仪时,在干涉条纹中心处

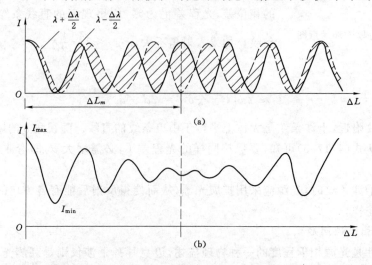

图 4-17-6 含有两种波长的光源的光叠加时,干涉条纹的强度随光程差变化的情形

$(\delta=0)$ 等倾干涉亮条纹的光强度随光程差 ΔL 变化的情形。通常定义：

$$V = \frac{I_{\max} - I_{\min}}{I_{\max} + I_{\min}}$$

描述干涉条纹的清晰程度，称为条纹的视见度。式中，$I_{\max}$ 和 $I_{\min}$ 分别为亮条纹的光强度和暗条纹的光强度，显然 $0 < V < 1$。而随着 ΔL 的继续增大，条纹的视见度将出现由最清晰逐渐至消失，再逐渐至最清晰的周期变化。可以证明，与两次最清晰处相对应的光程变化为 $2\Delta L_m$。

【仪器描述】

迈克耳孙干涉仪可用于观察光的干涉现象，测定单色光的波长和光源的相干长度；配以法布里-珀罗系统后可观察多光束干涉现象，并作相应测量；附加适当装置后还可以扩大实验范围，如演示偏振光的干涉、测量压电陶瓷静态特性、测空气折射率等。因此，它是一种用途很广的实验仪器。

下面介绍本实验所用的 WSM—100 型迈克耳孙干涉仪。

图 4-17-2 是迈克耳孙干涉仪的实物外形图，图 4-17-7 为其俯视图。

1—分束板 G_1；2—补偿板 G_2；3—固定镜 M_2；4—移动镜 M_1；

5—粗调螺丝（每个反射镜后各 3 个）；6—微调螺丝（M_2 下方还有 1 个）；7—粗动手轮；

8—微动手轮；9—毫米刻度尺；10—读数窗口；11—毛玻璃屏。

图 4-17-7　迈克耳孙干涉仪俯视图

图 4-17-8 是其结构示意图，分束板与补偿板未在其上画出。

导轨 7 固定在一只稳定的底座上，由 3 只调平螺丝 9 支承，调平后可以拧紧锁紧圈 10 以保持座架稳定。

丝杆 6 螺距为 1 mm，转动粗动手轮 2 经一对传动比大约为 2∶1 的齿轮副带动丝杆旋转与丝杆啮合的可调螺母 4，通过防转挡块及顶块带动移动镜 11 在导轨上滑动，实现粗动。粗动手轮每转 1 圈，移动镜移动 1 mm。移动距离的毫米数可在机体侧面的毫米刻度尺上读得。粗动手轮不可过度拧动，否则有可能将移动镜拧到头，造成仪器故障。

通过读数窗口 3 可以读得刻度盘上的读数，刻度盘最小分度为 0.01 mm。转动微动手轮 1，经涡轮副传动，可实现微动。微动手轮每转 1 圈，移动镜移动 0.01 mm，微动手轮上有 100 个分度，每一分度为 0.000 1 mm，加上估读，可以读到毫米以下第 5 位。

移动镜 11 和固定镜 13 的倾角可分别用镜背后的 3 个粗调螺丝 12 来调节，各螺丝的调

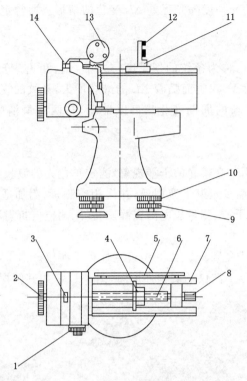

1—微动手轮；2—粗动手轮；3—读数窗口；4—可调螺母；5—毫米刻度尺；6—丝杆；7—导轨；
8—滚花螺帽；9—调平螺丝；10—锁紧圈；11—移动镜；12—粗调螺丝；13—固定镜；14—微调螺丝。

图 4-17-8　WSM—100 型迈克耳孙干涉仪结构示意图

节范围是有限的，切勿调节过度，否则极易损坏仪器。在固定镜 13 的下方有 2 个微调螺丝
14，其中垂直的螺丝能使镜面干涉图像上下微动，水平的螺丝则可使干涉图像左右微动。丝
杆顶进力可通过滚花螺帽 8 来调整。其主要技术参数如下：

移动镜行程	100 mm
微动手轮分度值	0.000 1 mm
波长测量精度	当条纹计数为 100 时，测定单色光波长的相对误差＜2％
外形尺寸（长×宽×高）	430 mm×180 mm×320 mm
净质量	11 kg

维护保养：

① 仪器应妥善放在干燥、清洁的环境中，防止振动，搬动时应托住底座，以防导轨变形。

② 分束板、反射镜等的光学表面不能用手触摸，不能弄脏。一般情况不允许擦拭，必须
要擦拭时，须先用备件毛刷小心掸去灰尘，再用清洁脱脂棉花球滴上酒精、乙醚混合液轻拭。

③ 使用时各调整部位用力要适当，不准强旋、硬扳。

④ 传动部件应有良好的润滑性能，特别是导轨、丝杆、螺母与轴孔部分，应用 T_5 精密仪
表油润滑。

⑤ 导轨面、丝杆应防止划伤、锈蚀，用毕后仍应保持不失油状态。

⑥ 经过精密调整的仪器部件上的螺丝都涂有红漆，不要擅自转动。

【实验步骤】

(1) 调节迈克耳孙干涉仪,在毛玻璃屏上观察到干涉条纹

① 两束光之间的光程差要小于光源的相干长度才能发生干涉。干涉仪上 M_1 的位置应该在 30 mm 左右(从干涉仪左侧的毫米刻度尺上读出)。

② 两束光之间的夹角必须很小,干涉条纹才比较宽,眼睛才能分辨,所以必须耐心细致地调节 2 个平面反射镜,使两束光的夹角非常小。把半导体激光器前面的扩束镜转向下方,未经扩束的激光经 M_1、M_2 反射后在毛玻璃屏上形成 2 个光斑,调节 M_1、M_2 后面的螺丝,使这两个光斑严格重合,此时两束光之间的夹角就很小了。把扩束镜转向上方,让激光扩散成发散光束。这时,在毛玻璃屏上应该可以观察到干涉条纹。如果看不到,那很可能前一步骤没有做好,再把扩束镜转下来,重复前面步骤。看到干涉条纹以后,还要仔细调节 M_2 使得条纹变圆,圆心处于毛玻璃屏中央,一般来说,此时可以调节 M_2 下面的 2 个微调螺丝。有意思的是,它们虽说是"微调"螺丝,其个头却比平面反射镜背后的粗调螺丝大好多。

注意:调节 M_1、M_2 后面的螺丝时,必须轻缓,严禁将螺丝拧过头;否则,将会损坏仪器。调节微调螺丝时,同样不要拧过头。

(2) 测量半导体激光的波长

移动 M_1,可以观察到干涉环中心条纹冒出或陷入。沿同一方向缓慢调节微动手轮,测定中心条纹变化 50 次时,M_1 移动的距离 Δd,由公式计算半导体激光的波长;重复测量 5 次。测量时要耐心细致,避免振动,避免数错条纹数,并避免空回。测完以后,要对实验数据进行检查。5 次测得的 Δd,应该差不多。如果相差太大,必须重新计算;如果计算无误,就必须分析原因并重测。

【数据记录与处理】

必须写明必要的中间计算过程,物理量须写明单位,注意数据的有效数字位数。

表 4-17-1

$N = 50$

次数	d_1/mm	d_2/mm	$\Delta d (= d_1 - d_2)$/mm	λ/nm	$\bar{\lambda}$/nm
1					
2					
3					
4					
5					

【思考题】

① 迈克耳孙干涉仪是用什么方法获得两束相干光的?

② 移动 M_1 时,如果干涉条纹是朝中心陷进去的,两束光的光程差是增大还是减小?

③ 如果用白炽灯做光源,如何调出干涉条纹?

【拓展阅读】

引力波是爱因斯坦广义相对论的预言之一,指黑洞、中子星等极端致密天体的运动变化,导致时空曲率产生扰动,然后以波动的形式由波源向外扩散传播的现象。作为一种天文

观测的全新媒介,引力波探测为人类研究宇宙打开了全新窗口,可以与传统电磁波观测手段形成互补,进一步拓展人们对中子星、白矮星、黑洞等致密天体以及星系和宇宙演化的认识。

2017年诺贝尔物理学奖由对首次探测引力波作出巨大贡献的 LIGO 团队科学家雷纳·韦斯(Rainer Weiss)、基普·索恩(Kip Thorne)和巴里·巴里什(Barry Barish)获得。

中国的科学家在 20 世纪 70 年代也已经开始对引力波探测的研究,2014 年中国科学院罗俊院士等科学家提出了天琴计划,不同于美国的 LIGO 地面引力波探测,这是一个由中国主导的空间引力波探测项目。天琴计划的基本方案是于 2030 年前后在约 10 万千米高的地球轨道上,部署三颗全同卫星构成边长约为 17 万千米的等边三角形编队,建成空间引力波探测天文台,通过惯性传感器、激光干涉测距等系列核心技术,"感知"来自宇宙的引力波信号,探索宇宙的秘密。三颗星,形似太空里架起的一把竖琴,可聆听宇宙深处引力波的"声音",以此开展空间基础科学前沿研究。

实验 18 波尔共振

在机械制造和建筑工程等科技领域中受迫振动所导致的共振现象引起工程技术人员极大的注意,它既有破坏作用,又有许多实用价值。例如,众多电声器件就是运用共振原理设计制作的。此外,在微观科学研究中"共振"也是一种重要研究手段,如利用核磁共振和顺磁共振研究物质结构等。

表征受迫振动性质的是受迫振动的振幅-频率特性和相位-频率特性(简称幅频和相频特性)。

本实验中用波尔共振仪定量测定机械受迫振动的幅频特性和相频特性,利用频闪方法来测定动态的物理量——相位差,数据处理与误差分析方面内容也较丰富。

【实验目的】

① 研究不同阻尼力矩对受迫振动的影响,观察共振现象。

② 研究波尔共振仪中铜质摆轮受迫振动的幅频特性和相频特性。

③ 学习用频闪法测定运动物体的某些量,如相位差。

④ 学习系统误差的修正方法。

【实验仪器】

① 波尔共振机械振动仪。

② 波尔共振仪电器控制箱。

③ 闪光灯等。

【实验原理】

物体在周期性的外力持续作用下发生的振动称为受迫振动,这种周期性的外力称为强迫力。如果外力是按简谐振动规律变化的,那么稳定状态时的受迫振动也是简谐振动,此时,振幅保持恒定,与强迫力的频率和原振动系统无阻尼时的固有振动频率以及阻尼系数有关。在受迫振动状态下,系统除了受到强迫力的作用外,还受到回复力和阻尼力的作用。所以在稳定状态时物体的位移、速度变化与强迫力变化不是同相位的,存在一个相位差。当强迫力频率与系统的固有频率相同时产生共振,此时振幅最大,相位差为 90°。

实验采用铜质摆轮在弹性力矩作用下做自由摆动,在电磁阻尼力矩作用下做受迫振动来研究受迫振动特性,可直观地显示机械振动中的一些物理现象。

当铜质摆轮受到周期性强迫外力矩 $M = M_0 \cos \omega t$ 的作用,并在有空气阻尼和电磁阻尼的媒质中运动时(阻尼力矩为 $-b \dfrac{\mathrm{d}\theta}{\mathrm{d}t}$),其运动方程为:

$$J \frac{\mathrm{d}^2\theta}{\mathrm{d}t^2} = -k\theta - b \frac{\mathrm{d}\theta}{\mathrm{d}t} + M_0 \cos \omega t \qquad (4\text{-}18\text{-}1)$$

式中,J 为铜质摆轮的转动惯量;$-k\theta$ 为弹性力矩;M_0 为强迫力矩的幅值;ω 为强迫力的角频率。

令:

$$\omega_0^2 = \frac{k}{J}, 2\beta = \frac{b}{J}, M = \frac{M_0}{J}$$

则式(4-18-1)变为:

$$\frac{\mathrm{d}^2\theta}{\mathrm{d}t^2} + 2\beta \frac{\mathrm{d}\theta}{\mathrm{d}t} + \omega_0^2 \theta = M \cos \omega t \qquad (4\text{-}18\text{-}2)$$

当 $M \cos \omega t = 0$ 时,式(4-18-2)即阻尼振动方程。

当 $\beta = 0$,即在无阻尼情况时式(4-18-2)变为简谐振动方程,系统的固有频率为 ω_0。方程(4-18-2)的通解为:

$$\theta = \theta_1 \mathrm{e}^{-\beta t} \cos(\omega_f t + \alpha) + \theta_2 \cos(\omega t + \varphi_0) \qquad (4\text{-}18\text{-}3)$$

由式(4-18-3)可见,受迫振动可分成两部分:

第一部分,$\theta_1 \mathrm{e}^{-\beta t} \cos(\omega_f t + \alpha)$ 和初始条件有关,经过一定时间后衰减消失。

第二部分,说明强迫力矩对摆轮做功,向振动体传送能量,最后达到一个稳定的振动状态。振幅为:

$$\theta_2 = \frac{M}{\sqrt{(\omega_0^2 - \omega^2)^2 + 4\beta^2 \omega^2}} \qquad (4\text{-}18\text{-}4)$$

它与强迫力矩之间的相位差为:

$$\varphi = \arctan \frac{2\beta\omega}{\omega_0^2 - \omega^2} = \arctan \frac{\beta T_0^2 T}{\pi(T^2 - T_0^2)} \qquad (4\text{-}18\text{-}5)$$

由式(4-18-4)和式(4-18-5)可看出,振幅 θ_2 与相位差 φ 的数值取决于强迫力矩 M、角频率 ω、系统的固有频率 ω_0 和阻尼系数 β 等 4 个因素,而与振动初始状态无关。

由 $\dfrac{\partial}{\partial \omega}[(\omega_0^2 - \omega^2)^2 + 4\beta^2 \omega^2] = 0$ 极值条件可得出,当强迫力的角频率 $\omega = \sqrt{\omega_0^2 - 2\beta^2}$ 时,产生共振,θ 有极大值。若共振时角频率和振幅分别用 ω_r,θ_r 表示,则:

$$\omega_r = \sqrt{\omega_0^2 - 2\beta^2} \qquad (4\text{-}18\text{-}6)$$

$$\theta_r = \frac{M}{2\beta \sqrt{\omega_0^2 - 2\beta^2}} \qquad (4\text{-}18\text{-}7)$$

式(4-18-6)和式(4-18-7)表明,阻尼系数 β 越小,共振时角频率越接近系统的固有频率,振幅 θ_r 也越大。图 4-18-1 和图 4-18-2 表示出在不同 β 时受迫振动的幅频特性和相频特性。

【仪器描述】

ZKY—BG 型波尔共振仪由振动仪与电器控制箱两部分组成。振动仪部分如图 4-18-3 所示,铜质摆轮 A 安装在机架上,蜗卷弹簧 B 的一端与铜质摆轮 A 的轴相连,另

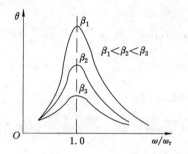

图 4-18-1 受迫振动的幅频特性

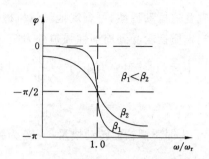

图 4-18-2 受迫振动的相频特性

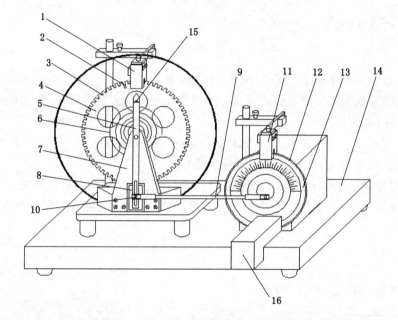

1—光电门 H；2—长凹槽 C；3—短凹槽 D；4—铜质摆轮 A；5—摇杆 M；6—蜗卷弹簧 B；
7—支承架；8—阻尼线圈 K；9—连杆 E；10—摇杆调节螺丝；11—光电门 I；12—角度读数盘 G；
13—有机玻璃转盘 F；14—底座；15—弹簧夹持螺钉 L；16—闪光灯。

图 4-18-3 波尔振动仪

一端可固定在机架支柱上，在弹簧弹性力的作用下，铜质摆轮可绕轴自由往复摆动。在铜质摆轮的外围有一卷槽形缺口，其中一个长凹槽 C 比其他凹槽长出许多。机架上对准长凹槽处有一个光电门 H，它与电器控制箱相连接，用来测量铜质摆轮的振幅角度和振动周期。在机架下方有一对带有铁芯的阻尼线圈 K，铜质摆轮 A 恰巧嵌在铁芯的空隙内，当阻尼线圈中通过直流电流后，铜质摆轮受到一个电磁阻尼力的作用。改变电流即可使阻尼相应变化。为使铜质摆轮 A 做受迫振动，在电机轴上装有偏心轮，通过连杆 E 带动铜质摆轮，在电机轴上装有带刻线的有机玻璃转盘 F，它随电机一起转动。由它可以从角度读数盘 G 读出相位差 φ。调节控制箱上的十圈电机转速调节旋钮，可以精确改变加于电机上的电压，使电机的转速在实验范围(30~45 r/min)内连续可调，由于电路中采用特殊稳速装置，电机采用惯性很小的带有测速发电机的特种电机，所以转速极为稳定。电机的有机玻璃转盘 F 上装有 2 个挡光片。在角度读数盘 G 中央上方 90°处也有光电门

I,并与控制箱相连,以测量强迫力矩的周期。

受迫振动时铜质摆轮与外力矩的相位差是利用小型闪光灯来测量的。闪光灯受铜质摆轮信号光电门控制,每当铜质摆轮上长凹槽C通过平衡位置时,光电门H接受光,引起闪光,这一现象称为频闪现象。在稳定情况时,由闪光灯照射下可以看到有机玻璃转盘F上的指针好像一直"停在"某一刻度处,所以此数值可方便地直接读出,误差不大于2°。闪光灯放置位置如图4-18-3所示搁置在底座上,切勿拿在手中直接照射刻度盘。

铜质摆轮振幅是利用光电门H测出铜质摆轮A处圈上凹形缺口个数,并在控制箱液晶显示器上直接显示出此值,精度为1°。

波尔共振仪电器控制箱的前面板和后面板分别如图4-18-4和图4-18-5所示。

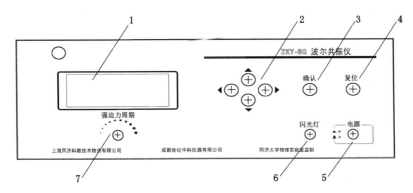

1—液晶显示屏幕;2—方向控制键;3—确认按键;4—复位按键;
5—电源开关;6—闪光灯开关;7—强迫力周期调节电位器。

图4-18-4　波尔共振仪电器控制箱前面板示意图

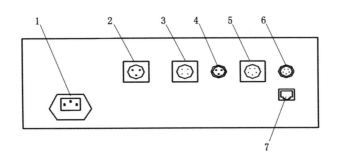

1—电源插座(带保险);2—闪光灯接口;3—阻尼线圈;
4—电机接口;5—振幅输入;6—周期输入;7—通信接口。

图4-18-5　波尔共振仪电器控制箱后面板示意图

电机转速调节旋钮,可改变强迫力矩的周期。可以通过软件控制阻尼线圈内直流电流的大小,达到改变摆轮系统的阻尼系数的目的。阻尼挡的选择通过软件控制,共分3挡,分别是"阻尼1""阻尼2""阻尼3"。阻尼电流由恒流源提供,实验时根据不同情况进行选择(可先选择在"阻尼2"处,若共振时振幅太小则可改用"阻尼1"),振幅在150°左右。

闪光灯开关用来控制闪光与否,当按住闪光按钮、摆轮长凹槽通过平衡位置时便产生闪光,由于频闪现象,可从相位差读数盘上看到刻度线似乎静止不动的读数(实际有机玻璃转盘 F 上的刻度线一直在匀速转动),从而读出相位差值。为使闪光灯管不易损坏,采用按钮开关,仅在测量相位差时才按下按钮。

电器控制箱与闪光灯和波尔共振仪之间通过各种专业电缆相连接,不会产生接线错误之弊病。

【实验步骤】

(1) 实验准备

按下电源开关后,屏幕上出现欢迎界面,其中 NO.0000X 为电器控制箱与电脑主机相连的编号。过几秒钟后屏幕上显示如图 4-18-6 中图一"按键说明"字样。符号"◀"为向左移动,"▶"为向右移动,"▲"为向上移动,"▼"为向下移动。下文中的符号不再重新介绍。

注意:

为保证使用安全,三芯电源线须可靠接地。

(2) 选择实验方式

根据是否连接电脑选择联网模式或单机模式。这两种方式下的操作完全相同,故不再重复介绍。

(3) 自由振荡——铜质摆轮振幅 θ 与系统固有周期 T_0 的对应值的测量

自由振荡实验的目的,是测量铜质摆轮的振幅 θ 与系统固有周期 T_0 的关系。

在图 4-18-6 中图一状态按确定键,显示图 4-18-6 中图二所示的实验类型,默认选中项为自由振荡,字体反白为选中。再按确定键显示:如图 4-18-6 中图三。

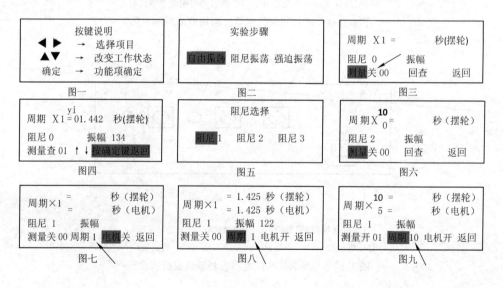

图 4-18-6　波尔共振仪液晶显示屏幕

用手转动铜质摆轮 $160°$ 左右,放开手后按"▲"或"▼"键,测量状态由"关"变为"开",控制箱开始记录实验数据,振幅的有效数值范围为:$160° \sim 50°$(振幅小于 $160°$ 测量开,小于 $50°$ 测量自动关闭)。测量显示关时,此时数据已保存并发送至主机。

查询实验数据,可按"◀"或"▶"键,选中回查,再按确定键如图 4-18-6 中图四所示,表示

第一次记录的振幅 $\theta_0 = 134°$，对应的周期 $T = 1.422$ s，然后按"▲"或"▼"键查看所有记录的数据，该数据为每次测量振幅相对应的周期数值，回查完毕，按确定键，返回到图 4-18-6 中图三状态。此法可作出振幅 θ 与 T_0 的对应表。该对应表将在稍后的"幅频特性和相频特性"数据处理过程中使用。

若进行多次测量可重复操作，自由振荡完成后，选中返回，按确定键回到前面图 4-18-6 中图二进行其他实验。

因电器控制箱只记录每次铜质摆轮周期变化时所对应的振幅值，因此有时转盘转过光电门几次，测量才记录 1 次（其间能看到振幅变化）。当回查数据时，有的振幅数值被自动剔除了（当铜质摆轮周期的第 5 位有效数字发生变化时，控制箱记录对应的振幅值。控制箱上只显示 4 位有效数字，故学生无法看到第 5 位有效数字的变化情况，在电脑主机上则可以清楚地看到）。

（4）阻尼系数 β 的测定

在图 4-18-6 中图二状态下，根据实验要求，按"▶"键，选中阻尼振荡，按确定键显示阻尼：如图 4-18-6 中图五。阻尼分 3 挡，"阻尼 1"最小，根据实验要求选择阻尼挡，例如选择"阻尼 2"，按确定键显示：如图 4-18-6 中图六。

首先将有机玻璃转盘 F 的指针放在 0° 位置，用手转动铜质摆轮 160° 左右，选取 θ_0 在 150° 左右，按"▲"或"▼"键，测量由"关"变为"开"并记录数据，仪器记录 10 组数据后，测量自动关闭，此时振幅还在变化，但仪器已经停止计数。

阻尼振荡的回查同自由振荡类似，请参照上面操作。若改变阻尼挡测量，重复"阻尼 2"的操作步骤即可。

从液晶显示屏窗口读出铜质摆轮做阻尼振动时的振幅数值 $\theta_1, \theta_2, \theta_3, \cdots, \theta_n$，利用公式：

$$\ln \frac{\theta_0 \mathrm{e}^{-\beta t}}{\theta_0 \mathrm{e}^{-\beta(t+nT)}} = n\beta \overline{T} = \ln \frac{\theta_0}{\theta_n} \qquad (4\text{-}18\text{-}8)$$

求出 β 值。式中，n 为阻尼振动的周期次数；θ_n 为第 n 次振动时的振幅；$\overline{T}$ 为阻尼振动周期的平均值（此值可以测出 10 个铜质摆轮振动周期，然后取其平均值）。一般阻尼系数需测量 2～3 次。

（5）受迫振动的幅频特性和相频特性曲线测定

在进行强迫振荡前必须先做阻尼振荡，否则无法实验。

仪器在图 4-18-6 中图二状态下，选中强迫振荡，按确定键显示：如图 4-18-6 中图七默认状态选中电机。

按"▲"或"▼"键，让电机启动。此时保持周期为 1，待铜质摆轮和电机的周期相同，特别是振幅已稳定，变化不大于 1，表明两者已经稳定了（如图 4-18-6 中图八），方可开始测量。

测量前应先选中周期，按"▲"或"▼"键把周期由 1（如图 4-18-6 中图七）改为 10（如图 4-18-6 中图九），目的是减少误差，若不改周期，测量无法打开。再选中测量，按下"▲"或"▼"键，测量打开并记录数据（如图 4-18-6 中图九）。

一次测量完成，显示测量关后，读取铜质摆轮的振幅值，并利用闪光灯测定受迫振动位移与强迫力间的相位差。

调节强迫力矩周期电位器，改变电机的转速，即改变强迫外力矩频率 ω，从而改变电机转动周期。电机转速的改变可按照 $\Delta\varphi$ 控制在 $10°$ 左右来定,可进行多次这样的测量。

每次改变强迫力矩的周期,都需要等待系统稳定,约需 2 min,即返回到图 4-18-6 中图八状态,等待铜质摆轮和电机的周期相同,然后再进行测量。

在共振点附近由于曲线变化较大,因此测量数据相对密集些,此时电机转速的极小变化会引起 $\Delta\varphi$ 的很大改变。电机转速旋钮上的读数(如 5.50)是一参考数值,建议在不同 ω 时都记下此值,以便实验中要重新测量快速寻找时参考。

测量相位时应把闪光灯放在电机转盘前下方,按下闪光灯按钮,根据频闪现象来测量,仔细观察相位位置。

强迫振荡测量完毕,按"◀"或"▶"键,选中返回,按确定键,重新回到图 4-18-6 中图二状态。

(6)关机

在图 4-18-6 中图二状态下,按住复位按钮保持不动,几秒钟后仪器自动复位,此时所做实验数据全部清除,然后按下电源按钮,结束实验。

【数据记录与处理】

(1)测量铜质摆轮振幅 θ 与固有周期 T_0 的关系

表 4-18-1　振幅 θ 与固有周期 T_0 的关系

振幅 θ	固有周期 T_0 /s	振幅 θ	固有周期 T_0 /s	振幅 θ	固有周期 T_0 /s	振幅 θ	固有周期 T_0 /s

(2)计算阻尼系数 β

利用式(4-18-9)对所测数据(表 4-18-2)按逐差法处理,求出 β 值。

$$5\bar{\beta}T = \ln\frac{\theta_i}{\theta_{i+5}} \qquad (4\text{-}18\text{-}9)$$

式中,i 为阻尼振动的周期次数;θ_i 为第 i 次振动时的振幅。

表 4-18-2　测量阻尼系数 β 的数据记录表　　　　阻尼挡＿＿＿＿＿

序号	振幅 $\theta/(°)$	序号	振幅 $\theta/(°)$	$\ln\dfrac{\theta_i}{\theta_{i+5}}$
θ_1		θ_6		
θ_2		θ_7		
θ_3		θ_8		
θ_4		θ_9		
θ_5		θ_{10}		
$\ln\dfrac{\theta_i}{\theta_{i+5}}$ 平均值				

$$10T=\quad\text{s}\qquad \overline{T}=\quad\text{s}\qquad 5\beta T=\ln\frac{\theta_i}{\theta_{i+5}}=\qquad \beta=$$

（3）测量幅频特性和相频特性

将记录的实验数据填入表 4-18-3，并查询振幅 θ 与固有周期 T_0 的对应表，获取对应的 T_0 值，也填入表 4-18-3。

表 4-18-3　幅频特性和相频特性测量数据记录表　　　　阻尼挡＿＿＿＿＿

强迫力矩周期 T /s	角频率 ω （$\omega=2\pi/T$）/ （rad/s）	相位差读取值 $\varphi/(°)$	振幅测量值 $\theta/(°)$	查表 4-18-1 得与振幅 θ 相对应的固有周期 T_0/s	$\dfrac{\omega}{\omega_r}$

以 ω/ω_r 为横轴，θ 为纵轴，作幅频特性曲线；以 $\dfrac{\omega}{\omega_r}$ 为横轴，相位差 φ 为纵轴，作相频特性曲线。

【注意事项】

① 在做强迫振荡实验时，调节仪器面板"强迫力周期"旋钮，从而改变不同电机转动周

期,该实验必须做 10 次以上,其中必须包括电机转动周期与自由振荡实验时的自由振荡周期相同的数值。

② 在做强迫振荡实验时,须待电机与铜质摆轮的周期相同(末位数差异不大于 2)即系统稳定后,方可记录实验数据。且每次改变强迫力矩的周期后,都需要重新等待系统稳定。

③ 因为闪光灯的高压电路及强光会干扰光电门采集数据,因此须待一次测量完成,显示测量关后(参看图 4-18-6 中图八),才可使用闪光灯读取相位差。

④ 学生做完实验且保存测量数据后,才可在主机上查看特性曲线及振幅比值。

【思考题】

① 实验中采用什么方法来改变阻尼力矩? 它利用了什么原理?

② 实验中为什么当选定阻尼电流后,要求阻尼系数和幅频特性、相频特性的测定一起完成? 为什么不能先测定不同电流时 β 的值,然后再测定相应阻尼电流时的幅频特性与相频特性?

③ 频闪法测相位差的原理是什么? 两次频闪测量结果如稍有差异,是什么原因?

【拓展阅读】

共振是十分普遍的自然现象,几乎在物理学的各个分支学科和许多交叉学科以及工程技术的各个领域都可以观察到它,都要应用到它。

弦乐器中的共鸣箱、无线电中的电谐振等,就是使系统固有频率与驱动力的频率相同而发生共振的。电台通过天线发射出短波/长波信号,收音机通过将天线频率调至和电台电波信号相同频率来引起共振,将电台信号放大,以接收电台的信号。

微波炉是家庭应用共振技术的一个最好体现,食物中水分子的振动频率与微波大致相同,利用微波炉加热食品时,炉内产生很强的振荡电磁场,使食物中的水分子做受迫振动,发生共振,将电磁辐射能转化为热能,从而使食物的温度迅速升高。微波加热技术是对物体内部的整体加热技术,完全不同于以往的从外部对物体进行加热的方式,是一种可极大地提高加热效率、极为有利于环保的先进技术。

专家研究认为,音乐的频率、节奏和有规律的声波振动,会引起人体组织细胞发生共振现象,这种声波引起的共振现象,会直接影响人们的脑电波、心率、呼吸节奏等,使细胞体产生轻度共振,使人有一种舒适、安逸感,音律的变化使人的身体有一种充实、流畅的感觉。所以,人们已经开始运用音乐产生的共振,来缓解由各种因素而造成的紧张、焦虑、忧郁等不良心理状态,而且还能用于治疗一些心理和生理上的疾病。

实验 19　半导体制冷效率的测量

半导体制冷器作为特种冷源,在技术应用上具有以下特点:

① 它不需要任何制冷剂,可连续工作,没有污染源,没有旋转部件,不会产生回转效应,没有滑动部件,是一种固体器件,工作时没有振动、噪声,寿命长,安装容易。

② 半导体制冷器具有两种功能,既能制冷,又能加热。因此,使用一个器件就可以代替分立的加热系统和制冷系统。

③ 半导体制冷器是电流换能型器件,通过控制输入电流,可实现高精度的温度控制,再加上温度检测和控制手段,很容易实现遥控、程控、计算机控制,便于组成自动控制系统。

④ 半导体制冷器热惯性非常小,制冷制热时间很快,在热端散热良好冷端空载的情况下,通电不到 1 min,制冷器就能达到最大温差。

⑤ 半导体制冷器的反向使用就可温差发电,它一般适用于中低温区发电。

⑥ 半导体制冷器的制冷功率可以做到从几毫瓦到上万瓦的范围,使用范围广。

⑦ 半导体制冷器可以产生 $-130 \sim 90$ ℃的温差。

通过以上分析,半导体制冷器应用范围有:制冷、加热、发电,其中以制冷和加热应用比较普遍,可以应用于军事、医疗、航空航天、实验室仪器、消费产品等方面。

制冷效率(COP)实际就是热泵系统所能实现的制冷量(制热量)和输入功率的比值,在相同的工况下,其值越大说明这个热泵系统的效率越高,亦即越节能。因此,在设计制造制冷系统时,系统的制冷效率的测量是一个非常重要的内容。

【实验目的】

① 了解半导体制冷原理及特性。

② 掌握制冷效率测量的原理和方法。

【实验器材】

① 半导体制冷效率实验仪。

② 数字温度计。

③ 时间控制器。

④ 直流电源等。

【实验原理】

(1) 半导体制冷原理

半导体制冷器件是基于珀耳帖效应工作的(见图 4-19-1)。该效应是 1834 年由 J. A. C. 珀耳帖首先发现的,即利用由两种不同的导体 A 和 B 组成电路且通入直流电,在接头处除焦耳热以外还会释放出某种其他热量,而另一个接头处则吸收热量,且珀耳帖效应所引起的这种现象是可逆的,改变电流方向时,放热和吸热的接头也随之改变,吸收和放出的热量与电流强度 I 成正比,且与两种导体的性质及热端的温度有关,即

$$Q_{AB} = I\pi_{AB} \tag{4-19-1}$$

式中,π_{AB} 称作导体 A 和 B 之间的相对珀耳帖系数,单位为 V。π_{AB} 为正值时,表示吸热,反之为放热,由于吸放热是可逆的,所以 $\pi_{AB} = -\pi_{BA}$。珀耳帖系数取决于构成闭合回路的材料的性质和接点温度,其数值可以由赛贝克系数 α_{AB} 和接头处的绝对温度 T 得出。

$$\pi_{AB} = \alpha_{AB} T \tag{4-19-2}$$

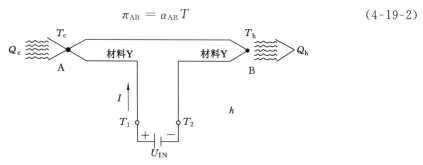

图 4-19-1 半导体制冷器件的工作原理图

　　金属材料的珀耳帖效应比较微弱,而半导体材料则要强得多,因而实际应用的温差电制冷器件都是由半导体材料制成的。

　　半导体制冷器是根据热电效应技术的特点,采用特殊半导体材料热电堆来制冷的,能够将电能直接转换为热能,效率较高。

　　目前,制冷器所采用的半导体材料最主要为碲化铋,加入不纯物经过特殊处理而成 N 型或 P 型半导体温差元件。以市面常见的 TEC1—12605 为例,其额定电压为 12 V,额定电流为 5 A,最大温差可达 60 ℃,外形尺寸为 40 mm×40 mm×4 mm,质量约为 25 g。它的工作特点是一面制冷而一面发热。

　　接通直流电源后,电子由负极(一)出发,首先经过 P 型半导体,在此吸收热量,到了 N 型半导体,又将热量放出,每经过一个 NP 模组,就有热量由一边被传到另外一边,造成温差,从而形成冷热端(见图 4-19-2)。

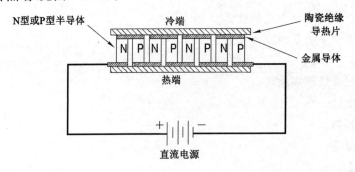

图 4-19-2　半导体制冷器工作原理图

　　图 4-19-3 是一个半导体制冷器的典型结构,由许多 N 型和 P 型半导体之颗粒互相排列而成,而 NP 半导体之间以一般的导体相连接而成一完整线路,通常是铜、铝或其他金属导体,最后用两片陶瓷片像汉堡一样夹起来。

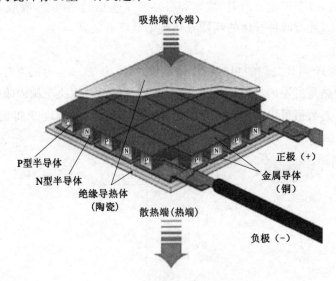

图 4-19-3　半导体制冷器的典型结构

实验测量电路原理图如图 4-19-4 所示。

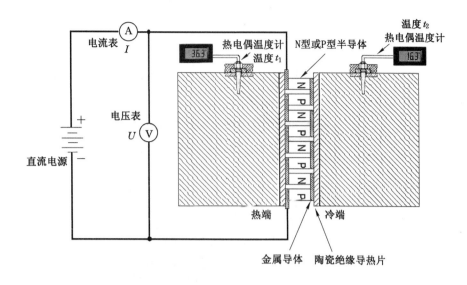

图 4-19-4　制冷效率测量系统测量原理示意图

（2）半导体制冷组件最高使用电压和最大温差电流

常温下每对半导体制冷元件最高所允许施加的电压为 0.12 V，每种制冷组件最高所允许施加的电压为：元件对数×0.12 V。

每种制冷组件的最大温差电流可以粗略计算为：元件对数×0.12×0.77/R，单位为 A。

半导体制冷组件的工作电流和制冷效率的关系曲线呈抛物线形。电流达到最大温差电流时和略低的电流时（比如电流从 5 A 降到 4 A）的制冷效率相差不大，但是输入的电功率相差很大。在本实验中，我们测量半导体制冷组件的工作电流和制冷效率的关系，了解半导体制冷组件的最佳工作电流。

【实验内容】

由图 4-19-4 可以看出，改变加在半导体制冷器上的额定电源电压 U，测量流过的电流 I，则系统输入的功率为：

$$P = UI \tag{4-19-3}$$

通电时间为 T，系统输入的电能为：

$$W = PT = UIT \tag{4-19-4}$$

通电前，测量制冷器冷端初始温度 t_{11}，热端初始温度 t_{21}。

通电完成后，测量制冷器冷端温度 t_{12}，热端温度 t_{22}。

则可以得到制冷热量变化为：

$$Q_c = mc(t_{12} - t_{11}) \tag{4-19-5}$$

由此可得制冷系数：

$$\varepsilon_c = \frac{Q_c}{W} = \frac{mc(t_{12} - t_{11})}{UIT} \tag{4-19-6}$$

同理,还可测得制热系数:

$$\varepsilon_{\mathrm{r}} = \frac{Q_{\mathrm{r}}}{W} = \frac{mc(t_{22} - t_{21})}{UIT} \tag{4-19-7}$$

【实验步骤】

(1) 打开电源开关,先按测量需要设置仪器面板上的可编程时间继电器(见图 4-19-5)的工作模式为模式 2,以及 T1,T2。设置方法如下:

图 4-19-5 可编程时间继电器

按下可编程时间继电器的"SET"键(>3 s),进入功能参数设定状态,SET 设置灯亮。

再按"SET"键,显示:

再按"SET"键,显示:

再按"SET"键,显示:

按"<"键修改定时器输出模式(代号功能见表 4-19-1 左)。

按"∧"键修改定时器 T1、T2 量程(T1、T2 量程选择功能代号见表 4-19-1 右)(时间设置见"预置定时值设定方法")。

表 4-19-1 定时器输出模式及量程选择

定时器输出模式			T1、T2 量程选择	
代号	延时范围		代号	延时范围
0	延时吸合(T1 定时)		0	0.01~99.99 s
1	延时释放(T1 定时)		1	0.1~999.9 s
2	延时 T1 吸合,再延时 T2 后释放,结束		2	0~9 999 s
3	延时 T1 释放,再延时 T2 后吸合,结束		3	0.01~99.99 min
4	延时 T1 吸合,再延时 T2 后释放,重复循环		4	0.1~999.9 min
5	延时 T1 释放,再延时 T2 后吸合,重复循环		5	0~9 999 min
			6	0.01~99.99 h
			7	0.1~999.9 h
			8	0~9 999 h

再按"SET"键(<3 s),显示:

定时器T1量程选择

T2 量程选择和 T1 量程选择功能相同。

SET 设置灯灭,如参数已经修改,将保存修改的参数,自动复位并按新设定值重新开始运行,如未作任何修改,将按原值继续保持运行。

预置定时值设定方法:

① 按"SET"键(<3 s),进入预置值设定状态,SET 设置灯亮,预置定时值顺序为:T1→T2→退出预置定时状态。

注:若输出模式值是一或——,将忽略 T2 预置值设定,直接退出预置定时值状态。

② 预置时间设定值时,对应的指示灯和数码管的小数点位将点亮(如你选择 T2,预置值为 0123 数码管百位小数点分(m)指示灯和 T1/T2 指示灯亮,表示 T2 预置时间是1.23 min)。

③ 修改预置时间值时,按"<"键,使个位闪烁,进入个位修改状态,此时按"∧"键增 1,使个位从 0 到 9 轮流显示。

再按"<"键,使十位闪烁,按"∧"键使之增 1;

再按"<"键,使百位闪烁,按"∧"键使之增 1;

再按"<"键,使千位闪烁,按"∧"键使之增 1;

再按"<"键,将重新回到个位闪烁,操作同上。

当设定值修改完毕后按"SET"键(<3 s),将进入下一定时设定,设定方法同上。

④ 预置值设定完毕并检查无误后,按"SET"键(<3 s),退出参数设定状态。若参数已经改变,这时所设定的参数被保存,并按新设定的工况继续运行;若参数未改变,则退出参数设定,进入计时状态并按原工况继续运行,SET 设置灯灭。

⑤ 在预置设定状态,按"CLR"键将退出参数设定进入计时状态,并按原工况继续运行,

SET 设置灯灭。

（2）设置结束后，按测量要求调节仪器工作电压。

（3）按"测量"键，仪器即可按照设置进行测量，并读取数据填入表格。

【数据记录与处理】

必须写明必要的中间计算过程，物理量须写明单位，注意数据的有效数字位数。

表 4-19-2

半导体制冷片型号：TEC1—12605

定时器定时模式：2　　　T1：　　　　　　　T2：

金属块质量（冷端）　　　g　　　金属块质量（热端）　　　　g

铝的比热容：$c=0.880$ J/(g·K)

工作电压 U/V		1.00	2.00	3.00	4.00	5.00	6.00	7.00	8.00	9.00	10.00	11.00	12.00
工作电流 I/A													
测量开始	冷端温度 t_{11}/℃												
	热端温度 t_{21}/℃												
测量结束	冷端温度 t_{12}/℃												
	热端温度 t_{22}/℃												
温度变化 Δt_1/℃													
温度变化 Δt_2/℃													
测量结果	输入电能 $W=UIT$												
	制冷量 $Q_c=m_1 c\Delta t_1$												
	制热量 $Q_r=m_2 c\Delta t_2$												
	制冷系数（Q_c/W）												
	制热系数（Q_r/W）												

测量结果分析：

画出半导体制冷器的制冷效率/制热效率与工作电压、电流的关系曲线。

用作图法作半导体制冷器的 U-I 负载特性曲线。

分析不同电压、电流下的制冷效率，找出制冷效率最高时：$U=$　　　；$I=$　　　；$\varepsilon_c=$

分析不同电压、电流下的制热效率，找出制热效率最高时：$U=$　　　；$I=$　　　；$\varepsilon_r=$

【注意事项】

① 注意热端的散热。

半导体制冷器的热端温度不应超过 60 ℃，否则就有损坏的可能。

② 结露问题。

当半导体制冷器陶瓷表面的温度降至一定程度时，就很可能会产生结露现象，是否会"结露"与温度和湿度有关（即气象学中所谓"露点"的概念）。半导体制冷器在使用过程中应避免结露现象!

【思考题】

① 在一定的温度环境下,随着被制冷物体的温度降低,预计半导体制冷器的制冷效率会升高还是降低? 为什么?

② 为什么测量时要待被制冷物体温度稳定后再记录数据?

③ 本制冷系统的测量误差主要来自何处?

④ 根据测量结果,分析半导体制冷器的最佳工作电压选择。

⑤ 半导体制冷器反接后,制冷效率有何变化?(选做)

【拓展阅读】

作为重要的出行工具,汽车的使用越来越多,也使得汽车和新科技的结合越来越迅速。汽车和改善型的家电结合也慢慢地成为越来越多人的选择,车载冰箱也从只能保温到可制冷、制热,出现了快速的发展。

车载冰箱按采用的制冷模式分为半导体冰箱和压缩机冰箱。依靠电子芯片制冷的半导体冰箱有制冷和制热两项功能,温度范围在 5~65 ℃。制冷上,一般是低于环境温度 10~15 ℃,而其制热温度能够高达 65 ℃。半导体冰箱的优点是既能制冷又能制热,同时节能环保、无污染,相比压缩机冰箱,成本也较低。

在实际应用过程中,针对那些难以使用制冷剂或者容量较小的制冷条件,可以结合实际情况科学应用半导体制冷系统,不仅能够达到预期的制冷效果,还可以实现良好的环境效益,具有良好的推广价值。

实验 20　太阳能电池特性的测量

太阳能是一种取之不尽、用之不竭的新能源,对太阳能的充分利用可以解决人类日趋增长的能源需求问题。太阳能作为可再生能源的一种,通常是指太阳能的直接转化和利用。通过转换装置把太阳辐射能转换成热能加以利用的属于太阳能热利用技术,再利用热能进行发电的称为太阳能热发电;通过转换装置把太阳辐射能转换成电能加以利用的属于太阳能光发电技术,太阳能光电转换装置通常是利用半导体器件的光伏效应原理进行光电转换的,因此又称太阳能光伏技术。太阳能的利用和太阳能光发电技术的研究是当前的一个热门课题,许多国家正投入大量人力物力对太阳能接收器进行研究。开发利用太阳能和可再生能源成为国际社会的一大主题和共同行动,成为各国制定可持续发展战略的重要内容。

太阳能电池是将太阳能转变成电能的半导体器件,其光电转换效率、输出伏安特性曲线等是我们应用和研究中所要关注的重要参数。为此,我们通过测量太阳能电池的光电转换效率、输出伏安特性曲线等参数来了解太阳能电池的性能。

【实验目的】

① 在没有光照时,太阳能电池主要结构为 1 个二极管,测量该二极管在正向偏压时的伏安特性曲线,并求得电压和电流关系的经验公式。

② 测量太阳能电池的短路电流 I_{sc}、开路电压 U_{oc}、最大输出功率 P_m 及填充因子 FF。

③ 测量太阳能电池的光电效应与电光性质,测量太阳能电池接收不同的相对光照度 J/J_0 时,相应的 I_{sc} 和 U_{oc}。描绘 I_{sc} 和 U_{oc} 与相对光照度 J/J_0 之间的关系曲线。

④ 比较不同颜色光线对太阳能电池输出电流的影响。

⑤ 太阳能电池串联特性、并联特性对比测量及研究。

【实验仪器】

① 太阳能电池。

② 光功率计。

③ 光具座。

④ 滑块等。

【实验原理】

(1) 太阳能电池理论模型

太阳能电池(结构原理图见图 4-20-1)在没有光照时其结构可视为 1 个二极管,其正向偏压 U 与通过电流 I 的关系式为:

$$I = I_0(e^{\frac{eU}{nkT}} - 1) \tag{4-20-1}$$

式中,I_0 为常数,是二极管的反向饱和电流;n 为理想二极管参数,理论值为 1;k 为玻耳兹曼常数;e 为元电荷;T 为热力学温度。

由半导体理论,二极管主要是由能隙为 E_c-E_v 的半导体构成的,如图 4-20-1 所示。E_c 为半导体导电带,E_v 为半导体价电带。当入射光子能量大于能隙时,光子会被半导体吸收,产生电子和空穴对。电子和空穴对会分别受到二极管内电场的影响而产生光电流。

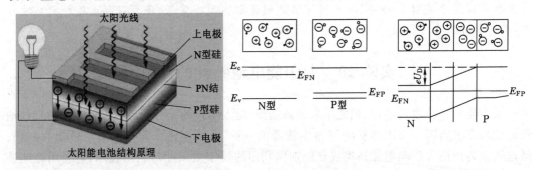

图 4-20-1　半导体 PN 结结构原理、模型及能带图

假设太阳能电池的理论模型是由 1 个理想电流源(光照产生光电流的电流源)、1 个理想二极管、1 个并联电阻 R_{sh} 与 1 个电阻 R_s 所组成的,如图 4-20-2 所示。

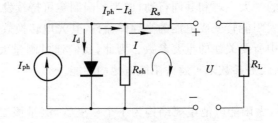

图 4-20-2　理想电流源电路

图 4-20-2 中,I_{ph} 为太阳能电池在光照时该等效电源输出电流;I_d 为光照时通过太阳能电池内部二极管的电流。由基尔霍夫定律得:

$$IR_s + U - (I_{ph} - I_d - I)R_{sh} = 0 \tag{4-20-2}$$

式中，I 为太阳能电池的输出电流；U 为输出电压。由式(4-20-1)可得：

$$I(1 + \frac{R_s}{R_{sh}}) = I_{ph} - \frac{U}{R_{sh}} - I_d \tag{4-20-3}$$

假定 $R_{sh} = \infty$ 和 $R_s = 0$，太阳能电池可简化为图 4-20-3 所示电路。

这里，$I = I_{ph} - I_d = I_{ph} - I_0(e^{\beta U} - 1)$。

在短路时，$U = 0$，$I_{ph} = I_{sc}$，而在开路时，$I = 0$，$I_{sc} - I_0(e^{\beta U_{oc}} - 1) = 0$。所以：

$$U_{oc} = \frac{1}{\beta}\ln[\frac{I_{sc}}{I_0} + 1] \tag{4-20-4}$$

式(4-20-4)即在 $R_{sh} = \infty$ 和 $R_s = 0$ 的情况下，太阳能电池的开路电压 U_{oc} 和短路电流 I_{sc} 的关系式。其中，U_{oc} 为开路电压；I_{sc} 为短路电流；I_0，β 是常数。

（2）太阳能电池基本性质

① 光电转换效率 η：是评估太阳能电池好坏的重要因素。目前在实验室已经可以做到 $\eta \approx 24\%$，产业化时 $\eta \approx 15\%$。

② 单体电池电压 U：$0.4 \sim 0.6$ V，主要由材料物理特性决定。

③ 填充因子 FF：是评估太阳能电池负载能力的重要因素。填充因子 FF 的几何意义用 I-U 曲线图表示，如图 4-20-4 所示。

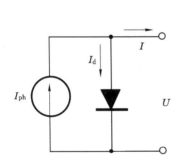

图 4-20-3　太阳能电池简化示意图

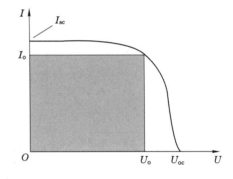

图 4-20-4　I-U 曲线图

图 4-20-4 阴影部分为负载面积，填充因子的数学表达形式为：

$$FF = \frac{I_m U_m}{I_{sc} U_{oc}} \tag{4-20-5}$$

式中，I_{sc} 为短路电流；U_{oc} 为开路电压；I_m 为最佳工作电流；U_m 为最佳工作电压。

④ 太阳能电池测试的标准光照度与环境温度。地面：AM1.5 光谱，$1\ 000$ W/m²，$t = 25$ ℃。

在涉及太阳光做光源时，常用到 AM(air mass, 大气质量)的概念。

AM0：表示太阳光通过的大气量为零，即大气层以外的太阳光。其值就是太阳常数，为 140 mW/cm²。宇宙用的太阳能电池的特性，通常是对 AM0 的太阳光而言的。

AM1：表示太阳在正上方，恰好是赤道上海拔为 0 m 处正南中午时的垂直日射光。晴朗时的光强约为 100 mW/cm²，该值有时被称为 1 个太阳。所谓太阳的单位多半用于聚光型的太阳能电池，如 3 个太阳意味着光强约 300 mW/cm²。

AM1.5 和 AM2：分别指天顶角为 48° 和 60° 时的太阳光，光强是 100 mW/cm² 和 75 mW/cm²。

通常我们采用模拟太阳光源作为太阳能电池测试光源。

⑤ 温度对电池性质的影响。例如，在标准状况下，AM1.5 光谱，$t=25$ ℃的某电池板输出功率（峰值）测得为 100 W，如果电池温度升高至 45 ℃时，则电池板输出功率（峰值）就不到 100 W。

（3）光伏电源系统的组成

典型的光伏发电系统是由光伏阵列、蓄电池组、控制器、电力电子变换器、负载等构成的。常见的光伏电源系统的组成主要有直流负载系统（见图 4-20-5）、交流负载系统（见图 4-20-6）、交直流混合负载系统（见图 4-20-7）。

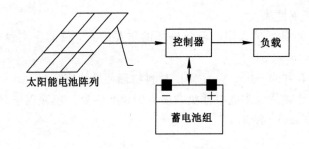

图 4-20-5　直流负载系统框图

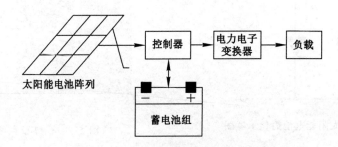

图 4-20-6　交流负载系统框图

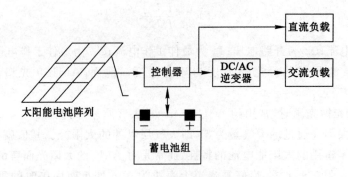

图 4-20-7　交直流混合负载系统框图

（4）太阳能电池应用的主要领域

① 用户太阳能电源：

（a）小型电源 10～100 W 不等，用于边远无电地区如高原、海岛、牧区、边防哨所等军民生活用电，如照明等。

（b）3～5 kW 家庭屋顶并网发电系统。

（c）光伏水泵：解决无电地区的深水井饮用、灌溉用电问题。

② 交通领域：如航标灯、交通/铁路信号灯、交通警示/标志灯、路灯、高空障碍灯、高速公路/铁路无线电话亭及无人值守道班供电等。

③ 通讯/通信领域：太阳能无人值守微波中继站、光缆维护站、广播/通讯/寻呼电源系统；农村载波电话光伏系统、小型通信机、士兵 GPS 供电等。

④ 石油、海洋、气象领域：石油管道和水库闸门阴极保护太阳能电源系统、石油钻井平台生活及应急电源、海洋检测设备和气象/水文观测设备电源等。

⑤ 家庭灯具电源：如庭院灯、路灯、手提灯、野营灯、登山灯、垂钓灯、黑光灯、割胶灯、节能灯等。

⑥ 光伏电站：10 kW～50 MW 独立光伏电站、风光（柴）互补电站、各种大型停车场充电站等。

⑦ 太阳能建筑：将太阳能发电与建筑材料相结合，使得大型建筑实现电力自给，是未来的一大发展方向。

⑧ 其他领域。包括：与汽车相关的太阳能汽车/电动车、电池充电设备等；太阳能制氢加燃料电池的再生发电系统；海水淡化设备供电；卫星、航天器、空间太阳能电站等。

目前，美国、欧洲各国特别是德国及日本、印度等都在大力发展太阳能电池，开始实施的"十万屋顶"计划、"百万屋顶"计划等，极大地推动了光伏市场的发展，前途十分光明。

【仪器描述】

实验仪器由太阳能电池、导轨、光源、光功率计等组成，实物图如图 4-20-8 所示。光源与太阳能电池盒之间的导轨有刻度尺，可以改变两者之间的距离，便于我们测量相关参数。

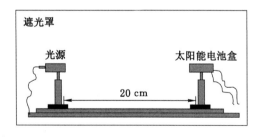

图 4-20-8　实验仪器示意图

光源采用碘钨灯，它的输出光谱接近太阳光谱。调节光源与太阳能电池之间的距离可以改变照射到太阳能电池上的光功率，具体数值由光功率计测量。测试仪为实验提供电源，同时可以测量并显示电流、电压以及光功率的数值。

【实验步骤】

(1) 在没有光源(全黑)的条件下,测量太阳能电池正向偏压时的 $I\text{-}U$ 特性(直流偏压 $0\sim3.0$ V)。

① 设计测量电路图,并连接。

② 利用测得的正向偏压时 $I\text{-}U$ 关系数据,画出 $I\text{-}U$ 曲线并求出常数 $\beta=\dfrac{q}{nkT}$ 和 I_0 的值。

(2) 在不加偏压时,用白色光照射,测量太阳能电池的一些特性。注意此时光源到太阳能电池的距离保持为 20 cm。

① 设计测量电路图,并连接。

② 测量电池在不同负载电阻下,I 与 U 的变化关系,画出 $I\text{-}U$ 曲线图。

③ 求短路电流 I_{sc} 和开路电压 U_{oc}。

④ 求太阳能电池的最大输出功率及最大输出功率时的负载电阻。

⑤ 计算填充因子 $\mathrm{FF}=\dfrac{P_m}{I_{sc}U_{oc}}$。

(3) 测量太阳能电池的光电效应与电光性质。

在暗箱中(用遮光罩挡光),取离白光源水平距离 35 cm 处的光照度作为标准光照度,用光功率计测量该处的光照度 J_0;改变太阳能电池到光源的距离,使光功率计探头逐渐远离光源,用光功率计测量该处的光照度 J,求光照度 J 与位置的关系。测量太阳能电池接收不同的相对光照度 J/J_0 时,相应的 I_{sc} 和 U_{oc} 的值。

① 设计测量电路图,并连接。

② 测量太阳能电池接收不同的相对光照度 J/J_0 时,相应的 I_{sc} 和 U_{oc} 的值。

③ 描绘 I_{sc} 与相对光照度 J/J_0 之间的关系曲线,求 I_{sc} 与相对光照度 J/J_0 之间的近似关系函数。

④ 描绘 U_{oc} 与相对光照度 J/J_0 之间的关系曲线,求 U_{oc} 与相对光照度 J/J_0 之间的近似关系函数。

【数据记录与处理】

(1) 全暗情况下太阳能电池在外加偏压时的伏安特性。

表 4-20-1

U_1/V	0.4	0.8	1.5	1.6	1.8	2.0	2.2	2.6	2.8	3.0	3.2	3.4	3.6
U_2/mV													
$I/\mu\mathrm{A}$													

① 作全暗情况下太阳能电池在外加偏压时的伏安特性曲线。

② 由 $I=I_0(e^{\beta U}-1)$,当 U 较大时,$e^{\beta U}\gg1$,即 $\ln I=\beta U+\ln I_0$,由最小二乘法计算出 β,I_0。

(2) 不加偏压时,在使用遮光罩的条件下,保持白光源底座到太阳能电池底座距离为 25 cm(AM1.5 光谱),测量太阳能电池的输出电流与输出电压的关系,并得到短路电流 I_{sc} 和开路电压 U_{oc},还有最大输出功率 P_m 和填充因子 FF。

表 4-20-2

U/V	0.4	0.8	1.2	1.6	2.0	2.4	2.8	3.2
I/mA								
U/V								
I/mA								

$I_{sc} =$ $\qquad$ $U_{oc} =$

$P_{m} =$ $\qquad$ FF$=$

作图：

(3) 测量太阳能电池 I_{sc} 和 U_{oc} 与相对光照度 J/J_0 的关系。

$J_0 =$ $\qquad$ lx

表 4-20-3

J/J_0	0.30	0.40	0.50	0.60	0.70	0.80	0.90	1.00
J/lx								
I_{sc}/mA								
U_{oc}/V								

作图：

(4) 两个太阳能电池串联和并联时，测量它们的伏安特性曲线和填充因子。

不加偏压时，在使用遮光罩条件下，保持白光源底座到太阳能电池底座距离为 25 cm，测量两个太阳能电池串联和并联时的输出电流与输出电压的关系，并得到短路电流 I_{sc} 和开路电压 U_{oc}，还有最大输出功率 P_{m} 和填充因子 FF。

① 串联时：

表 4-20-4

U/V	0.4	0.8	1.2	1.6	2.0	2.4	2.8	3.2
I/mA								
U/V								
I/mA								

$I_{sc} =$ $\qquad$ $U_{oc} =$

$P_{m} =$ $\qquad$ FF$=$

② 并联时：

表 4-20-5

U/V	0.4	0.8	1.2	1.6	2.0	2.4	2.8	3.2
I/mA								
U/V								
I/mA								

$I_{sc} =$ $U_{oc} =$

$P_m =$ $FF =$

作图：

【注意事项】

① 连接电路时,保持太阳能电池无光照条件。

② 避免太阳光照射太阳能电池。

③ 连接电路时,保持电源开关断开。

【思考题】

① 比较两个太阳能电池串联和并联时的特性。

② 根据太阳能电池串联和并联时的特性,如何设计能使太阳能电池获得最大输出功率?

【拓展阅读】

中国的光伏发电于 20 世纪 80 年代开始起步,在国家"六五"和"七五"期间,中央和地方政府首先在光伏行业投入资金,使得中国十分微小的太阳能电池工业得到了初步发展,并在许多地方做了示范工程,拉开了中国光伏发电的前奏。

2001 年国家推出了"光明工程计划",旨在通过光伏发电解决偏远山区用电问题。2002 年前后无锡尚德、英利等组件厂相继投产,成为中国第一批现代意义的光伏组件生产企业。从 2014 年到 2017 年,国内光伏产业发展走上快车道,截至 2014 年年底,光伏发电累计装机容量 2.805×10^7 kW,年发电量约 2.5×10^{10} kW·h,同比增长超过 200%。而到 2017 年 12 月底,全国光伏发电装机容量达到 1.3×10^8 kW。2016 年年底,国家能源局发布的《太阳能发展"十三五"规划》指出,到 2020 年年底,我国太阳能发电装机容量将要达到 110 GW 以上,其中分布式光伏占 60 GW。

太阳能光伏发电在不远的将来会占据世界能源消费的重要席位,将成为世界能源供应的主体。预计到 2030 年,可再生能源在总能源结构中将占到 30% 以上,而太阳能光伏发电在世界总电力供应中的占比也将达到 10% 以上;到 2040 年,可再生能源将占总能耗的 50% 以上,太阳能光伏发电将占总电力的 20% 以上;到 21 世纪末,可再生能源在能源结构中将占到 80% 以上,太阳能发电将占到 60% 以上。这些数字足以显示出太阳能光伏产业的发展前景及其在能源领域重要的战略地位。

实验 21 棱镜折射率的测定

折射率是表征介质材料光学性质的重要参量。光的折射定律指出,光在两种介质的平滑界面上发生折射时,入射角 i 的正弦与折射角 r 的正弦之比是一个常数,即

$$\frac{\sin i}{\sin r} = n$$

常数 n 称为第二介质相对第一介质的折射率。真空的折射率为 1。在常温(20 ℃)和标准大气压(101 325 Pa)条件下,空气的折射率为 1.000 292 6。在通常光学实验中,介质折射率均相对空气而言。测量折射率 n 的方法可分为两类:一类是基于折射定律,通过准确测量角度来求 n 的几何光学方法;另一类是光波通过介质后(或由介质面反射),利用透射光的相

位变化(或反射光的偏振态变化)与折射率密切相关这一原理来测定 n 的物理光学方法。由于折射率与光波波长有关,故实验时必须采用单色光源或准单色光源。本实验采用几何光学方法,通过准确测定角度来求 n。

Ⅰ　最小偏向角法

【实验目的】

① 学习调节和使用分光计。

② 用分光计测定三棱镜对钠光的折射率。

【实验仪器】

① JJY—1 型分光计。

② 钠灯。

③ 三棱镜。

【实验原理】

当光线自空气经三棱镜射出后,由于折射的关系,光线将发生偏转,出射光线和入射光线之间的夹角称为偏向角,用 δ 表示(见图 4-21-1)。偏向角 δ 是随着入射角 i 的改变而改变的。当入射角 i 等于出射角 r' 时,偏向角 δ 具有最小值,把此时的偏向角称为最小偏向角,以 $\delta_{\min}$ 表示。

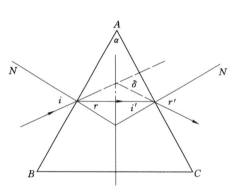

图 4-21-1　三棱镜的折射

由图可知:

$$\delta = (i-r) + (r'-i') = (i+r') - (i'+r)$$

因为 $i'+r=\alpha$(α 为三棱镜的折射棱角即顶角),

所以:

$$\delta = (i+r') - \alpha \tag{4-21-1}$$

可见,δ 是 i 与 r' 的函数。可以证明,当 $i=r'$ 时,δ 为最小(见本实验后知识拓展)。在此情况下,$i=r'$,$r=i'$。

设三棱镜对某种波长光的折射率为 n,由折射定律得:

$$n = \frac{\sin i}{\sin r} = \frac{\sin r'}{\sin i'} = \frac{\sin \dfrac{i+r'}{2}}{\sin \dfrac{i+r'}{2}} = \frac{\sin \dfrac{\delta_{\min}+\alpha}{2}}{\sin \dfrac{\alpha}{2}} \tag{4-21-2}$$

由式(4-21-2)可知,只要测出光线的最小偏向角 $\delta_{\min}$ 及折射棱角 α,就可以求出三棱镜对该波长光的折射率。

【仪器描述】

本实验使用的仪器主要是分光计,有关分光计的介绍,请参阅实验 16。

三棱镜的上下底面均已磨砂,是非光学面。3 个侧面中,有一个也是非光学面;另外两个面经过精密抛光,是光学面。使用时,手只可以接触非光学面(磨砂面),而不可以接触光学面。三棱镜系光学玻璃制作,极容易破碎,使用时必须特别小心。

【实验步骤】

(1) 调节分光计

为了精确测量,必须将分光计调节好。将分光计调节好的标准是:

① 平行光管能发出平行光。

② 望远镜能接收平行光。

③ 望远镜光轴和平行光管光轴与仪器的主轴相垂直。

本实验中,还要使载物台与仪器的主轴垂直。具体调节步骤参看实验 16。

（2）用分光计测最小偏向角

① 打开钠灯开关（注意:钠灯点燃后,中途不要关闭,实验完后再关闭）。调节分光计与钠灯的相对位置,使钠灯位于平行光管轴线的延长线上。用望远镜正对平行光管,以能看到清晰的狭缝像。再按图 4-21-2 所示的大致方位将三棱镜放置在载物台上。

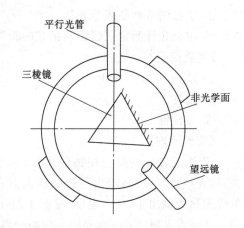

图 4-21-2　三棱镜位置示意图

② 先用眼睛观察,找到经三棱镜折射后的钠光谱线,然后将望远镜转到该位置上。

③ 将望远镜和刻度盘固定在一起。缓缓转动载物台,带动三棱镜一起转动。观察钠光谱线的偏向角是在增加还是在减小。将载物台和三棱镜朝着使偏向角减小的方向转动（如果谱线超出望远镜的视野,就将望远镜跟踪转动一定角度）。一旦发现谱线有向相反方向偏转的趋势,就准确找准此位置,将载物台和三棱镜固定,此位置对应的偏向角即最小偏向角。然后,将望远镜叉丝交点对准钠光谱线,从双游标上的读数读出 θ_1 和 θ_2,它们的平均值即出射谱线所在的方位。

④ 取下三棱镜,让望远镜正对平行光管,使狭缝像通过叉丝交点。记下此时的两个游标上的读数 θ'_1 和 θ'_2,它们的平均值就是入射线的方位。然后,用公式求得三棱镜的最小偏向角:

$$\delta_{\min} = \left| \frac{1}{2}(\theta_1 + \theta_2) - \frac{1}{2}(\theta'_1 + \theta'_2) \right|$$

（3）测量三棱镜的折射棱角（顶角）

方法一: 固定刻度盘,如图 4-21-3 所示,将三棱镜折射棱角对着平行光管。当平行光射到三棱镜的两个光学面上时,转动望远镜,在两个适当的位置就可看到由此两个光学面反射的狭缝像。根据几何关系可以证明,从望远镜看到狭缝的两个像时,两次刻度盘游标尺上读数之差就等于折射棱角的 2 倍,由此可求出 α 的数值。

方法二: 先如图 4-21-4 所示把平行光管和望远镜的光轴之间夹角调到一个较小的角度,把三棱镜的一个光学面（AB）的法线 N_1 对向平行光管和望远镜的中间,此时从望远镜中可以看到平行光管狭缝所成的像。用望远镜的叉丝对准此狭缝,即表示光学面（AB）的法线 N_1 已位于平行光管光轴和望远镜光轴之间夹角的角平分线上。记下刻度盘游标尺的读数 θ_1、θ_2。然后,固定望远镜,保持平行光管和望远镜的相对位置不变,转动刻度盘,把三棱镜的另一个光学面（AC）转到原来光学面（AB）的位置,重复上述步骤,又可记下一组读数 θ'_1、θ'_2。两次测量之差,即图 4-21-4 中所示的 β 角。由图可看出折射棱角 $\alpha = 180° - \beta$。

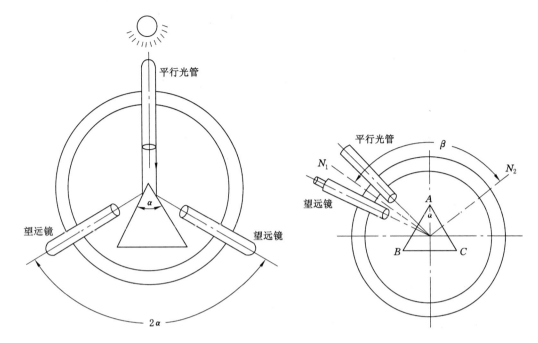

图 4-21-3　测三棱镜顶角方法一　　　　图 4-21-4　测三棱镜顶角方法二

还可以有别的方法测量三棱镜的顶角,请自行思考设计。

【数据记录与处理】

(1)测最小偏向角

表 4-21-1

次数	θ_1	θ_2	$\frac{1}{2}(\theta_1+\theta_2)$	θ'_1	θ'_2	$\frac{1}{2}(\theta'_2+\theta'_2)$	δ_{min}	$\bar{\delta}_{min}$
1								
2								
3								

$$\delta_{min}=\left|\frac{1}{2}(\theta_1+\theta_2)-\frac{1}{2}(\theta'_1+\theta'_2)\right|$$

(2)测三棱镜折射棱角(顶角)α

表 4-21-2

次数	θ_1	θ_2	$\frac{1}{2}(\theta_1+\theta_2)$	θ'_1	θ'_2	$\frac{1}{2}(\theta'_2+\theta'_2)$	α	$\bar{\alpha}$
1								
2								
3								

用方法一,则:

$$\alpha = \frac{1}{2} \left| \frac{1}{2}(\theta_1 + \theta_2) - \frac{1}{2}(\theta'_1 + \theta'_2) \right|$$

用方法二,则:

$$\alpha = 180° - \left| \frac{1}{2}(\theta_1 + \theta_2) - \frac{1}{2}(\theta'_1 + \theta'_2) \right|$$

(3)求折射率

$$n = \frac{\sin \dfrac{\delta_{\min} + \alpha}{2}}{\sin \dfrac{\alpha}{2}}$$

(4)求相对误差($n_标$ 由实验室提供)

$$E = \frac{|n - n_标|}{n_标} \times 100\% =$$

【思考题】

① 实验中要求安全使用三棱镜,应该注意哪些问题?

② 用自准直法调节望远镜适合于观察平行光的主要步骤是什么? 当你观察到什么现象时就能判断望远镜已适合观察平行光了? 为什么?

③ 对同一材料来说,红光和紫光中哪个的折射率小? 哪个的最小偏向角小? 当转动三棱镜找最小偏向角时,应使谱线向着红光端移动,还是向着紫光端移动?

④ 为什么分光计要用两个游标读数?

Ⅱ 掠入射法

【实验目的】

① 学习分光计的调节和使用。

② 测量三棱镜的折射率。

【实验仪器】

① JJY—1 型分光计。

② 钠灯。

③ 三棱镜。

【实验原理】

掠入射法测介质折射率的原理如图 4-21-5 所示。将待测介质加工成三棱镜,用扩展光源(用钠灯照明的大块毛玻璃)照明三棱镜的折射面 AB,用望远镜对三棱镜的另一折射面 AC 进行观测。在 AB 界面上,图中光线 a、b、c 的入射角依次增大,而 c 光线为掠射线(入射角为 90°),故相应的折射角为临界角 i_c。在三棱镜中不可能有折射角大于 i_c 的光线。在 AC 界面上,出射光线 a、b、c 的出射角依次减小。而以 c 光线的出射角 i' 为最小。因此,用望远镜观察到的视场是半明半暗的,中间有明显的明暗分界线。该分界线与出射角为 i' 的光线 c 相对应。可以证明,三棱镜的折射率 n 与三棱镜顶角 α,最小出射角 i' 有如下关系:

$$n = \sqrt{1 + \left(\frac{\sin i' + \cos \alpha}{\sin \alpha} \right)^2} \tag{4-21-3}$$

用分光计分别测出三棱镜的顶角 α 和明暗分界线相对应的出射角 i',利用式(4-21-3)

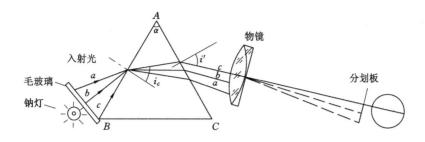

图 4-21-5　掠入射法测介质折射率的原理图

即可求得三棱镜的折射率(许多专门测量介质折射率的仪器就是利用此原理设计的)。

【实验步骤】

① 调节分光计(参看方法Ⅰ)。

② 测三棱镜顶角(参看方法Ⅰ)。

③ 观察明暗分界线,测量出射角 i'。

④ 重复步骤②、③,求 5 次的平均值。

【数据记录及处理】

数据记录表格自己设计,计算折射率 n 及其误差。

【思考题】

① 为什么用掠入射法测介质折射率时,不利用分光计上平行光管所产生的平行光,而另外用扩展光源?

② 为什么本实验要用钠灯做光源? 可否用低压汞灯做光源?

知识拓展　证明当 $i = r'$ 时偏向角为最小偏向角

由图 4-21-1 可知,偏向角为:

$$\delta = (i - r) + (r' - i') = (i + r') - (r + i')$$
$$= i + r' - \alpha$$

偏向角为极值的必要条件是 $\dfrac{\mathrm{d}\delta}{\mathrm{d}i} = 0$,将上式代入可得:

$$\frac{\mathrm{d}r'}{\mathrm{d}i} = -1 \tag{4-21-4}$$

利用折射定律 $\sin i = n \sin r$ 和 $\sin r' = n \sin i'$,可得:

$$\frac{\mathrm{d}r'}{\mathrm{d}i} = -\frac{\cos i \cos i'}{\cos r \cos r'} \tag{4-21-5}$$

由式(4-21-4)和式(4-21-5)可知极值条件为:

$$\frac{\cos i \cos i'}{\cos r \cos r'} = 1 \tag{4-21-6}$$

将式(4-21-6)两边取平方,并且利用折射定律可得:

$$\frac{1 - \sin^2 i}{n^2 - \sin^2 i} = \frac{1 - \sin^2 r'}{n^2 - \sin^2 r'} \tag{4-21-7}$$

由此可见,只有当 $i = r'$ 时,式(4-21-7)才能得到满足,这时的 δ 为一极值。为了进一步

确定极值的性质,应计算二阶导数 $\dfrac{d^2\delta}{di^2}$,可得:

$$\frac{d^2\delta}{d^2i} = \frac{d^2r'}{di^2} = \frac{dr'}{di} \cdot \frac{d}{di}\left[\ln\left(-\frac{dr'}{di}\right)\right]$$

$$= \frac{dr'}{di}\left[-\tan i - \tan i' \frac{di'}{di} + \tan r \frac{dr}{di} + \tan r' \frac{dr'}{di}\right]$$

当 $i=r'$ 时,$r=i'$。利用式(4-21-1),折射定律及 $r+i'=\alpha$,可将上式化为:

$$\left(\frac{d^2\delta}{di^2}\right)_m = 2\tan i - 2\tan r \frac{\cos i}{n\cos r}$$

$$= 2\tan i\left(1 - \frac{\tan^2 r}{\tan^2 i}\right)$$

由于 $n>1$,$i>r$;又由于 $i<90°$,$\tan i>0$,所以在极值处 $\left(\dfrac{d^2\delta}{di^2}\right)_m >0$,表明该极值为一最小值。

即 $i=r'$ 时的偏向角为最小偏向角。

【拓展阅读】

牛顿在 1666 年利用三棱镜观察到光的色散现象,把白光分解为彩色光带(光谱)。而中国人早在公元 10 世纪,把经日光照射以后的天然透明晶体叫作"五光石"或"放光石",认识到"就日照之,成五色如虹霓"。这是世界上对光的色散现象的最早认识。它表明人们已经对光的色散现象从神秘中解放出来,知道它是一种自然现象,这是对光的认识的一大进步,比牛顿的认识早了约七百年。

棱镜是由透明材料(如玻璃、水晶等)做成的多面体,在光学仪器中使用很广。棱镜按其性质以及用途可分为若干种。例如,在光谱仪器中把复合光分解为光谱的"色散棱镜",较常用的是等边三棱镜;在潜望镜、双目望远镜等仪器中改变光的行进方向,从而调整其成像位置的称"全反射棱镜",一般都采用直角棱镜。

光学材料通常有折射率等参数需要测量。折射率是描述光学材料性质的重要参数,是几何光学中最重要的一个概念,是光学设计、光学材料性质及其应用研究的基础。随着光学系统在各个领域的渗透和日益广泛的应用,以及人们对光学系统成像质量的要求不断提高,测量光学材料的折射率很有必要。

实验 22　传感器综合实验

传感器技术是现代信息技术的基础之一。传感器能把一些不容易测量或者不容易测准的物理量转换成能够测量或能够准确测量的物理量,通常转换为电学量,现在也有转换为光学量等然后进行测量的。它不仅能够替代人的某些感知功能,还能够感知一些人的感官所不能感知的信息。在工业自动化、能源、交通、灾害预测、安全防卫、环境保护、医疗卫生、航天、军事工业等领域,都有着广泛的应用。在本实验中,我们利用传感器综合实验台,选择若干传感器,对其进行学习和研究,以达到对传感器和传感器技术有一个基本了解。

【实验目的】

① 掌握箔式应变片的工作原理、结构及使用方法。

② 掌握电桥电路在测量中的应用。

③ 掌握霍耳式转速传感器的原理和应用。

【实验仪器】

CSY—2000 系列传感器与测试技术实验台。

【实验原理】

（1）箔式应变片的结构和工作原理

箔式应变片属于电阻式传感器，是最常用的测力传感元件之一。某些物理量，如力、加速度、速度等，可以转换成某种材料的形变，再由形变引起材料电阻的变化来实现电测。在弹性范围内，电阻的相对变化与应变间的关系为：

$$K_0 = \frac{\Delta R/R}{\Delta L/L} \qquad (4\text{-}22\text{-}1)$$

K_0 称为应变灵敏系数，其物理意义为单位应变引起的物体电阻的相对变化。

为了使应变片既有一定的电阻，又不太长，应变片都是做成栅状的。其结构如图 4-22-1 所示，它能近似反映其覆盖面积上的平均应变。

实际使用时，应变片应当牢固粘贴在试件表面，以使试件应变充分传递到敏感栅。

应变片的结构形式有丝式、箔式和薄膜式 3 种。箔式应变片的敏感栅是金属箔片，其横向部分特别粗，可大大减小横向效应；与基底的接触面积大，能更好地随同试件变形；另外，箔式应变片线段表面积大，散热条件好，允许通过较大的电流，其结构如图 4-22-2 所示。

（2）应变电桥测量电路

电桥电路是常用的电阻测量电路，其电路如图 4-22-3 所示。输出电压 U_0 为：

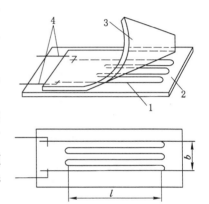

1—金属丝；2—基质；

3—保护膜；4—引线。

图 4-22-1 栅状应变片结构图

$$U_0 = E \frac{R_1 R_4 - R_2 R_3}{(R_1 + R_2)(R_3 + R_4)} \qquad (4\text{-}22\text{-}2)$$

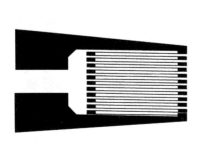

图 4-22-2 箔式应变片

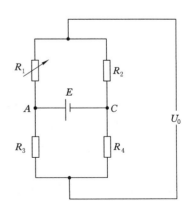

图 4-22-3 电桥电路

由式(4-22-2)可知,电桥平衡($R_1R_4=R_2R_3$)时,电桥输出电压 $U_0=0$。

使 $R_1=R_2=R_3=R_4$,设电阻 R_1、R_2、R_3、R_4 的相对变化分别为 $\Delta R_1/R_1$、$\Delta R_2/R_2$、$\Delta R_3/R_3$、$\Delta R_4/R_4$,则在一阶近似情况下,有:

$$U_0 = \frac{E}{4}\left(\frac{\Delta R_1}{R_1} - \frac{\Delta R_2}{R_2} - \frac{\Delta R_3}{R_3} + \frac{\Delta R_4}{R_4}\right) \tag{4-22-3}$$

令 $\varepsilon_i = \Delta L_i/L_i$,由式(4-22-1)和式(4-22-3)可得:

$$U_0 = \frac{E}{4}K_0(\varepsilon_1 - \varepsilon_2 - \varepsilon_3 + \varepsilon_4) \tag{4-22-4}$$

单位电阻变化率所对应的电桥输出电压定义为电桥的灵敏度 S_V,即

$$S_V = \frac{U_0}{\Delta R/R} \tag{4-22-5}$$

显然,电桥灵敏度 S_V 越大,单位应变的输出电压越大。

按工作臂的不同,可将应变电桥分为:单臂应变电桥(简称单桥)——电桥的 1 个臂接入应变片;双臂应变电桥(简称半桥)——电桥的 2 个臂接入应变片;全臂应变电桥(简称全桥)——电桥的 4 个臂接入应变片。不同电桥工作时的灵敏度是不同的。

① 单桥实验,只有桥臂 R_1 工作,则 $S_V=E/4$。

② 半桥实验,若 R_1 和 R_2 为工作臂,且 $\varepsilon_1=-\varepsilon_2=\varepsilon$,则 $S_V=E/2$。若 R_1 和 R_4 为工作臂,且 $\varepsilon_1=\varepsilon_4=\varepsilon$,则同样有 $S_V=E/2$。

③ 全桥实验,$\varepsilon_1=\varepsilon_4=-\varepsilon_2=-\varepsilon_3=\varepsilon$,$U_0=EK_0\varepsilon$,$S_V=U_0R/\Delta R=E$。

(3)霍耳式转速传感器的工作原理

在被测圆盘上,装上 N 只磁性体,圆盘每转动 1 周,磁场就变化 N 次。如果在圆盘上方或下方的相应位置装上霍耳探测器,其探测到的霍耳电势也就变化 N 次。由输出的电势,经过放大、整形和计数,就可以测出旋转物体的转速。

【仪器描述】

(1)CSY—2000 系列传感器和测试技术实验台的组成

CSY—2000 系列传感器和测试技术实验台由主控台、三源板(温度源、转动源、振动源)、传感器(基本型 18 个、增强型 23 个)、相应的实验模块、数据采集卡及处理软件、实验台桌等六部分组成,图 4-22-4 为实验台实物图。

① 主控台部分,提供高稳定的 ±15 V,±5 V,±2 V、±4 V、±6 V、±8 V、±10 V 及 $+2\sim+24$ V 可调 4 种直流稳压电源;主控台面板上还装有电压、气压、频率、转速的三位半数显表以及计时表。主控台还提供有:音频信号源(音频振荡器)$1\sim10$ kHz(可调);低频信号源(低频振荡器)$1\sim30$ Hz(可调);气压源 $0\sim20$ kPa(可调);高精度温度转速两用仪表;RS232 计算机串行接口;流量计;漏电保护器。其中,电源、音频、低频均具有断路保护功能。$\pm2\sim\pm10$ V 电源与其他电源、信号 Fin、Vin 部分不共地。如果与其他电源同时使用,应将其共地。因断路无输出,重新开机即恢复正常。调节仪置内为温度调节、置外为转速调节。

② 三源板:装有振动台,振动频率 $1\sim30$ Hz(可调);旋转源转速 $0\sim2$ 400 r/min(可

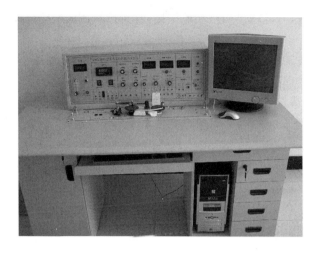

图 4-22-4 CSY—2000 系列传感器和测试技术实验台实物图

调);加热源温度范围为常温至 150 ℃(可调)。

③ 传感器:电阻应变式传感器、扩散硅压力传感器、差动变压器、电容式传感器、霍耳式传感器、霍耳式转速传感器、磁电转速传感器、压电式传感器、电涡流传感器、光纤传感器、光电转速传感器、集成温度传感器、K 型热电偶、E 型热电偶、Pt100 铂电阻、Cu50 铜电阻、湿敏传感器、气敏传感器等共 18 个传感器。

④ 实验模块部分:有应变式、压力、差动变压器、电容式、霍耳式、压电式、电涡流、光纤位移、温度、移相检波/滤波等 10 个模块。

⑤ 数据采集卡及处理软件:另附。

⑥ 实验台桌:尺寸为 1 600 mm×800 mm×750 mm,实验台桌上预留计算机及示波器安放位置。

(2) 电路原理

传感器模块的电路原理图见各模块的正面,此处不再赘述。

(3) 使用方法

① 开机前将转速调节旋钮调到中间位置,显示选择旋钮打到 2 V 挡,电压选择旋钮打到±2 V 挡,其余旋钮均打到中间位置,计时复位按钮在松开状态。

② 将 220 V 的电源线插头插入市电插座,接通开关,电源指示灯亮,计时器指示为 4 个零,数字表显示 0.000 或—.000,电压指示灯亮,表示实验台电源工作正常。

③ 每个实验前应先阅读实验指导书,每个实验均应在断开电源的状态下按实验线路接好连接线(实验中用到可调直流电源时,应在该电源调到实验值时再接到实验线路中),检查无误后方可接通主电源。

④ 数据采集卡及处理软件使用方法,另附。

⑤ 打开调节仪电源开关,调节仪表头 PV 显示测量值,SV 显示设定值。

⑥ 如要使用气源,可打开气源开关,若气源口有声响,则说明气泵工作正常。

(4) 注意事项

① 在更换接线时,应断开电源,只有在确保接线无误后方可接通电源。

② 严禁将电源、信号源输出插座和地短接,时间长易造成电路元器件损坏。

③ 严禁将主控箱上±15 V 电源引入模块时接错。

④ 严禁用酒精或其他具有腐蚀性的物质擦洗面板,以防示意图被擦掉。

⑤ 实验台的各个部分都是相配套使用的,请勿调换。

⑥ 实验完毕后,请将传感器以及实验模块放回原位。

⑦ 该实验台电源±2～±10 V 与电源±15 V 不共地,所以在同时使用时应将它们共地。

⑧ 如果该仪器长期未通电使用,在使用前应先预热,建议做实验前按一次漏电保护按钮。

⑨ 在做实验前务必详细阅读实验指南。

下面分别用单臂电桥、半桥和全桥做应变片实验,用霍耳式转速传感器测量转速。

Ⅰ 单臂电桥实验

【实验步骤】

需用器件与单元为应变式传感器实验模块、应变式传感器、砝码、数显表、±15 V 电源、±4 V 电源、万用表。

① 如图 4-22-5 所示,应变式传感器已装于应变式传感器实验模块上。传感器中各应变片已分别接入模块左上方的 R_1、R_2、R_3、R_4 处。加热丝也接于模块上,可用万用表进行测量判别,$R_1 = R_2 = R_3 = R_4 = 350\ \Omega$,加热丝阻值为 50 Ω 左右。

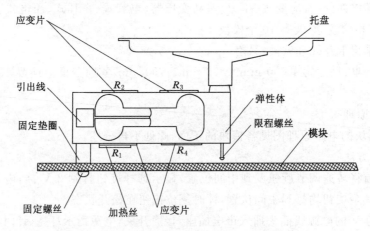

图 4-22-5 应变式传感器安装示意图

② 接入±15 V 电源(从主控台引入)。检查无误后,合上主控箱电源开关。将实验模块调节增益电位 R_{w3} 调节到大致中间位置。再进行差动放大器调零,方法为将差动放大器的正、负输入端与地短接,输出端与主控箱面板上数显表电压输入端 V_i 相连,调节实验模块上调零电位器 R_{w4},使数显表显示为零(数显表的切换开关打到 2 V 挡)。关闭主控箱电源(注意:R_{w3}、R_{w4} 的位置一经确定,就不要改变,一直到做完相关实验为止)。

③ 将应变式传感器的其中一个应变片 R_1(即模块左上方的 R_1)接入电桥作为 1 个桥臂与 R_5、R_6、R_7 接成直流电桥(R_5、R_6、R_7 在模块内已连接好)。接好电桥调零电位器 R_{w1},接

上桥路电源±4 V,此时应将±4 V 地与±15 V 地短接(因为不共地),如图 4-22-6 所示。检查接线无误后,合上主控箱电源开关。调节 R_{W1},使数显表显示为零。

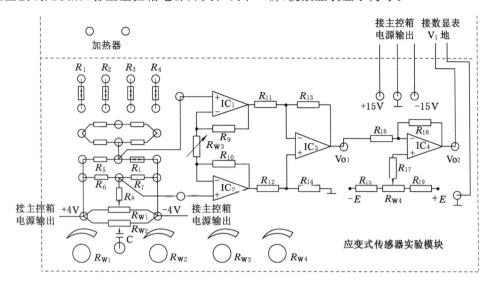

图 4-22-6　应变式传感器单臂电桥实验接线图

④ 在电子秤上放置 1 只砝码,读取数显表数值,依次增加砝码和读取相应的数显表数值,直到 200 g(或 500 g)砝码加完。记下实验结果并填入表 4-22-1,关闭电源。

⑤ 根据表 4-22-1 计算系统灵敏度 $S=\Delta U/\Delta W$(ΔU 为输出电压变化量,ΔW 为质量变化量)和非线性误差:$\delta_{fl}=\Delta m/y_{F.s}\times100\%$。式中,$\Delta m$ 为输出值(多次测量时为平均值)与拟合直线的最大偏差;$y_{F.s}$ 为满量程输出平均值,此处为 200 g(或 500 g)。

【数据记录与处理】

表 4-22-1　单臂电桥测量时,输出电压与加负载质量值

质量/g								
电压/mV								

【思考题】

单臂电桥时,作为桥臂电阻应变片应选用正(受拉)应变片、负(受压)应变片还是正、负应变片均可以?

Ⅱ　半桥实验

通过本实验比较半桥与单臂电桥的不同性能,了解其特点。

不同受力方向的 2 片应变片接入电桥作为邻边,电桥输出灵敏度提高,非线性得到改善,当应变片阻值和应变量相同时,其桥路输出电压 $U_{02}=EK\varepsilon/2$。

【实验步骤】

① 传感器安装同前。对实验模块差动放大器调零。

② 根据图 4-22-7 接线。R_1、R_2 为实验模块左上方的应变片,注意 R_1 应和 R_2 受力状态相反,即将传感器中 2 片受力相反(一片受拉,一片受压)的电阻应变片作为电桥的邻边。接入桥路电源 ±4 V。调节电桥调零电位器 R_{W1} 进行桥路调零,以下实验步骤同上一实验。将实验数据记入表 4-22-2,计算灵敏度 $S_2 = \Delta U / \Delta W$ 和非线性误差 δ_{f_2}。若实验时无数值显示,说明 R_2 与 R_1 为相同受力状态应变片,应更换另一个应变片。

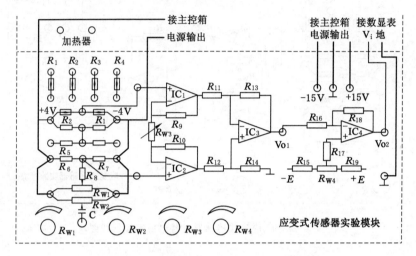

图 4-22-7 应变式传感器半桥实验接线图

【数据记录与处理】

表 4-22-2 半桥测量时,输出电压与加负载质量值

质量/g								
电压/mV								

【思考题】

① 半桥测量时 2 片不同受力状态的电阻应变片接入电桥时,应放在对边还是邻边?

② 桥路(差动电桥)测量时存在非线性误差,是因为电桥测量原理上存在非线性?还是应变片应变效应是非线性的? 或是调零值不是真正为零?

Ⅲ 全桥实验

了解全桥测量电路的优点。

全桥测量电路中,将受力性质相同的 2 片应变片接入电桥对边,不同的接入邻边,当应变片初始阻值 $R_1 = R_2 = R_3 = R_4$,变化值 $\Delta R_1 = \Delta R_2 = \Delta R_3 = \Delta R_4$ 时,其桥路输出电压 $U_{03} = EK\varepsilon$,输出灵敏度比半桥又提高了 1 倍,非线性误差和温度误差均得到改善。

【实验步骤】

① 传感器安装同前。

② 根据图 4-22-8 接线,实验方法与 Ⅱ 相同。将实验结果填入表 4-22-3,进行灵敏度和非线性误差计算。

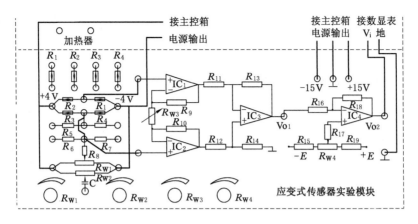

图 4-22-8　应变式传感器全桥实验接线图

【数据记录与处理】

表 4-22-3　全桥输出电压与加负载质量值

质量/g									
电压/mV									

【思考题】

① 全桥测量中,当 2 组对边(R_1、R_3 为对边)电阻值 R 相同时,即 $R_1 = R_3$, $R_2 = R_4$ 而 $R_1 \neq R_2$ 时,是否可以组成全桥?

② 某工程技术人员在进行材料拉力测试时在棒材上贴了 2 组应变片,如何利用这 4 片电阻应变片组成电桥,是否需要外加电阻?

Ⅳ　霍耳式转速传感器测转速实验

需用器件与单元有霍耳式转速传感器、直流源 5 V、转动源 2～24 V、转动源单元、数显单元的转速显示部分。

【实验步骤】

① 根据图 4-22-9 将霍耳式转速传感器装在传感器支架上,探头对准反射面内的磁钢。

② 将 5 V 直流源加于霍耳式转速传感器的电源端(1 号接线端)。

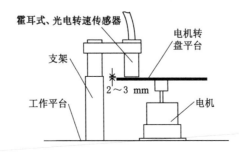

图 4-22-9　霍耳式、光电、磁电转速传感器安装示意图

③ 将霍耳式转速传感器输出端(2 号接线端)插入数显单元 Fin 端,3 号接线端接地。

④ 将转速调节中的 2~24 V 转动源接入三源板的转动源插孔中。

⑤ 将数显单元上的开关拨到转速挡。

⑥ 调节转速调节电压使转动速度变化,观察数显表显示的转速变化情况。

【思考题】

① 利用霍耳器件测转速,在测量上有否限制?

② 本实验装置上用了 6 只磁钢,能否只用 1 只磁钢?

【拓展阅读】

传感器的主要作用是测量。测量就是获取真值的过程,如同人体获取外界信息一样,人体的"眼、鼻、耳、舌、肤"能获取外界信息,"视觉、嗅觉、听觉、味觉、触觉"将这些信息传递给大脑进行分析,指导下一个人体指令。不同的是,随着传感器的快速发展,这些信息不但能通过传感器获取,还能将精度提高几十倍、几百倍甚至上万倍。

传感器的研制和传感技术创新是重要因素。现代化智能生产和智能制造,没有传感技术便无从谈起。大数据时代的智联网、互联网、物联网和终端设备都需要大量的数据信息,这些数据信息都来自服务器和传感器。根据我国智能装备发展规划,重点是新型传感技术、嵌入式控制系统设计等。核心智能测控装置与部件是新型传感器及其系统、智能控制系统等。传感器和传感技术快速发展是国家智能制造的战略布局,传感器及传感技术的快速发展,将成为我国工业 4.0 进程中的关键,在一定程度上决定着工业 4.0 革命的进程。

第五章 设计性实验和研究性实验

　　设计性实验和研究性实验是学生在完成基础性实验和综合性实验的学习以后所进行的实验。通常实验室只列出相关题目,给以适当提示,提供一定实验仪器。学生确定选做的题目以后,要查找有关资料,自己设计实验方法和步骤,并对实验结果进行研究和处理,写出完整报告。这些实验,并不要求每个学生都逐个完成,而是可以根据自己的情况加以选择。

　　我们希望,通过基础性实验和综合性实验的学习以后,学生能够具备一定的设计实验和进行研究的能力。在这部分实验中,侧重加强学生学习的主动性,更进一步提高学生的综合能力。

实验 23　USB 音箱的制作

【实验目的】

① 加深对放大电路的理解。

② 熟悉常见小功率音频放大器的原理及应用。

【实验器材】

电烙铁、斜口钳、螺丝刀、功放芯片、线材、喇叭、电路板等。

【实验要求】

① 运用信息化平台,学习迷你小音箱的电路构造和工作原理。

② 清点套件内元器件的数量,用万用表进行质量检测。

③ 按照说明书对元器件进行整形、插装,检查无误后进行焊接,最后剪脚。

④ 按照说明书进行导线连接与外壳组装。

⑤ 安装完毕,检查有无短路后进行试电调试。

【提示】

　　音箱电源通过 USB 接口提供。功放芯片将音频输入的信号进行功率放大后推动喇叭单元产生声音。把功率放大器与扬声器系统做成一体,构成一套完整的音响组合。喇叭材料的选择以及音箱的箱体结构都会影响声音的还原效果,还原真实性是评价音箱性能的重要标准。通过小音箱的组装、焊接及调试,了解电子产品的生产制作过程。

实验 24　单片机闪字棒的设计与制作

【实验目的】

① 了解移动物体的视觉暂留现象。

② 了解单片机工作原理。

③ 会编写简单的烧写程序。

【实验器材】

① 单片机小板。

② 电子元件及 PCB 板。

③ LED 灯珠等。

【实验要求】

① 能够用万用表对电子元件进行简单判断。

② 会进行简单的焊接,通过编写程序能够更改闪字字符。

【提示】

LED 摇摇棒很好地利用了人眼的视觉暂留特性。通过实验实现 51 单片机控制、16 只高亮度 LED 发光二极管构成的摇摇棒,配合手的左右摇晃就可呈现一幅完整的画面,可以显示字符、图片等。LED 发光管作为画面每一列的显示,左右摇晃起到了扫描的作用,人眼的视觉暂留特性使得看到的是一幅完整的画面。

实验 25　金属探测仪的设计与制作

【实验目的】

① 了解电感式传感器的工作原理。

② 了解电容三点式振荡电路的原理。

【实验器材】

电路板、电子元件、电烙铁等。

【实验要求】

① 应用电涡流传感器知识,进行简易金属探测器设计。

② 具备对常用元器件的识别与检测能力、对电子产品进行装配与焊接的能力、对基本电路的分析及应用能力。

③ 具备常用检测仪器仪表的使用与操作能力,提高分析问题、解决实际工程问题的能力。

【提示】

金属探测器设计主要利用的是振荡电路的振荡原理,在探头周围没有金属物体时把振荡电路调节到刚刚能维持起振的临界状态;这个振荡信号经过放大和整形,使声光报警电路处于抑制状态。如果探头附近出现金属物体,振荡电路因电磁波能量被金属消耗而停振,同时声光报警电路因失去抑制信号而发光。临界状态的细微调节是决定这种简单探测器灵敏度的重要因素。

实验 26　白光干涉条纹的调节和研究

【实验目的】

① 深入了解迈克耳孙干涉仪的构造和原理。

② 用迈克耳孙干涉仪调出白光干涉条纹。

③ 对白光的相干性进行研究。

【实验仪器】

① 迈克耳孙干涉仪。

② 半导体激光器。

③ 白炽灯。

【实验要求】

① 用迈克耳孙干涉仪调出激光干涉条纹。

② 在①的基础上用迈克耳孙干涉仪调出白光干涉条纹。

③ 分析白光干涉条纹的特点,估计白光的相干长度。

【提示】

做本实验以前,首先要搞清相干条件以及能够观察到干涉条纹的条件,熟悉迈克耳孙干涉仪的工作原理、构造、调节要领。

在基础性实验和综合性实验中,我们已经学习了用迈克耳孙干涉仪调出激光干涉条纹。由于激光的相干性好,所以要做到这一点并不困难。通常只要调节通过干涉仪的两束光之间的夹角,使得它不太大,就能够看到干涉条纹了。

但是,如果在调出激光干涉条纹的基础上,直接把激光换成白光,那是看不到白光干涉条纹的。其原因在于,白光与激光有着很大区别。一方面,白光的相干长度很小,通过干涉仪的两束光之间的光程差往往大于白光的相干长度。所以,一定要把这两束光的光程差尽可能地减小到接近为零,才有可能看到白光干涉条纹。另一方面,白光是面光源,不像经扩束后的激光可以近似地看成由点光源发出。白光产生的干涉条纹定域于相应薄膜的表面附近或无限远处,不像激光干涉条纹那样定域于整个空间而可以用毛玻璃屏接收观察。所以,它的干涉条纹必须直接用肉眼观察(或通过透镜成像后用屏接收)。

做好本实验,还需要有清晰的思路和熟练的调节技巧。要搞清在调节干涉仪时,如何通过观察干涉条纹的变化判断光程差是在减小还是增大,否则方向错误,南辕北辙,永远达不到目标。不仅如此,虽然从原理上讲,只要光程差在减小,缓慢调节,总可以将光程差减到零,但这样做效率太低。所以还要搞清什么情况下光程差接近零。只有当光程差快要接近零时,再缓慢调节迈克耳孙干涉仪的微动手轮,才能比较快地调出干涉条纹。

实验 27 劈尖干涉的研究

【实验目的】

① 深入了解等厚干涉。

② 设计用劈尖干涉测量细丝直径的方法。

③ 设计合理的测量方法和数据处理方法,减小实验误差。

【实验仪器】

① 读数显微镜。

② 钠灯。

③ 平玻璃,共 2 片。

④ 待测细丝。

【实验要求】

① 用所给的器材制作空气劈尖。

② 熟练使用读数显微镜,测量待测细丝的直径。

③ 尽量减小测量误差。

【提示】

劈尖干涉和牛顿环是典型的等厚干涉例子。在基础性实验和综合性实验中,我们已经对牛顿环作了比较深入的研究。本实验要求对劈尖干涉进行研究,并利用劈尖干涉的原理,设计一种测量细丝直径的方法。要求自己制作劈尖,制作时要注意劈尖的质量。本实验必须非常注重减小实验误差。一方面要正确使用读数显微镜;另一方面要设计合理的测量方案,选用恰当的数据处理方法,并对如何才能更好地利用劈尖干涉测量细丝直径等问题进行研究。

实验 28　入射光与光栅面不垂直对测量影响的研究

【实验目的】

① 加深对光栅方程的理解。

② 明确在"衍射光栅"实验中,为什么要使入射光垂直入射的道理。

③ 用实验方法研究入射光与光栅面不垂直对测量的影响,判断入射角在什么范围才是可以允许的。

④ 熟练掌握分光计的调节和使用。

【实验仪器】

① 分光计。

② 汞灯。

③ 衍射光栅。

【实验要求】

① 正确调节分光计。

② 研究在不同的入射角下,如果仍然选用垂直入射时的光栅方程,会给实验带来的误差。

③ 分析入射角在什么范围内,产生的误差才是可以允许的。

④ 结合理论,对本实验进行讨论。

【提示】

在基础性实验和综合性实验部分的"衍射光栅"实验中,我们要求操作时保证平行光垂直入射到光栅上。这是由于我们在该实验中用的是垂直入射时的光栅方程。但是实际操作中,不可能完全达到这个标准,由此会带来实验误差。可以想象,入射角越大,误差也越大。现在的问题是,该误差与入射角之间存在怎样的函数关系。本实验通过人为调节入射角,研究上述关系。

要做好本实验,首先要将分光计调节到使用状态。否则,由此而产生的误差会叠加到我们所研究的误差上,会影响实验结果。

实际上,入射角不为零时,应该用斜入射的光栅方程。所以还可以结合理论对本实验进行讨论。

实验 29　用时差法测量超声声速

【实验目的】

① 了解用时差法测量声速的原理,用时差法测量声速。

② 掌握声速测定仪和示波器的使用方法。

③ 设计合理的测量方法和数据处理方法,减小实验误差。

【实验仪器】

① 声速测定仪。

② 示波器。

【实验要求】

① 正确使用声速测定仪和示波器。

② 设计合理的测量方案,用时差法测量声速。

③ 设计合适的测量方法和数据处理方法,减小实验误差。

④ 总结测量速度的不同方法。

【提示】

对于波,有公式 $v = f\lambda$。因此,可以测出波的频率和波长,代入公式求出波速。我们在基础性实验和综合性实验部分的"超声声速的测定"实验中,就是这样做的。除此之外,我们还可以找到另一种测量速度的方法,即根据公式 $v = s/t = \Delta s/\Delta t$,测出时间间隔和距离,就可以求出速度。

本实验所用的声速测定仪能够产生脉冲声波,实际上它是由若干个周期的等幅正弦波所组成的波列。这样的脉冲声波被接收探头接收后探头会振动,这种振动的幅度是由小到大逐步加大、再由大到小逐步衰减的,其维持的时间比发射信号维持的时间更长。这些振动通过压电效应激发出电信号。电信号的波形基本上与振动波形成正比,也维持较长的时间。另外,接收到的电信号必须达到一定幅度才能被仪器检测到,所以直接由仪器测出的声波传输时间是不可能准确的。因此,实验者必须考虑采用特殊方法解决这个问题;还必须考虑采取合适的测量方案和数据处理方法,尽可能地减小实验误差。

实验 30　用微安表组装欧姆表

【实验目的】

① 了解欧姆表的工作原理和构造。

② 用微安表组装欧姆表。

③ 用所组装的欧姆表测量待测电阻。

【实验仪器】

① 微安表(量程 100 μA)。

② 电阻箱。

③ 滑线变阻器。

④ 电池(电压为 1.5 V,如超过 1.5 V,应自行设法达到要求)。

⑤ 导线。

⑥ 开关。

⑦ 待测电阻。

【实验要求】

① 画出欧姆表的电路图。

② 将微安表改装成中值电阻为 15 kΩ 的欧姆表。

③ 作出该欧姆表的定标曲线(R-I 曲线)。

④ 用该欧姆表测量待测电阻的阻值。

【提示】

欧姆表是一种常用的电学仪器,万用电表里面就包含欧姆表。实验以前,应该查找和参阅相关资料。要理解什么是欧姆表的中值电阻,并根据给定实验仪器的参数,设计好相应的欧姆表电路图。

实验 31　反射光栅的研究

【实验目的】

① 研究反射光栅,测出其光栅常数。

② 加深对反射光栅斜入射光栅方程的理解。

③ 了解 CD 盘、VCD 盘的特点。

【实验仪器】

① He-Ne 激光器。

② CD(VCD)盘。

③ 标尺、直尺。

④ 光学支架。

【实验要求】

① 就地取材,用 CD(VCD)盘制作反射光栅。

② 测出该反射光栅的光栅常数。

③ 用实验方法归纳总结反射光栅的斜入射光栅方程。

【提示】

CD 盘或 VCD 盘上有一圈圈的沟槽,沟槽非常细密,取其合适部位的一小块,这些沟槽可以近似看成互相平行的直条纹。其表面的反射率很高,盘上的这一小块也可以近似看成一个反射光栅。激光照射在上面,就会发生衍射。

如何测出衍射角,是本实验需要考虑的问题。

在斜入射的情况下,必须搞清入射角和衍射角的定义,而且必须考虑如何通过实验方法归纳总结出反射光栅的斜入射光栅方程。

实验 32　PN 结正向压降-温度特性的研究

【实验目的】

① 研究 PN 结正向压降与温度之间的关系。

② 提出利用 PN 结的这个特性设计温度传感器的方案。

【实验仪器】

① PN 结物理特性测定仪。

② 保温杯。

③ 开水、冰块等。

【实验要求】

① 设计实验方案,保持流过 PN 结的正向电流不变,测量正向压降随温度变化的规律。

② 采用合适方法对测量结果进行分析,从而得出结论。

③ 根据上面得出的结论,提出利用 PN 结的这个特性设计温度传感器的方案。

④ 如有可能,对实验结果及其应用作出理论分析。

【提示】

我们在基础性实验和综合性实验部分所用的 PN 结物理特性测定仪,可以通过改变加在 PN 结上的正向电压来改变流过 PN 结的正向电流。用这个方法就可以将流过 PN 结的正向电流控制在某一定值。可以在热水中加冰来改变温度。但是必须注意,一定要让水、硅油、三极管的温度达到平衡,才能进行测量。非但如此,在测量过程中,由于三极管有电流通过,会发热,温度还会有微小变化。温度变化又使得流过 PN 结的正向电流不稳定。我们必须学会如何减小此不稳定,以及判别此不稳定是否在允许的范围之内。

对于实验结果,应该先初步判别其服从的规律,然后再用合适的方法对其进行定量分析,在分析的基础上总结出结论。根据得出的结论,就可以提出利用 PN 结的这个特性设计温度传感器的方案。

可以查阅有关资料,对实验结果及其应用作出理论分析。

实验 33　避障小车的设计与制作

【实验目的】

① 了解传感器原理并学会使用。

② 掌握简单机械构造的原理并学会设计。

【实验器材】

电烙铁、剪刀、小电机、碰撞开关、PVC 线槽、齿轮等。

【实验要求】

① 利用实验室提供的器材,独立设计制作完成避障小车。

② 避障小车能够自行行走,遇到障碍物能够转向。

【提示】

简单的避障小车其实就是一个小机器人,一般机器人的设计,涉及机械、电子、计算机等很多领域,我们希望通过这个实验能够激发同学们对专业知识的学习兴趣。通过提供的实验器材会发现,没有提供单片机等,所以这个避障小车不是一个智能小车,其之所以能够避障主要依赖于碰撞开关。要想成功做成避障小车,需要有一定的动手能力、物理电学知识和简单的机械常识。

实验 34　傅立叶分解和合成

【实验目的】

① 用实验方法对三角波、方波进行傅立叶分解,分解成基波和各次谐波,并测量它们的振幅与相位关系。

② 用实验方法将一组振幅与相位可调的正弦波由加法器合成三角波、方波。

③ 与理论对比,加深对傅立叶分解和合成的理解。

【实验仪器】

① 傅立叶分解与合成仪。

② 示波器。

【实验要求】

① 用实验方法分别将三角波、方波分解成正弦波,并记下它们的频率、幅度和相位。

② 用实验方法合成三角波、方波。

③ 与理论对比,加深对傅立叶分解和合成的理解。

【提示】

实验前,对傅立叶分解和合成的有关理论必须进行深入了解。对谐振电路也要深入理解,分解时,将用它作为选频电路。还必须会熟练使用示波器,会用示波器观察波形、测量信号的幅度,会借助李萨如图形来判别信号间的相位关系。

由于不可能将所有的谐波全部加入,对高次谐波只能略去,因此,合成的波形是近似的,有一定程度失真。

实验 35　热管的研究

【实验目的】

① 了解热管的工作原理、构造和特点。

② 了解热管的制作方法,并且用排气法制作一个原理热管。

③ 体会热管优越的传热性能。

【实验仪器】

① 用于制作热管的一端封闭、一端开口并带有阀门的铜管,其上方带有冷凝水套。

② 工作物质——无水酒精以及移注酒精用的滴管。

③ 用于加热的电热水杯以及冷水杯和热水杯。

④ 温度传感器。

【实验要求】

① 查阅有关资料,了解热管的工作原理、构造和特点。

② 用排气法制作一个原理热管。

③ 设计实验方案,对所制作的热管性能进行测试,与普通金属管对比,证明热管具有优越的传热性能。

④ 设计热管的实际应用方案。

【提示】

热管由管壳、吸液芯和端盖组成。将管内压力抽至 $1.3 \times 10^{-4} \sim 1.3 \times 10^{-1}$ Pa 后,充以适量的工作液体,使紧贴管内壁的吸液芯毛细多孔材料中充满液体后加以密封。管的一端为蒸发段(加热段),另一端为冷凝段(冷却段)。

两相闭式热虹吸管又称重力热管,简称热虹吸管,其结构及工作原理比较简单。与普通热管一样,它利用工作物质的蒸发和冷凝来传递热量,且不需要外加动力,其工作物质自行循环。与普通热管所不同的是,该热管管内没有吸液芯,冷凝液从冷凝段返回到蒸发段不是靠吸液芯所产生的毛细力,而是靠冷凝液自身的重力。

用排气法获得真空的方法为:将蒸发端的温度设定到乙醇的沸点以上(如 90 ℃);排空冷凝水套中的水,加入适量乙醇;开始加热仪器;待乙醇沸腾,经过一定时间,将管中空气排出,并有较多乙醇蒸气喷出,此时管中的空气基本排尽;关闭气阀。如果让热管冷却,管内的负压可达到 −0.08 MPa 以下,基本为真空(由于乙醇在室温下有一定的饱和蒸气压,故管内的气压不可能为零,即负压不可能达到 −0.103 3 MPa)。

附　录

附录 A　正 态 分 布

正态分布又叫高斯分布,是最常见的一种连续分布。正态分布的概率密度函数是:

$$p(x) = \frac{1}{\sqrt{2\pi}\sigma}\exp\left[-\frac{1}{2}\left(\frac{x-\mu}{\sigma}\right)^2\right] \quad (-\infty < x < \infty)$$

式中,参数 $\sigma > 0$。它的平均值、方差和标准差分别为 μ, σ^2 和 σ。$\mu = 0, \sigma^2 = 1$ 的正态分布叫作标准正态分布。附图 A-1 为其概率密度曲线。正态分布距平均值 σ 处,是概率密度曲线的拐点;在平均值左右 1 倍标准差(σ)范围内的概率为 68.27%,2σ 范围内为 95.45%,3σ 范围内为 99.73%。

μ 决定正态分布峰值的位置,σ 决定分布的"胖""瘦"和"高""矮",σ 越小,分布越"瘦",峰值越高,这是由于曲线下面积应保持为 1。附图 A-2 为不同参数值的正态分布概率密度曲线。

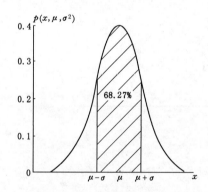

附图 A-1　正态分布概率密度曲线

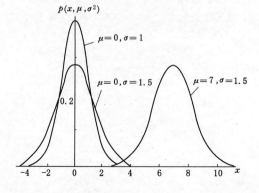

附图 A-2　不同参数值的正态分布概率密度曲线

附录 B　中华人民共和国法定计量单位

附表 B-1　国际单位制(SI)的基本单位

量的名称	单位名称	单位符号
长　度	米	m
质　量	千克(公斤)	kg
时　间	秒	s
电　流	安[培]	A
热力学温度	开[尔文]	K
物质的量	摩[尔]	mol
发光强度	坎[德拉]	cd

附表 B-2　国际单位制(SI)的辅助单位

量的名称	单位名称	单位符号
平面角	弧度	rad
立体角	球面度	sr

附表 B-3　国际单位制(SI)的词头

所表示的因数	词头名称	词头符号
10^{18}	艾[可萨]	E
10^{15}	拍[它]	P
10^{12}	太[拉]	T
10^{9}	吉[咖]	G
10^{6}	兆	M
10^{3}	千	k
10^{2}	百	h
10^{1}	十	da
10^{-1}	分	d
10^{-2}	厘	c
10^{-3}	毫	m
10^{-6}	微	μ
10^{-9}	纳[诺]	n
10^{-12}	皮[可]	p
10^{-15}	飞[母托]	f
10^{-18}	阿[托]	a

附表 B-4　国际单位制中具有专门名称的导出单位

量的名称	单位名称	单位符号	其他表示示例
频率	赫[兹]	Hz	s^{-1}
力,重力	牛[顿]	N	$(kg \cdot m)/s^2$
压力,压强,应力	帕[斯卡]	Pa	N/m^2
能量,功,热	焦[耳]	J	$N \cdot m$
功率,辐射通量	瓦[特]	W	J/s
电荷[量]	库[仑]	C	$A \cdot s$
电位,电压,电动势(电势)	伏[特]	V	W/A
电容	法[拉]	F	C/V
电阻	欧[姆]	Ω	V/A
电导	西[门子]	S	A/V
磁通[量]	韦[伯]	Wb	$V \cdot s$
磁通[量]密度,磁感应强度	特[斯拉]	T	Wb/m^2
电感	亨[利]	H	Wb/A
摄氏温度	摄氏度	℃	
光通量	流[明]	lm	$cd \cdot sr$
[光]照度	勒[克斯]	lx	lm/m^2
[放射性]活度	贝可[勒尔]	Bq	s^{-1}
吸收剂量	戈[瑞]	Gy	J/kg
剂量当量	希[沃特]	Sv	J/kg

附录 C　常用物理常量表

附表 C-1　物理学基本常数

物 理 量	符号	主　值	计算使用值(单位同前)
真空中光速	c	299 792 458 m/s	3.00×10^8
万有引力常量	G	$6.672\ 59 \times 10^{-11} m^3/(kg \cdot s^2)$	6.67×10^{-11}
阿伏加德罗常数	N_A	$6.022\ 14 \times 10^{23} mol^{-1}$	6.02×10^{23}
玻耳兹曼常数	k	$1.380\ 66 \times 10^{-23} J/K$	1.38×10^{-23}
标准状态下理想气体的摩尔体积	V_m	$22.413\ 83 \times 10^{-3} m^3/mol$	22.4×10^{-3}
摩尔气体常数	R	$8.314\ 472\ J/(mol \cdot K)$	8.31
洛施密特常量(标准状态)	n_0	$2.686\ 777\ 4 \times 10^{25}\ m^{-3}$	2.687×10^{25}
普朗克常量	h	$6.626\ 068\ 96 \times 10^{-34} J \cdot s$	6.63×10^{34}
元电荷	e	$1.602\ 177\ 33 \times 10^{-19} C$	1.602×10^{-19}
原子质量单位	u	$1.660\ 540\ 2 \times 10^{-27} kg$	1.66×10^{-27}
电子静止质量	m_e	$9.109\ 382\ 15 \times 10^{-31} kg$	9.11×10^{-31}

物　理　量	符号	主　　值	计算使用值（单位同前）
电子荷质比	e/m_e	$1.758\ 819\ 6\times10^{-11}$ C/kg	1.76×10^{-11}
质子静止质量	m_p	$1.672\ 621\ 67\times10^{-27}$ kg	1.673×10^{-27}
中子静止质量	m_n	$1.674\ 927\ 21\times10^{-27}$ kg	1.675×10^{-27}
法拉第常数	F	$9.648\ 533\ 99\times10^4$ C/mol	9.65×10^4
真空电容率	ε_0	$8.854\ 187\ 817\times10^{-12}$ F/m	8.85×10^{-12}
真空磁导率	μ_0	$1.256\ 637\ 061\ 4\times10^{-6}$ H/m	$4\pi\times10^{-7}$
里德伯常量	R_∞	$1.097\ 373\ 156\ 9\times10^7$ m^{-1}	1.097×10^7

附表 C-2　我国某些城市的重力加速度

地　名	纬度（北）	$g/(m/s^2)$	地　名	纬度（北）	$g/(m/s^2)$
北　京	$39°56'$	9.801 22	宜　昌	$30°42'$	9.793 12
张家口	$40°48'$	9.799 85	武　汉	$30°33'$	9.793 59
烟　台	$40°04'$	9.801 12	安　庆	$30°31'$	9.793 57
天　津	$39°09'$	9.800 94	黄　山	$30°18'$	9.793 48
太　原	$37°47'$	9.796 84	杭　州	$30°16'$	9.793 00
济　南	$36°41'$	9.798 58	重　庆	$29°34'$	9.791 52
郑　州	$34°45'$	9.796 65	南　昌	$28°40'$	9.792 08
徐　州	$34°18'$	9.796 64	长　沙	$28°12'$	9.791 63
南　京	$32°04'$	9.794 42	福　州	$26°06'$	9.791 44
合　肥	$31°52'$	9.794 73	厦　门	$24°27'$	9.799 17
上　海	$31°12'$	9.794 36	广　州	$23°06'$	9.788 31

附表 C-3　20 ℃时金属的弹性模量

金　属	弹性模量 E /GPa	金　属	弹性模量 E /GPa
铝	69～70	镍	203
钨	407	铬	235～245
铁	186～206	合金钢	206～216
铜	103～127	碳钢	196～206
金	77	康铜	160
银	69～80	铸钢	172
锌	78	硬铝合金	71

附表 C-4　气体的比定压热容和比定容热容

气　体	比定压热容 c_p/[J/(kg·K)]	比定容热容 c_V/[J/(kg·K)]
氯气	0.124	—
氩气	0.127	0.077
氯化氢(22~214 ℃)	0.19	0.13
二氧化碳	0.20	0.15
氧气	0.22	0.16
空气	0.24	0.17
氖气	0.25	0.15
氮气	0.25	0.18
一氧化碳	0.25	0.18
乙醚蒸气(25~111 ℃)	0.43	0.40
酒精蒸气(108~220 ℃)	0.45	0.40
水蒸气(100~300 ℃)	0.48	0.36
氨气	0.51	0.39
氦气	1.25	0.75
氢气	3.41	2.42

附表 C-5　部分固体的线膨胀系数

物　质	温度/℃	线膨胀系数 α/[$\times 10^{-6}$℃$^{-1}$]
铝	0~100	23.8
铜	0~100	17.1
铁	0~100	12.2
金	0~100	14.3
银	0~100	19.6
钢(0.05%碳)	0~100	12.0
康铜	0~100	15.2
铅	0~100	29.2
锌	0~100	32
铂	0~100	9.1
钨	0~100	4.5
石英玻璃	20~200	0.56
窗玻璃	20~200	9.5
花岗石	20	6~9
瓷器	20~200	3.4~4.1

附表 C-6　常用材料的导热系数

物质	温度/K	导热系数/[W/(cm·K)]
空气	300	2.60
氮气	300	2.61
氢气	300	18.2
氧气	300	2.68
二氧化碳	300	1.66
氨气	300	15.1
氖气	300	4.90
水(H_2O)	273	5.61
	293	6.04
	373	6.80
四氯化碳(CCl_4)	293	1.07
甘油($C_3H_3O_3$)	273	2.9
乙醇(C_2H_5OH)	293	1.7
石油	293	1.5
银	273	4.18
铝	273	2.38
铜	273	4.0
黄铜	273	1.2
不锈钢	273	0.14
玻璃	273	0.010
橡胶	298	1.6×10^{-3}
木材	300	$(0.4 \sim 3.5) \times 10^{-3}$

附表 C-7　金属和合金的电阻率及温度系数

金属或合金	电阻率/($\times 10^{-6} \Omega \cdot m$)	温度系数/℃$^{-1}$	金属或合金	电阻率/($\times 10^{-6} \Omega \cdot m$)	温度系数/℃$^{-1}$
铝	0.028	4.2×10^{-3}	锌	0.059	4.2×10^{-3}
铜	0.0172	4.3×10^{-3}	锡	0.12	4.4×10^{-3}
银	0.016	4.0×10^{-3}	水银	0.958	1.0×10^{-3}
金	0.024	4.0×10^{-3}	武德合金	0.52	3.7×10^{-3}
铁	0.098	6.0×10^{-3}	钢(0.10%~0.15%碳)	0.10~0.14	6×10^{-4}
铅	0.205	3.7×10^{-3}	康铜	0.47~0.51	$(-0.04 \sim +0.01) \times 10^{-3}$
铂	0.105	3.9×10^{-3}	铜锰镍合金	0.34~1.00	$(-0.03 \sim +0.02) \times 10^{-3}$
钨	0.055	4.8×10^{-3}	镍铬合金	0.98~1.10	$(0.03 \sim 0.4) \times 10^{-3}$

附表 C-8　物质的熔点

物质	熔点/℃	物质	熔点/℃	物质	熔点/℃
氦	−272.2	冰	0	锡	231.8
氢	−259.1	苯	5.48	锗	973.4
臭氧	−251.4	磷	44.1	银	961
氧	−218.4	硫	112.8	金	1 064
氟	−219.6	橡胶	125	铜	1 083

附表 C-9　标准化热电偶

名称	型号	100 ℃时的温差电动势/mV	使用温度/℃		温差电动势对分度表的允许误差			
			长期	短期	温度/℃	允许误差/℃	温度/℃	允许误差/℃
铂铑$_{10}$-铂	WRLB	0.643	0~1 300	1 600	≤600	±2.4	>600	±0.4%t
铂铑$_3$-铂$_6$	WRLL	0.340	0~1 600	1 800	≤600	±3	>600	±0.5%t
镍铬-镍硅（镍铬-镍铝）	WREU	4.10	0~1 000	1 200	≤400	±4	>400	±0.75%t
镍铬-康铜	WREA	6.95	0~600	800	≤400	±4	>400	±1%t

附表 C-10　常用物质的折射率

（相对空气而言；在 $1.013\ 25×10^5$ Pa 条件下空气折射率为 1.000 29）

物质	温度/℃	n_D	物质	温度/℃	n_D
熔凝石英	20	1.458 4	方解石（e 光）	20	1.486 4
冕牌玻璃 K$_6$	20	1.511 1	水	20	1.333 0
冕牌玻璃 K$_8$	20	1.515 9	乙醇	20	1.361 4
冕牌玻璃 K$_9$	20	1.516 3	甲醇	20	1.328 8
重冕牌玻璃 ZK$_6$	20	1.612 6	丙酮	20	1.359 1
重冕牌玻璃 ZK$_8$	20	1.614 0	二硫化碳	18	1.625 5
火石玻璃 F$_8$	20	1.605 5	三氯甲烷	20	1.446 0
重火石玻璃 ZF$_1$	20	1.647 5	加拿大树胶	20	1.530 0
重火石玻璃 ZF$_6$	20	1.755 0	苯	20	1.501 1
方解石（o 光）	20	1.658 4			

附表 C-11　旋光物质的旋光率

旋光物质和溶剂浓度	λ/nm	α $/[(°)/cm]$	旋光物质和溶剂浓度	λ/nm	α $/[(°)/cm]$
葡萄糖 ＋ 水 $c=5.5\times10^{-2}g/cm^3$ $t=20\ ℃$	447	96.62	酒石酸 ＋ 水 $c=0.286\ 2\ g/cm^3$ $t=18\ ℃$	350	−16.8
	479	83.88		400	−6.0
	508	73.61		450	+6.6
	535	65.35		500	+7.5
	589	52.76		550	+8.4
	656	41.89		589	+9.82
蔗糖 ＋ 水 $c=0.26\ g/cm^3$ $t=20\ ℃$	404.7	152.8	樟脑＋乙醇 $c=0.347\ g/cm^3$ $t=19\ ℃$	350	378.3
	435.8	128.8		400	158.6
	480.8	103.05		450	109.8
	520.9	86.80		500	81.7
	589.3	66.52		550	62.0
	670.8	50.45		589	52.4

附表 C-12　常用光谱灯和激光器的可见谱线波长

光　源	波长 λ/nm	光　源	波长 λ/nm
氢(H)光谱管	656.28H_α(红)	低压汞灯	623.44(橙)
	486.13H_β(蓝绿)		579.07(黄)
	434.05H_γ(蓝)		576.96(黄)
	410.17H_δ(蓝紫)		546.07(绿)
			491.60（蓝绿)
			435.83(蓝)
低压钠灯	588.99(黄)		407.78(紫)
			404.66(紫)
	589.59(黄)	He-Ne 激光器	632.8(橙红)

参 考 文 献

[1] 蔡铭生.法定计量单位使用手册[M].北京:中国计量出版社,1988.

[2] 丁慎训,张连芳.物理实验教程[M].2版.北京:清华大学出版社,2002.

[3] 侯建平.大学物理实验[M].西安:西北工业大学出版社,2018.

[4] 黄立平.大学物理实验[M].北京:电子工业出版社,2018.

[5] 李滨,修可白,孙峰.大学物理实验[M].4版.北京:人民邮电出版社,2017.

[6] 李坤.大学物理实验[M].3版.北京:科学出版社,2018.

[7] 李相银,姚安居,杨庆,等.大学物理实验教程[M].南京:东南大学出版社,2000.

[8] 李相银.大学物理实验[M].2版.北京:高等教育出版社,2009.

[9] 李正大,佘彦武,黄飞江.大学物理实验[M].上海:同济大学出版社,2017.

[10] 吕斯骅,段家忯.基础物理实验[M].北京:北京大学出版社,2002.

[11] 潘人培,董宝昌.物理实验教学参考书[M].北京:高等教育出版社,1990.

[12] 宋菲君,JUTAMULIA S.近代光学信息处理[M].2版.北京:北京大学出版社,2014.

[13] 王银峰,陶纯匡,汪涛,等.大学物理实验[M].北京:机械工业出版社,2005.

[14] 谢银月.大学物理实验[M].上海:同济大学出版社,2017.

[15] 姚安居.液晶光学双稳态装置[J].大学物理实验,2002,15(3):52-53.

[16] 原所佳.物理实验教程[M].5版.北京:北京航空航天大学出版社,2019.

[17] 赵达尊,张怀玉.空间光调制器[M].北京:北京理工大学出版社,1992.

[18] 朱鹤年.新概念物理实验测量引论[M].北京:高等教育出版社,2007.